高等学校计算机专业教材·算法与程序设计

Python 程序设计

以医药数据处理为例

赵鸿萍 张艳敏 主编

古 锐 刘新昱 侯凤贞 副主编

清華大学出版社

北京

内容简介

本书以医药数据处理为情境，依托大量医药数据处理的案例，向读者介绍 Python 程序设计的方法和语法，以及利用 Python 解决医药领域一些实际问题的相关知识。本书共分 3 篇，依次为 Python 入门篇、Python 进阶篇和 Python 实战医药数据处理专题篇。其中，前两篇全面介绍 Python 程序设计的方法和语法，以及医药数据采集、清洗、统计分析和绘图展示的基本知识，可以有效支撑读者通过计算机二级考试；第 3 篇从引领学生开展智慧医药研究的角度，阐释 7 个智慧医药研发的典型案例，为学生开展智慧医药研究奠定基础。7 个案例分别为采集 PubChem 网站药物结构数据；计算屠呦呦 2 个诺贝尔奖药物的相似度；利用聚类热图分析肺癌基因表达数据；利用高斯过程回归、随机森林和神经网络算法预测化合物的水溶性；基于随机森林算法识别潜在心脏病患者；基于卷积神经网络识别黑色素瘤；基于自然语言处理技术的电子病历实体识别。

本书可作为医药院校本科生和研究生学习 Python 程序设计的教材，也可作为其他综合性大学的程序设计语言通识课的教材。

图书在版编目(CIP)数据

Python 程序设计：以医药数据处理为例/赵鸿萍，张艳敏主编. —北京：清华大学出版社，2022.10
高等学校计算机专业教材·算法与程序设计
ISBN 978-7-302-61858-4

Ⅰ. ①P… Ⅱ. ①赵… ②张… Ⅲ. ①软件工具－程序设计－高等学校－教材 Ⅳ. ①TP311.561

中国版本图书馆 CIP 数据核字(2022)第 175860 号

责任编辑：张 玥 常建丽
封面设计：常雪影
责任校对：胡伟民
责任印制：刘海龙

出版发行：清华大学出版社
网　　址：http://www.tup.com.cn，http://www.wqbook.com
地　　址：北京清华大学学研大厦 A 座　　**邮　　编**：100084
社 总 机：010-83470000　　**邮　　购**：010-62786544
投稿与读者服务：010-62776969，c-service@tup.tsinghua.edu.cn
质量反馈：010-62772015，zhiliang@tup.tsinghua.edu.cn
课件下载：http://www.tup.com.cn，010-83470236
印 装 者：天津鑫丰华印务有限公司
经　　销：全国新华书店
开　　本：185mm×260mm　　**印　　张**：21　　**插　　页**：1　　**字　　数**：525 千字
版　　次：2022 年 11 月第 1 版　　**印　　次**：2022 年 11 月第1 次印刷
定　　价：59.50 元

产品编号：095164-01

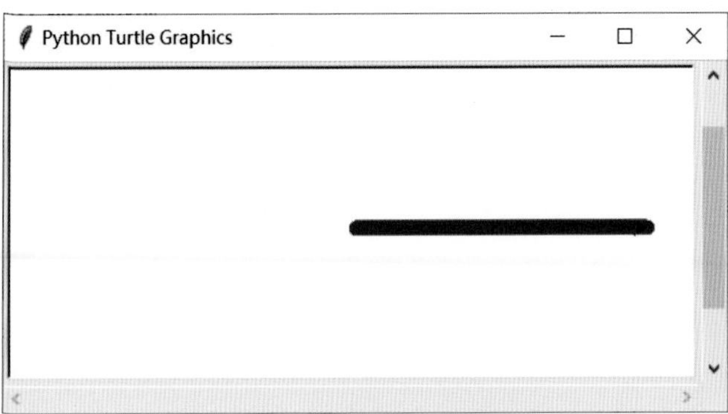

图 2.19　红色直线的绘制

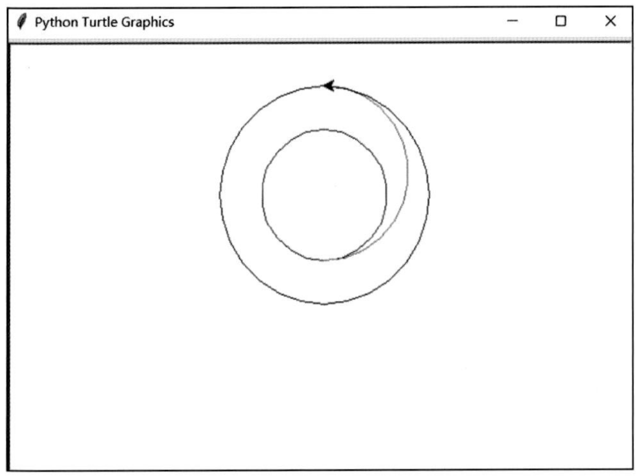

图 2.23　圆形及圆弧绘制结果

序

计算机处理能力的快速增长、大数据集的涌现和人工智能算法的日益精进，使得大数据和人工智能技术迅速渗透至各行各业。为了抢抓人工智能、大数据发展的重大战略机遇，构筑先发优势，加快建设创新型国家和世界科技强国，国务院相继颁发了《新一代人工智能发展规划》《全民科学素质行动规划纲要(2021—2035年)》等文件，教育部颁发了《教育信息化2.0行动计划》的文件，从多角度、多层面强调了全民人工智能素养和科研素质的重要性。

医药产业作为世界贸易增长最快的朝阳产业之一，同时也是一个关系民生的重要基础和战略性产业。为了服务国家大健康战略需求，满足大数据时代医药行业发展的客观需要，大数据和人工智能与医疗健康领域的融合不断加深，在药物研发、医疗影像诊断、个人健康大数据管理等应用领域展现出巨大价值。人工智能与医药产业的融合进一步提升了对当代高等医药教育人才培养的需求。

Python作为人工智能领域最受欢迎的高级程序设计语言，已经成为当代大学生必备的人工智能信息技术基础。编写一部以医药数据处理为情境、包含丰富的医药数据处理案例的Python教材，有助于在教授学生Python编程知识的同时，激发学生的好奇心和想象力，增强学生对智慧医药研究的兴趣，培养学生的创新意识和创新能力，助力达成高等医药教育人才培养的目标。在此背景下，《Python程序设计——以医药数据处理为例》一书应运而生。

本书由中国药科大学赵鸿萍教授、张艳敏副教授等编写，他们长期致力于智慧医药领域的教学和科研，在人工智能辅助医药研发和程序设计语言教学方面都积累了丰富的经验。书中众多的医药数据处理案例正是源于教师们的教学和科研经历。同时，为了便于本科生阅读、掌握，本书还进一步对案例进行了凝练和精简处理。因此，本书特别适合作为医药院校本科生和研究生学习Python程序设计的教材和参考书，也可用于其他综合性大学的程序设计语言通识课的教学，还可以作为医药行业工作人员学习与应用Python的参考书籍。

中国药科大学教授

前　言

Python 作为人工智能领域最受欢迎的高级程序设计语言，已经成为当代大学生必备的人工智能信息技术基础。本书以医药数据处理为情境，依托大量医药数据处理案例向读者介绍 Python 程序设计的方法。

全书共分 3 篇，依次为 Python 入门篇、Python 进阶篇和 Python 实战医药数据处理专题篇。其中，前两篇全面介绍 Python 程序设计的方法和语法，以及医药数据采集、清洗、统计分析和绘图展示的基本知识；第 3 篇从引领学生开展智慧医药研究的角度，阐释 7 个智慧医药研发的典型案例，为学生开展智慧医药研究奠定基础。7 个案例具体如下。

（1）采集 PubChem 网站药物结构数据；

（2）计算屠呦呦 2 个诺贝尔奖药物的相似度；

（3）利用聚类热图分析肺癌基因表达数据；

（4）利用高斯过程回归、随机森林和神经网络算法预测化合物的水溶性；

（5）基于随机森林算法识别潜在心脏病患者；

（6）基于卷积神经网络识别黑色素瘤；

（7）基于自然语言处理技术的电子病历实体识别。

注：Python 版本不同，语法稍有差异，本书语法适用于 Python 3.5 以上版本，所有代码在 Python 3.8.7 版本测试无误。

为了配合读者学习和高校教师开展 Python 程序设计语言课程的教学，随本书配套出版了《Python 程序设计实验教程——以医药数据处理为例》，同时通过配套网站提供电子资源，网址为 www.tup.com.cn，内容包括教学用 PPT、大量的习题及解析、全部配套代码等。

本书由赵鸿萍、张艳敏主编，赵鸿萍负责主审和统稿。其中，第 1、2 章由张艳敏编写；第 3、8、9 章由赵鸿萍编写；第 4、5 章由刘新昱编写；第 6、7 章由古锐编写；第 10 章由侯凤贞编写。

在本书的写作过程中，陈曙教授从开展 OBE 的角度对教材的写作思路进行了指导；潘蕾、武小川、张洁玉和苏静 4 位老师在细节订正方面给予了帮助；同时，清华大学出版社的张玥老师从教材建设的角度提供了很多宝贵的建议，在此对他们表示最诚挚的感谢！

由于作者水平有限，加上编写时间仓促，书中难免出现一些错误或不当的地方，恳请读者批评指正！

作　者

2022 年 4 月

目　录

第 1 篇　Python 入门篇

第 1 章　初识 Python …… 3
本章学习目标 …… 3
1.1　Python 概述 …… 3
1.1.1　程序设计语言 …… 3
1.1.2　Python 简介 …… 5
1.2　Python 集成开发环境 …… 10
1.2.1　Python 集成开发环境简介 …… 10
1.2.2　Python 解释器的下载与安装 …… 10
1.2.3　Python 程序的两种运行方式 …… 13
1.3　本章小结 …… 20

第 2 章　初识 Python 程序 …… 21
本章学习目标 …… 21
2.1　案例 1：计算两个化合物的相似度 …… 21
2.1.1　化合物相似度介绍 …… 21
2.1.2　计算两个化合物相似度的算法 …… 22
2.1.3　计算两个化合物相似度的程序 …… 22
2.2　案例 2：绘制苯环 …… 23
2.2.1　苯环简介及绘制方法 …… 23
2.2.2　绘制苯环的算法 …… 24
2.2.3　绘制苯环的程序 …… 25
2.3　Python 基本语法 …… 28
2.3.1　语法元素 …… 28
2.3.2　语句 …… 34
2.3.3　标识符的命名规则 …… 42
2.4　Python 程序的书写规范 …… 42
2.5　程序设计方法概述 …… 43
2.5.1　面向对象程序设计 …… 43
2.5.2　面向过程程序设计 …… 44
2.6　输入/输出常用的 3 个函数 …… 45
2.6.1　input()函数 …… 45
2.6.2　eval()函数 …… 46

2.6.3 print()函数 …… 47
2.7 标准库 1：turtle 库的使用方法 …… 49
2.7.1 标准库的引入方法 …… 49
2.7.2 turtle 库简介 …… 50
2.7.3 turtle 库解析 …… 50
2.7.4 turtle 应用实例 …… 56
2.8 本章小结 …… 62

第 2 篇 Python 进阶篇

第 3 章 基本数据类型 …… 65
本章学习目标 …… 65
3.1 数字类型及其操作 …… 65
3.1.1 数字类型的概念 …… 65
3.1.2 数字类型的表示 …… 65
3.1.3 数字类型的运算操作符 …… 67
3.1.4 内置的数字类型的函数 …… 68
3.1.5 标准库 2：math 库的使用方法 …… 70
3.2 案例 3：计算基本统计量 …… 72
3.2.1 基本统计量的计算公式 …… 72
3.2.2 基本统计量计算程序 …… 73
3.3 字符串类型及其操作 …… 73
3.3.1 字符串类型的概念 …… 74
3.3.2 字符串类型的表示 …… 74
3.3.3 字符串类型的运算操作符 …… 76
3.3.4 内置的字符串处理函数 …… 78
3.3.5 案例 4：查找化合物 ID 及水溶性值 …… 78
3.3.6 内置的字符串处理方法 …… 79
3.4 案例 5：清肺排毒汤处方展示 …… 83
3.4.1 清肺排毒汤处方展示要求 …… 83
3.4.2 清肺排毒汤处方展示算法 …… 84
3.4.3 清肺排毒汤处方展示程序 …… 84
3.5 案例 6：化合物水溶性数据的格式化输出 …… 86
3.5.1 水溶性数据格式化输出规范 …… 86
3.5.2 水溶性数据格式化输出算法 …… 86
3.5.3 水溶性数据格式化输出程序 …… 87
3.6 逻辑类型及其操作 …… 88
3.6.1 逻辑类型的概念 …… 88
3.6.2 逻辑类型的表示 …… 88
3.6.3 逻辑类型的运算操作符 …… 88

3.6.4 返回逻辑类型数据的运算 …… 89
3.6.5 混合运算操作符的优先顺序 …… 90
3.7 本章小结 …… 91

第4章 程序的控制结构 …… 92
本章学习目标 …… 92
4.1 程序结构概述 …… 92
4.1.1 程序流程图 …… 92
4.1.2 程序的基本结构 …… 93
4.2 程序的顺序结构 …… 94
4.3 程序的分支结构 …… 94
4.3.1 分支结构简介 …… 94
4.3.2 单分支结构 if 语句 …… 94
4.3.3 二分支结构 if…else…语句 …… 96
4.3.4 多分支结构 if…elif…else…语句 …… 97
4.3.5 分支结构的嵌套 …… 100
4.4 案例7：外源化合物毒性分级 …… 101
4.4.1 外源化合物毒性分级简介 …… 101
4.4.2 外源化合物毒性分级标准 …… 101
4.4.3 外源化合物毒性分级程序 …… 102
4.5 程序的循环结构 …… 103
4.5.1 循环结构 …… 103
4.5.2 遍历循环：for 语句 …… 104
4.5.3 条件循环：while 语句 …… 105
4.5.4 break 和 continue 语句 …… 106
4.5.5 else 扩展语句 …… 107
4.6 标准库3：random 库的使用方法 …… 108
4.6.1 random 库 …… 108
4.6.2 random 库解析 …… 109
4.7 案例8：蒙特卡罗方法求 π 的值 …… 111
4.7.1 蒙特卡罗方法 …… 111
4.7.2 蒙特卡罗方法求 π 值的算法 …… 111
4.7.3 蒙特卡罗方法求 π 值的程序 …… 111
4.8 程序的异常处理 …… 114
4.8.1 异常简介 …… 114
4.8.2 捕获并处理异常：try…except…结构 …… 115
4.8.3 try…except…结构的高级用法 …… 117
4.9 本章小结 …… 121

第 5 章　函数 …… 122
本章学习目标 …… 122
5.1　函数概述 …… 122
5.1.1　函数的基本概念 …… 122
5.1.2　使用函数编程的目的 …… 123
5.2　函数的基本操作 …… 124
5.2.1　函数的定义 …… 124
5.2.2　函数的返回值 …… 126
5.2.3　函数的调用 …… 127
5.2.4　lambda 表达式和匿名函数 …… 128
5.3　函数的参数 …… 129
5.3.1　参数传递的方式 …… 129
5.3.2　函数形参的分类 …… 131
5.4　变量的作用域 …… 135
5.4.1　作用域基础 …… 135
5.4.2　全局变量 …… 135
5.4.3　局部变量 …… 137
5.4.4　闭包变量 …… 138
5.4.5　作用域规则 …… 138
5.5　标准库 4：datetime 库的使用方法 …… 139
5.5.1　datetime 库简介 …… 139
5.5.2　datetime 库解析 …… 140
5.6　递归函数 …… 142
5.6.1　递归函数的概念 …… 143
5.6.2　斐波那契数列 …… 145
5.6.3　递归与循环的比较 …… 147
5.7　Python 内置函数 …… 148
5.7.1　69 个内置函数 …… 148
5.7.2　部分常用函数说明 …… 149
5.8　本章小结 …… 151

第 6 章　组合数据类型 …… 152
本章学习目标 …… 152
6.1　组合数据类型概述 …… 152
6.1.1　组合数据类型的概念 …… 152
6.1.2　组合数据类型的分类 …… 152
6.2　序列类型及其操作 …… 153
6.2.1　序列的概念 …… 153
6.2.2　序列共有的操作 …… 154

6.2.3 元组及其个性化的操作 …… 157
6.2.4 列表及其个性化的操作 …… 158
6.3 案例 9：药品销售数据清理 …… 169
6.3.1 药品销售数据清理方法 …… 169
6.3.2 药品销售数据清理程序 …… 169
6.4 集合类型及其操作 …… 172
6.4.1 集合的概念 …… 172
6.4.2 生成集合 …… 173
6.4.3 集合的操作 …… 174
6.5 字典类型及其操作 …… 176
6.5.1 字典的概念 …… 177
6.5.2 生成字典 …… 177
6.5.3 字典的操作 …… 178
6.6 案例 10：药品销售数据统计分析 …… 181
6.6.1 药品销售数据统计分析算法 …… 181
6.6.2 药品销售数据统计分析程序 …… 182
6.7 第三方库 1：jieba 库的使用方法 …… 183
6.7.1 jieba 库概述 …… 184
6.7.2 jieba 库解析 …… 184
6.8 文本词频统计 …… 185
6.8.1 案例 11：一篇英文药学文献的词频统计 …… 185
6.8.2 案例 12：一篇中文药学文献的词频统计 …… 188
6.9 Python 之禅 …… 190
6.9.1 import this …… 190
6.9.2 this.py …… 192
6.10 本章小结 …… 193

第 7 章 文件 …… 194
本章学习目标 …… 194
7.1 文件概述 …… 194
7.1.1 文件的概念 …… 194
7.1.2 文件的分类 …… 194
7.1.3 文件的打开方式 …… 195
7.2 文件操作 …… 195
7.2.1 文件的操作步骤 …… 195
7.2.2 打开、关闭文件 …… 195
7.2.3 读文件 …… 197
7.2.4 写文件 …… 198
7.2.5 文件指针定位 …… 199

7.3 一、二维数据的文件操作 …… 200
7.3.1 数据组织的维度与数据结构 …… 200
7.3.2 一维数据的文件操作 …… 201
7.3.3 二维数据的文件操作 …… 204
7.4 案例 13：保存清理后的药品销售数据 …… 206
7.4.1 药品销售数据格式化及写入文件的方法 …… 207
7.4.2 保存清理后的药品销售数据的程序 …… 207
7.5 高维数据的文件操作 …… 208
7.5.1 高维数据的格式化 …… 208
7.5.2 标准库 5：json 库的使用方法 …… 208
7.5.3 案例 14：将药品销量统计数据写入 JSON 文件并读出解析 …… 209
7.6 本章小结 …… 211

第 8 章 第三方库 …… 212
本章学习目标 …… 212
8.1 第三方库概述 …… 212
8.1.1 第三方库简介 …… 212
8.1.2 常用的第三方库 …… 212
8.2 第三方库的管理方法 …… 214
8.2.1 pip 简介 …… 214
8.2.2 安装第三方库 …… 214
8.2.3 检查、升级、卸载第三方库 …… 216
8.3 案例 15：打包 Python 绘制苯环的源程序 …… 217
8.3.1 第三方库 2：pyinstaller 库的使用方法 …… 218
8.3.2 利用 pyinstaller 库打包绘制苯环的源程序 …… 218
8.4 案例 16：药品销售数据可视化展示 …… 219
8.4.1 第三方库 3：matplotlib.pyplot 库的使用方法 …… 220
8.4.2 利用 pyplot 绘制药品日销售趋势折线图 …… 221
8.4.3 利用 pyplot 绘制 Top20 明星药销售数量柱形图 …… 223
8.4.4 利用 pyplot 绘制 Top20 明星药销售数量南丁格尔玫瑰图 …… 225
8.5 案例 17：绘制药学生核心素养词云图 …… 229
8.5.1 第三方库 4：wordcloud 库的使用方法 …… 229
8.5.2 设计绘制药学生核心素养词云图的算法 …… 230
8.5.3 编写绘制药学生核心素养词云图的程序 …… 231
8.6 本章小结 …… 232

第 3 篇 Python 实战医药数据处理专题篇

第 9 章 药学信息处理 …… 235
本章学习目标 …… 235

9.1 案例 18：采集 PubChem 网站药物结构数据 …… 235
9.1.1 药物结构数据 …… 235
9.1.2 第三方库 5：selenium 的使用方法 …… 236
9.1.3 采集 PubChem 网站药物结构数据的方法 …… 239
9.1.4 采集 PubChem 网站药物结构数据的爬虫程序 …… 241
9.2 案例 19：计算屠呦呦诺贝尔奖药物的相似度 …… 244
9.2.1 药物相似度 …… 244
9.2.2 Anaconda 平台 …… 245
9.2.3 第三方库 6：rdkit 的使用方法 …… 246
9.2.4 计算屠呦呦 2 个诺贝尔奖药物的相似度的算法 …… 247
9.2.5 计算屠呦呦 2 个诺贝尔奖药物的相似度的程序 …… 247
9.3 案例 20：利用聚类热图分析肺癌基因表达数据 …… 251
9.3.1 聚类热图分析基因表达数据 …… 251
9.3.2 第三方库 7：pandas 的使用方法 …… 252
9.3.3 第三方库 8：seaborn 的使用方法 …… 256
9.3.4 设计利用聚类热图分析肺癌(腺瘤和腺癌型)基因表达数据的算法 …… 258
9.3.5 编写利用聚类热图分析肺癌(腺瘤和腺癌型)基因表达数据的程序 …… 258
9.4 案例 21：利用高斯过程回归、随机森林和神经网络算法预测化合物的水溶性 …… 262
9.4.1 利用机器学习方法预测化合物性质 …… 262
9.4.2 第三方库 9：numpy 的使用方法 …… 262
9.4.3 第三方库 10：sklearn 的使用方法 …… 265
9.4.4 设计利用机器学习方法预测化合物水溶性的算法 …… 268
9.4.5 编写利用机器学习方法预测化合物水溶性的程序 …… 269
9.5 本章小结 …… 273

第 10 章 医学信息处理 …… 274
本章学习目标 …… 274
10.1 案例 22：基于随机森林算法识别潜在心脏病患者 …… 274
10.1.1 心率变异信号处理简介 …… 274
10.1.2 基于随机森林识别潜在心脏病患者算法 …… 276
10.1.3 基于随机森林识别潜在心脏病患者程序 …… 280
10.2 案例 23：基于卷积神经网络识别黑色素瘤 …… 284
10.2.1 神经网络简介 …… 284
10.2.2 第三方库 11：keras 的使用方法 …… 286
10.2.3 卷积神经网络简介 …… 289
10.2.4 黑色素瘤图像识别算法 …… 294
10.2.5 黑色素瘤图像识别程序 …… 299
10.3 案例 24：基于自然语言处理技术的电子病历实体识别 …… 303
10.3.1 自然语言处理技术简介 …… 303

10.3.2 使用自然语言处理技术进行文本分类简单示例 …… 306
10.3.3 中文电子病历命名实体识别算法 …… 308
10.3.4 中文电子病历命名实体识别程序 …… 315
10.4 本章小结 …… 319

参考文献 …… 320

第 1 篇　Python 入门篇

第 1 章　初识 Python

本章学习目标

- 理解程序设计语言的概念及分类
- 了解 Python 语言的发展历史、特点及主要应用领域
- 掌握 Python 集成开发环境的安装与使用方法

本章将介绍 Python 概述和 Python 集成开发环境的使用方法。

1.1　Python 概述

本节主要包括以下 2 方面内容。

① 程序设计语言；

② Python 简介。

1.1.1　程序设计语言

计算机系统包括硬件系统和软件系统，如图 1.1 所示。其中硬件系统是可以看得见、摸得着的物理设备，包括主机及外部设备。主机包括中央处理器（如运算器、控制器等）、内部存储器（如随机存储器、只读存储器等）及输入/输出设备接口。外部设备则包括外部存储器（如磁盘、光盘等）、输入设备（如键盘、鼠标、扫描仪等）和输出设备（如显示器、打印机、绘图仪等）。而软件系统则是计算机的灵魂，主要基于程序设计语言开发，包括系统软件和应用软件。系统软件主要包括操作系统、语言处理程序、网络通信管理程序等；应用软件则包括各类常用软件，如 Office 办公软件、各类专业处理软件及游戏软件等。

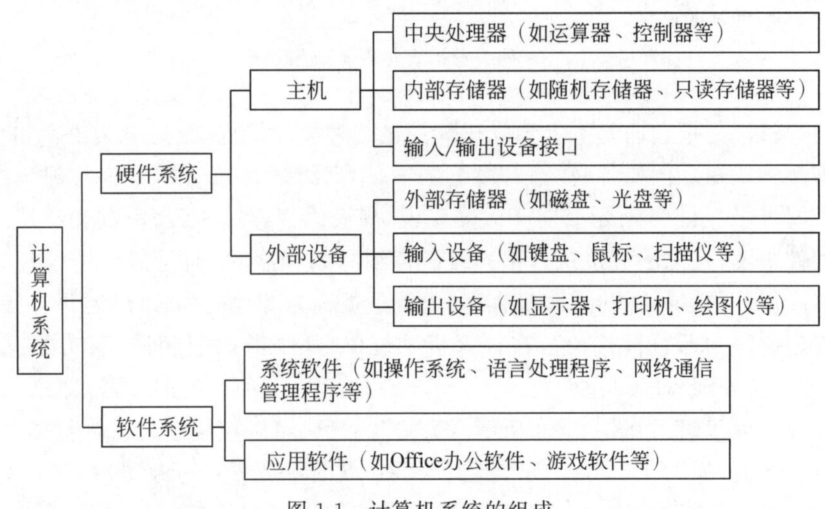

图 1.1　计算机系统的组成

程序设计语言是计算机能够理解和识别用户操作意图的一种交互体系，它按照特定规则组织计算机指令，使计算机能够自动进行各种运算处理。程序设计语言种类繁多，总体来说可以分为三大类：机器语言、汇编语言和高级语言。电子计算机作为一种数字化的电子机器，之所以能够完成数据运算，是因为它能够把各种指令和数据转换成电信号，并由物理元器件完成相应的信号处理。这些能够被电子计算机执行的特定指令，在计算机内部以二进制数字形式表现，被称为机器语言。虽然用机器语言编写的程序执行效率最高，但是这样的程序代码纯粹由 0 和 1 构成，不方便阅读和修改，也容易出错。以完成“1＋1”操作为例，用机器语言编写的是如图 1.2 所示的一串二进制序列，一般人阅读起来比较费解。早期的程序员很快发现机器语言具有难以辨别和记忆困难的缺点。因此，汇编语言诞生了。汇编语言将机器指令映射成一些助记符，方便理解和记忆，提高了工作效率。用汇编语言编写以上例子则简洁得多，如图 1.2 所示，理解起来也相对容易。但是，汇编语言是一种面向机器的低级语言，通常是为特定系列计算机专门设计的，且不同厂商、不同型号的计算机所支持的汇编语言可能不同。采用汇编语言设计程序，要求程序员对计算机的各种底层硬件设备有足够的了解，这给学习者和使用者带来极大不便。目前，除极少数跟硬件打交道的程序员外，绝大多数程序设计者都使用比较容易理解、容易学习的高级程序设计语言编写程序。

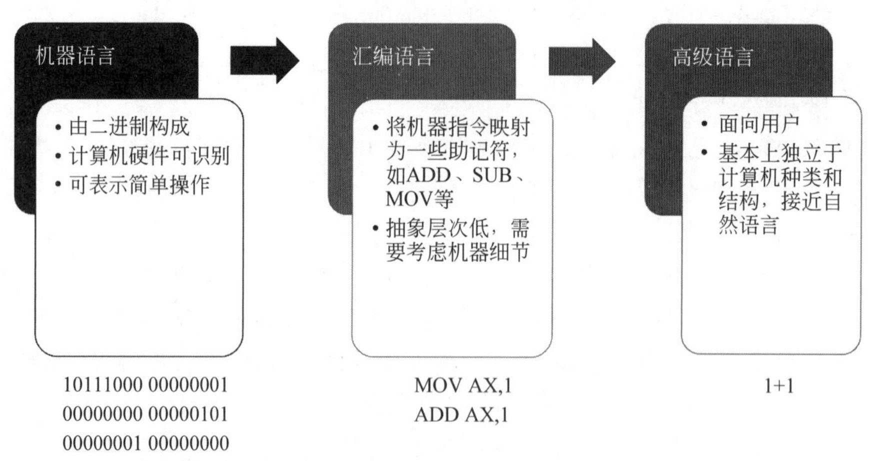

图 1.2　3 种编程语言实现整数相加操作

这里的“高级”是指它们基本上独立于计算机的种类和结构，贴近自然语言和数学语言，方便人的理解和认知。例如，同样针对以上例子，用高级语言编写则更容易理解，也许就是一句“1＋1”即可，如图 1.2 所示。对于人类来说，高级语言容易学习、修改和移植。但是，对于计算机硬件来说，是无法直接执行用高级语言编写的程序的，而是需要进行翻译，将采用某种高级程序设计语言编写的计算机程序（也就是被称为源代码的程序）翻译成计算机可直接执行的二进制序列即目标代码。在计算机系统中，这个所谓的翻译，事实上也是一种软件，通常称为语言处理程序。源代码的翻译有两种类型：一种称为编译器，即拿到源代码后一次性翻译成目标代码，如图 1.3(a)所示，编译好的代码可以反复、多次地脱离源代码执行；另一种称为解释器，如图 1.3(b)所示，类似于同声传译，即来一句源码，翻译一句，执行一句。因此，无论何时执行，都需要有源码。通常把使用编译器执行的语言称为静态语言，例如 C/C++ 语言、Java 语言等。而使用解释器执行的语言称为脚本语言，例如 Python 语言、JavaScript 语言、PHP 语言等。本书介绍的 Python 语言就是一种脚本语言，它的执行需要将源码放在一个解释器中，逐条解释执行。

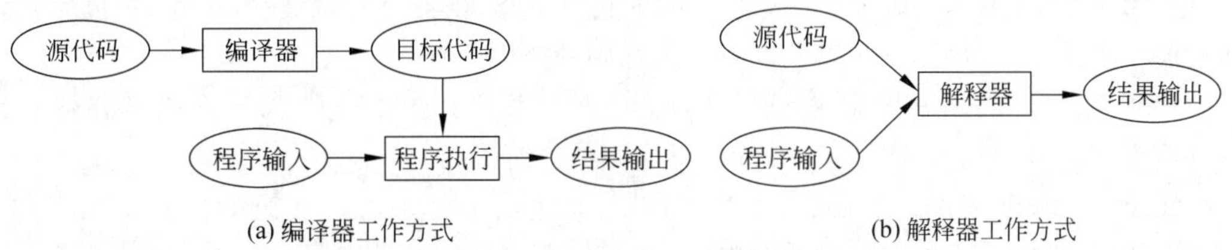

图 1.3　高级程序设计语言执行的两种方式

在程序设计中，每个程序都有统一的运算模式，其中最基本的程序设计模式是 IPO 模式。IPO 表示 Input、Process、Output，分别代表输入数据、处理数据和输出数据。其中 Input 表示程序的输入，是一个程序的开始，包括文件输入、网络输入、控制台输入、交互界面输入、内部参数输入等。Process 指程序的主要处理逻辑，是程序最重要的部分。Process 处理是程序对输入数据进行计算产生输出结果的过程，处理方法统称为算法，而算法则是一个程序的灵魂。Output 表示程序的输出，是程序展示运算结果的方式，包括控制台输出、图形输出、文件输出、网络输出、操作系统内部变量输出等。

IPO 不仅是程序设计的基本方法，也是描述计算问题的方式之一。以计算人身体质量指数(Body Mass Index，BMI)为例，其 IPO 描述如下。

Input 输入：体重 weight(单位：千克)和身高 height(单位：米)。

Process 处理：计算身体质量指数 BMI = weight / $height^2$。

Output 输出：身体质量指数 BMI。

从以上描述可看出，问题的 IPO 描述实际是对一个计算问题输入、输出和求解方式的自然语言描述，可以帮助初学者理解程序设计的开始过程，了解程序的运算模式，建立设计程序的基本概念，为后续深入学习程序设计方法奠定基础。

1.1.2　Python 简介

Python 是一门优雅而健壮的编程语言，它继承了传统编译语言的强大性和通用性，同时也借鉴了简单脚本和解释语言的易用性。本节将介绍 Python 语言的发展史、Python 语言的特点、Python 语言的主要应用领域以及 Python 语言的不足。

1. Python 语言的发展史

Python 语言诞生于 1990 年，由 Guido van Rossum 设计并领导开发。1989 年的圣诞节期间，Guido 在阿姆斯特丹为打发圣诞节的无趣，决心开发一种新的脚本解释语言作为 ABC 语言(一种教学编程语言)的继承。他的目标是创造一个功能全面、易学易用、可扩展的语言，于是就诞生了 Python 解释器。之所以选中“Python(蟒蛇)”作为该程序设计语言的名字，是因为他是英国喜剧团体 Monty Python 的粉丝。最初的 Python 完全由 Guido 本人开发。此后，Guido 的同事迅速爱上了这种新语言并不断反馈使用意见，并参与到 Python 的改进中。随后，Guido 开放了 Python 解释器的全部源码，使得 Python 开始迅速流行。Python 开始流行后，由 Python 软件基金会(Python Software Foundation，PSF)进行管理。PSF 作为一个非营利组织，拥有 Python 2.1 版本之后所有版本的版权，该组织致力于更好地推进及保护 Python 语言的开放性。

1991 年，第一个 Python 编译器诞生，它是用 C 语言实现的，并能够调用 C 语言的库文件。从第一个 Python 编译器诞生，Python 就具有了类、函数、异常处理等功能，并包含列表和词典在内的核心数据类型，以及以模块为基础的拓展系统。

2000 年，Python 2.0 发布，标志着 Python 语言完成了自身涅槃，解决了其解释器和运行环境中的诸多问题，开启了 Python 广泛应用的新时代。

2010 年，Python 2.x 系列发布了最后一版，其主版本号为 2.7，用于终结 Python 2.x 系列版本的发展，并且不再进行重大改进。

2008 年，Python 3.0 发布。这个版本在语法层面和解释器内部做了重大改进，解释器内部采用完全面向对象的方式实现。这些重大修改所付出的代价是 Python 3.x 系列版本代码无法向下兼容 Python 2.0 系列的既有语法。因此，所有基于 Python 2.0 系列版本编写的库函数都必须经过修改后才能被 Python 3.0 系列解释器运行。

Python 语言历经了一个痛苦但令人期待的版本更迭过程，从 2008 年开始，用 Python 编写的几万个函数库开始了版本升级过程。至今，绝大部分 Python 函数库和 Python 程序员都采用 Python 3.x 系列语法和解释器，但有些早期的 Python 程序可能依然使用了 Python 2.x 系列语法。截至 2021 年 10 月，Python 已发布至 Python 3.10 版本。

2004 年以后，Python 语言的使用率呈线性增长。2021 年，IEEE Spectrum 发布了 IEEE Spectrum 编程语言排行榜。Python 连续五年夺冠，成为最受欢迎的编程语言之一，如图 1.4 所示。作为美国大学第一编程语言，其在人工智能、统计、脚本编写、系统测试、科学计算等领域名列前茅。

Rank	Language	Type	Score
1	Python		100.0
2	Java		95.4
3	C		94.7
4	C++		92.4
5	JavaScript		88.1
6	C#		82.4
7	R		81.7
8	Go		77.7
9	HTML		75.4
10	Swift		70.4

图 1.4　IEEE Spectrum 2021 编程语言综合排行榜

Guido 有一句名言：Life is short, you need Python。翻译成中文就是“人生苦短，我用

Python”。之所以有这样的口号，是因为 Python 的设计哲学是“优雅、明确、简单”，且易于学习、功能强大，这使得使用者可以更清晰地进行编程，而不至于陷入细节，从而省去了很多重复工作。此外，Python 之所以强大，还因为它提供了一系列功能强大的标准库以及超过 15 万个功能多样的第三方库。Python 的开发者来自不同领域，他们将不同领域的优点带给 Python。对于用户来说，通过简单易行的拿来主义，就可以轻轻松松站在巨人的肩膀上进行后续开发。目前，世界上许多著名的科技公司从 Python 一问世就认识到 Python 语言的优势，从国外的 Google、NASA、YouTube、Facebook，到国内的阿里巴巴、百度、腾讯、网易、新浪、豆瓣等都在大规模使用 Python 语言设计和开发程序。

2. Python 语言的特点

Python 是一种面向对象、解释型、弱类型、功能强大且完善、被广泛使用的高级通用脚本编程语言，具有很多区别于其他语言的特点，以下仅列出其 6 大代表性特点。

- 开源免费

对于程序员，Python 语言开源免费的解释器和函数库为其编程提供了极大的便利，具有强大的吸引力。而 Python 语言所倡导的开源软件理念为该语言的快速发展奠定了坚实的群众基础。

- 跨平台、可移植性好

Python 作为脚本语言，不需要编译，它的执行只与解释器有关，与操作系统没有关系。同样的代码无须改动就可以移植到不同类型的操作系统上运行，可方便地实现跨平台运行。

- 黏性语言、扩展性好

Python 语言具有优异的扩展性，通过各类接口或者函数库可以方便地在 Python 程序中调用其他编程语言编写的代码，将它们整合在一起完成某项工作。Python 也因此被称为“胶水语言”。

- 语法简洁、可读性强、开发效率高

实现相同的功能，Python 语言的代码行数仅相当于其他语言（如 C++、Java 等）的 1/5～1/10，使得开发效率提升了若干倍，省时、省力、省心。另外，Python 语言通过强制缩进体现语句间的逻辑关系，显著提高了程序的可读性，并增强了 Python 程序的可维护性。

- 模式多样、通用灵活

Python 语言在语法层面同时支持面向过程和面向对象两种编程方式，为使用者提供了灵活的编程模式。此外，Python 语言作为一门通用编程语言，可用于编写各领域的应用程序，应用空间广阔。几乎各类应用从科学计算、数据处理到人工智能，Python 语言都能够发挥重要作用。

- 类库丰富、编程生态良好

Python 解释器提供了几百个内置类和函数库。此外，世界各地程序员通过开源社区贡献了十几万个第三方函数库，几乎覆盖计算机技术的各个领域，具备良好的编程生态，开发者可以直接使用，无须自己从头设计，为编程提供了诸多便利。

3. Python 语言的主要应用领域

作为一门通用的编程语言，Python 几乎可以被应用于各个领域。例如，从网站和游戏开发，到机器人和航天飞机控制等。以下介绍 Python 语言的 6 个主要应用领域，如图 1.5 所示。

图 1.5 Python 语言的主要应用领域

- 系统自动化运维

在大多数操作系统里，Python 是标准的系统组件。Python 的操作系统服务内置接口使其非常适合编写各种可移植、可维护的系统管理工具和实用程序。一般来说，Python 编写的系统管理脚本在可读性、性能、代码重用度、扩展性方面都优于普通的 shell 脚本。作为运维工程师首选的编程语言，Python 在自动化运维方面已经深入人心，例如 SaltStack 和 Ansible 都是大名鼎鼎的自动化平台，著名的开源云计算平台 OpenStack 也是使用 Python 语言开发的。

- 常规软件开发

Python 语言支持函数式编程和面向对象编程，能够承担各类软件的开发工作，因此常规的软件开发、脚本编写、网络编程等都可以通过 Python 语言实现。Python 语言能够满足快速迭代的需求，非常适合互联网公司的 Web 开发应用场景。Python 用作 Web 开发已有十多年的历史，在这个过程中，涌现出很多优秀的 Web 开发框架，如 Django、Pyramid、Bottle、Tornado、Flask 和 Web2py 等。其中的 Python+Django 架构，应用范围非常广，学习门槛低，能够快速地搭建起可用的 Web 服务平台。国内外许多知名网站都是用 Python 语言开发的，如国外的 NASA、CIA、YouTube、Facebook，国内的豆瓣、知乎等。这一方面说明了 Python 用于 Web 开发的受欢迎程度，另一方面也说明 Python 语言用作 Web 开发经受住了大规模用户并发访问的考验。此外，Python 的简单性和快速周转也使其非常适合桌面上的图形用户界面(GUI)编程。Python 为 Tk GUI API 提供了一个标准的面向对象接口，称为 tkinter 模块，它允许 Python 程序实现具有本机外观和视觉的可移植 GUI。Python/tkinter GUI 在 Microsoft Windows、X Windows(在 UNIX 和 Linux 上)和 Mac OS (经典和 OS X)上不做任何改变就能运行。

- 数值与科学计算

在科学计算领域，与较流行的商业软件 MATLAB 相比，Python 完全免费，而且 MATLAB 的大部分常用功能都可以在 Python 中找到相应的扩展库。随着 NumPy、SciPy、Matplotlib、pandas 等众多程序库的完善，Python 语言越来越适用于科学计算及绘制高质量的二维和三维图形。更为重要的是，Python 是一门真正的通用程序设计语言，其所采用的脚本语言应用范围更广泛，有更多的程序库支持，能够让用户编写出更易读、易维护的代码，已经逐渐成为科研人员最喜爱的数值计算和科学计算的编程语言。

- 网络爬虫

网络爬虫也称网络蜘蛛(Web Spider)，是大数据行业获取数据的核心工具。在网络爬

虫领域，Python 语言几乎处于霸主地位，它将一切网络公开数据看成免费资源，通过自动化程序进行有针对性的数据采集及处理。如果没有网络爬虫自动地、不分昼夜地、高性能地在互联网上爬取免费的数据，那么获取数据的成本将会大大增加。例如，谷歌的爬虫早期就是用 Python 编写的。有多种语言能够实现网络爬虫程序的编写，但 Python 语言是绝对的主力。目前 Python 比较流行的网络爬虫框架是功能非常强大的 Scrapy。

• 数据分析与处理

在大量数据的基础上，结合科学计算、机器学习等技术，对数据进行清洗、去重、规格化、针对性地分析，以及各种可视化的展现是大数据行业的基石。Python 是数据分析的主流编程语言之一，在诸多科学计算库、文本处理库、图形视频分析库等扩展库的支持下，可以实现对 GB 甚至 TB 规模的海量数据进行处理。此外，对网络爬取后的数据进行分析与计算是 Python 最擅长的领域。例如，通过网络爬虫获取大量数据后，可用诸如 Seaborn 这样的可视化库，仅仅使用一两行程序就能对数据进行绘图，而利用 pandas 和 NumPy、SciPy 则可以简单地对大量数据进行筛选、回归等数据分析与处理。而后续复杂计算中，无论是对接机器学习相关算法，还是提供 Web 访问接口，或是实现远程调用接口，都非常便捷。

• 人工智能与机器学习

人工智能作为当前最热门的领域，国内外众多的企业、科研院所纷纷投身于此，从大型"巨无霸""独角兽"企业到中小型创业公司，都期望能在人工智能技术飞速发展的潮流中分一杯羹。为落实人工智能发展的重大战略，国务院于 2017 年 7 月印发了《新一代人工智能发展规划》，提出面向 2030 年我国新一代人工智能发展的指导思想、战略目标、重点任务和保障措施，部署构筑我国人工智能发展的先发优势，加快建设创新型国家和世界科技强国。Python 在人工智能领域内的机器学习、神经网络、深度学习等方面都是主流的编程语言，得到广泛的支持和应用。Python 语言在人工智能领域的地位可以用网络上流传较广的一句话说明："Python 作为人工智能时代'头牌'语言的地位基本确立，未来的悬念仅仅是谁能坐稳第二把交椅"。这种说法也许略显夸张，但是确实体现了 Python 语言的优势。Python 语言在人工智能领域诞生了诸多优秀的机器学习库、自然语言和文本处理库等，为人工智能在各个方向上的应用提供了极大的便利。可以说如今人工智能的风潮促进了 Python 语言的流行，同时 Python 语言也降低了人工智能应用学习的门槛。

除以上列出的应用领域之外，Python 语言在游戏开发、图像处理、数据挖掘、云计算、机器人控制等方面也有优异的表现。

4. Python 语言的不足

没有一种编程语言是完美无缺的，Python 语言也不例外。相比 Java、C、C++ 等语言，Python 语言受人诟病的弱点是速度慢，执行效率不够高等，但目前计算机的硬件速度越来越快，软件工程往往更关注开发过程的效率和可靠性，而不是软件的运行效率。Python 的另外一个问题是源代码加密困难，由于不像编译型语言的源程序会被编译成目标程序，Python 直接运行源程序，因此对源代码加密比较困难。但目前软件行业的大势是开源，就像 Java 程序同样很容易被反编译，但这丝毫不会影响它的流行。Python 开源免费的理念使其广泛流行使用。

自诞生以来，Python 语言一直以"优雅、明确、简单"为设计哲学，开发效率惊人。Python 语言有着众多的优势，并且把这些优势发挥到了极致。它的弱点也丝毫没有影响它的流行，广大用户一方面尽可能地弥补它的不足，另一方面竭尽全力地加强它的优势。例如，有用户觉得Python语言性能低，于是提高Python语言性能的编译器工具被开发出来；为了配合科学计算、大数据分析，SciPy、pandas等库诞生；当机器学习成为热门研究领域时，机器学习库被开发出来。对于这些库，Python语言可以随意调用，甚至比开发这些库的原生语言调用还方便。所以，围绕Python语言构建出来的生态圈逐渐让其他编程语言望尘莫及。这也正是Python语言被预言将成为人工智能(Artificial Intelligence，AI)时代第一语言的原因。

1.2 Python 集成开发环境

本节包括以下3方面内容。

① Python 集成开发环境简介；

② Python 解释器的下载与安装；

③ Python 程序的两种运行方式。

1.2.1 Python 集成开发环境简介

Python语言作为一种高级编程语言，计算机无法直接运行，必须由一个称为"解释器"的特定程序将其翻译成机器语言之后才能够由计算机执行。Python解释器程序可以从Python的官方网站下载。如图1.6所示，可以下载不同版本的Python语言解释器安装程序以用于不同的操作系统，如Windows、Linux/UNIX、MacOS等。目前Python的开发工具有很多，包括IDLE、Vim、Pycharm、Sublime Text、Atom、VSCode、Eclipse等。其中IDLE(Integrated Development and Learning Environment)是Python自带的语言集成开发环境。所谓集成开发环境，一般包括代码编辑器、编译器或解释器、调试器等工具。IDLE是一个轻量级的Python语言集成开发环境，可以支持交互式和文件式两种编程方式，本书代码的编写和执行主要由IDLE完成。

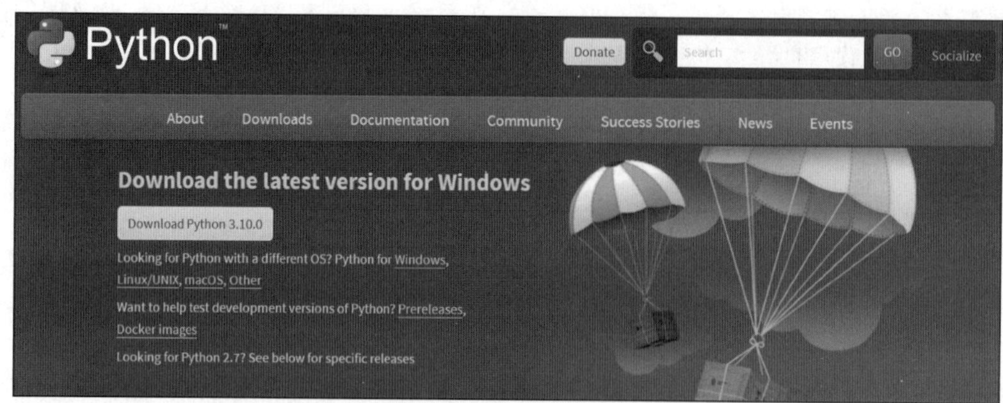

图1.6 Python解释器官方网站下载界面

1.2.2 Python 解释器的下载与安装

下载及安装Python解释器，可分为以下4个步骤。

① 进入下载网址 www.python.org/downloads/；

② 选择 Python 3.x 系列版本程序；

③ 根据操作系统的不同选择不同的版本安装包；

④ 安装已下载的程序。

迄今为止，Python 解释器有很多不同的版本，总的说来，主要分为 2.x 和 3.x 系列，这两个系列有较大区别，如果没有特殊要求，建议选择 3.x 系列版本。目前 Python 最新版本为 Python 3.10.0(截至 2021 年 10 月)，对初学者而言，建议采用 Python 3.5.2 或之后的版本，可以不使用最新版本。本书内容统一以 Python 3.8.7 版本进行演示。具体安装步骤如下：首先，进入 Python 的官方网站下载界面 www. python. org/downloads/。直接单击 Download Python 3.10.0 按钮，即可下载 32 位 Windows 操作系统下的最新版安装文件，但如果是 64 位 Windows、Mac、Linux 或其他操作系统，或者想安装其他版本的解释器，直接单击这些操作系统名称，选择下载相应安装包即可，如图 1.6 所示。

以下载适用 Windows 10 的 64 位系统的 Python 3.8.7 版本为例，在 Python 官方网站下载界面下拉滚动条，可看到 Python 的不同版本，如图 1.7 所示。找到 Python 3.8.7 版本，单击 Download 按钮，进入相应的下载界面。

Release version	Release date		Click for more
Python 3.8.9	April 2, 2021	Download	Release Notes
Python 3.9.2	Feb. 19, 2021	Download	Release Notes
Python 3.8.8	Feb. 19, 2021	Download	Release Notes
Python 3.6.13	Feb. 15, 2021	Download	Release Notes
Python 3.7.10	Feb. 15, 2021	Download	Release Notes
Python 3.8.7	Dec. 21, 2020	Download	Release Notes
Python 3.9.1	Dec. 7, 2020	Download	Release Notes
Python 3.9.0	Oct. 5, 2020	Download	Release Notes

图 1.7　已发布的 Python 解释器不同版本

在打开的页面上找到 Python 3.8.7 下载文件区域，如图 1.8 所示，可以看到可供选择的安装文件。文件名后有 64-bit 标识的，适用于 64 位 Windows 系统；文件名后有 32-bit 标识的适用于 32 位 Windows 系统。对于这两种系统而言，大多有两个文件，这两个文件都可以实现安装：第一个 embeddable package 是 zip 解压免安装绿色版；第二个 installer 是传统的可执行格式安装版。可根据个人具体情况及习惯选择不同的安装文件。接下来，以

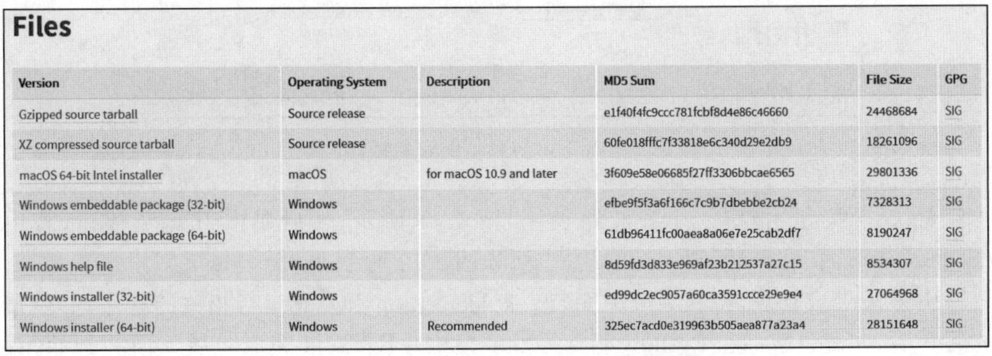

Files

Version	Operating System	Description	MD5 Sum	File Size	GPG
Gzipped source tarball	Source release		e1f40f4fc9ccc781fcbf8d4e86c46660	24468684	SIG
XZ compressed source tarball	Source release		60fe018fffc7f33818e6c340d29e2db9	18261096	SIG
macOS 64-bit Intel installer	macOS	for macOS 10.9 and later	3f609e58e06685f27ff3306bbcae6565	29801336	SIG
Windows embeddable package (32-bit)	Windows		efbe9f5f3a6f166c7c9b7dbebbe2cb24	7328313	SIG
Windows embeddable package (64-bit)	Windows		61db96411fc00aea8a06e7e25cab2df7	8190247	SIG
Windows help file	Windows		8d59fd3d833e969af23b212537a27c15	8534307	SIG
Windows installer (32-bit)	Windows		ed99dc2ec9057a60ca3591ccce29e9e4	27064968	SIG
Windows installer (64-bit)	Windows	Recommended	325ec7acd0e319963b505aea877a23a4	28151648	SIG

图 1.8　Windows 操作系统的 Python 解释器下载文件

Windows 的 64 位操作系统为例，下载 Python 3.8.7 版本的可执行格式安装版进行安装，单击 Windows installer (64-bit)，下载的文件名为 python-3.8.7-amd64.exe。

双击已下载的程序开始安装 Python 解释器，此时将启动如图 1.9 所示的安装引导过程。在该界面中，请务必勾选 Add Python 3.8 to PATH 复选框，此操作是将 Python 的安装目录添加到计算机的环境变量，可为后续学习和使用带来便利。

图 1.9 Python 解释器的安装启动界面

然后单击 Customize installation(自定义安装)，并在出现的界面(图 1.10)中确保所有 Optional Features 复选框均被勾选，保证 pip、IDLE 等工具同时被安装。

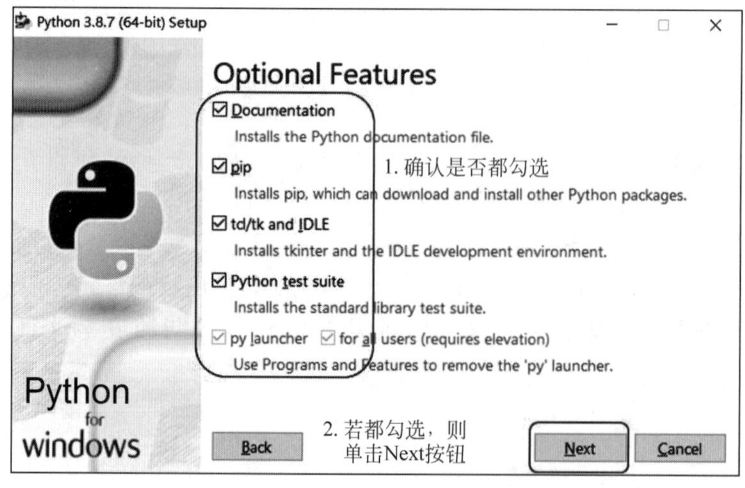

图 1.10 Python 解释器的安装特征选择

单击 Next 按钮，指定一个安装路径，如图 1.11 所示，然后单击 Install 按钮，若出现 Setup was successful 界面，则表示安装成功，如图 1.12 所示。

Python 安装成功后，将在系统中安装一批与 Python 开发和运行相关的程序，其中最重要的是 Python 命令窗口和 Python 集成开发环境 IDLE。安装完成之后，可在“开始”菜单的 Windows 程序列表中看到已经安装的文件，如图 1.13 所示。

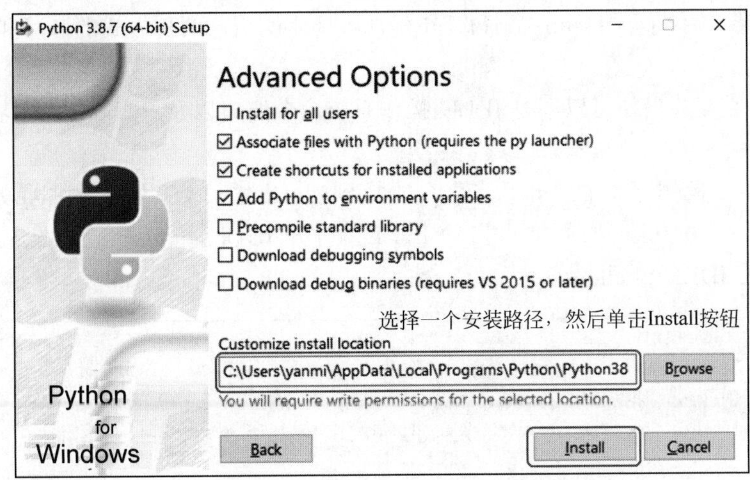

图 1.11　Python 解释器的安装路径选择

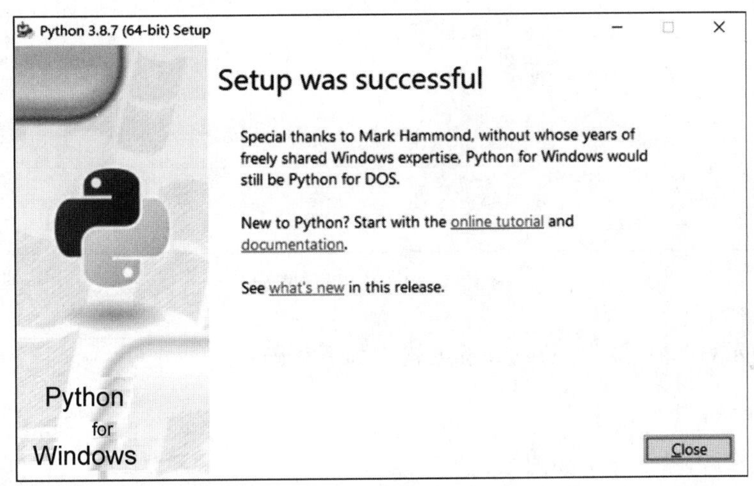

图 1.12　Python 解释器的安装成功界面

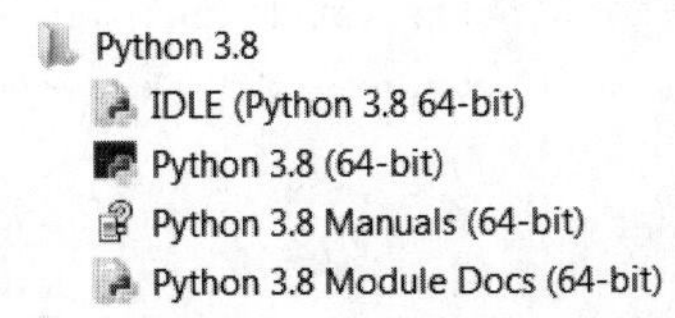

图 1.13　“开始”菜单中已安装的 Python 解释器文件

1.2.3　Python 程序的两种运行方式

在 Python 集成开发环境中，有两种常用的方式来运行 Python 语言编写的代码：交互式和文件式。交互式指 Python 解释器即时响应用户输入的每条代码，给出输出结果。文件式也称为批量式，指用户将 Python 程序写在一个或多个文件中，然后启动 Python 解释器批量执行文件中的代码。交互式一般用于调试少量代码，文件式则是最常用的编程方式。下面以

Windows 操作系统中打印“Hello World”程序为例，具体说明这两种方式的启动和运行方法。

1. 交互式

Python 的交互式操作可以通过 IDLE、操作系统命令窗口以及 Python 命令窗口等实现。

- IDLE

在 Windows 操作系统的“开始”菜单中找到“Python 3.8”的目录并展开，然后选择 IDLE(Python 3.8 64-bit)选项，即可启动 IDLE。打开 IDLE，可以看到如图 1.14 所示的界面，通常称之为 IDLE Shell 界面。

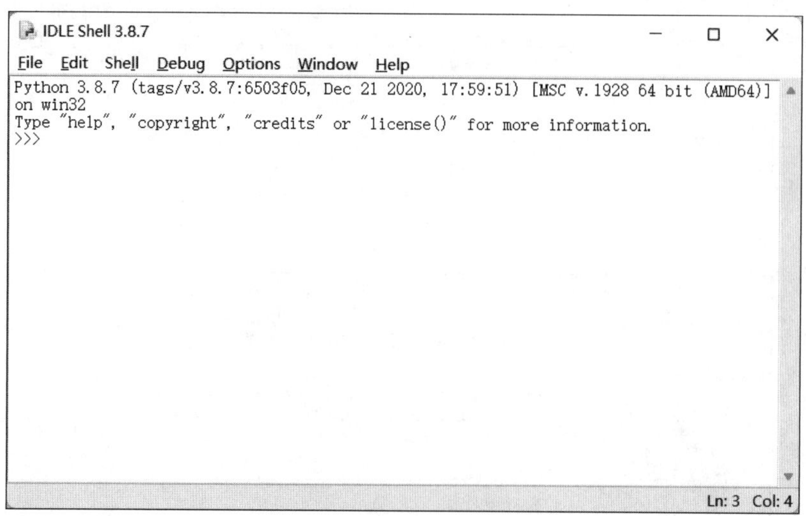

图 1.14 IDLE Shell 界面

在命令提示符“>>>”后方的光标处输入如下代码：

```
print("Hello World")
```

按 Enter 键后，输出显示如图 1.15 所示。

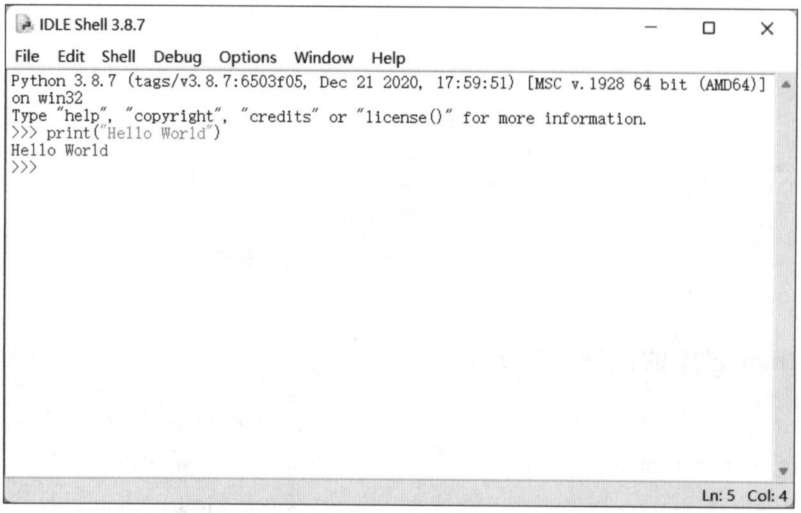

IDLE Shell 3.8.7
File Edit Shell Debug Options Window Help

```
Python 3.8.7 (tags/v3.8.7:6503f05, Dec 21 2020, 17:59:51) [MSC v.1928 64 bit (AMD64)]
on win32
Type "help", "copyright", "credits" or "license()" for more information.
>>> print("Hello World")
Hello World
>>>
```

Ln: 5 Col: 4

图 1.15 IDLE Shell 打印输出“Hello World”字样

解释器执行了一条 Python 代码指令“print("Hello World")”，并在屏幕上输出了字符串“Hello World”，且再次出现提示符“>>>”。尝试输入几行不一样的代码并观察输出结果的差别，如图 1.16 所示。在第一行输入“3+2”并按 Enter 键，解释器成功执行并显示结果为“5”；在出现的提示符后面输入“6 * 7”并按 Enter 键，输出结果为“42”。上述测试说明，类似于“3+2”“6 * 7”这样的式子都是合法的 Python 表达式，能被 Python 解释器正确解读和执行。但是，如果输入“6 * 7=”这样的式子，解释器将无法理解和执行，并会用红色文字给出错误信息，提示语法错误，说明这样的表达式不合法。

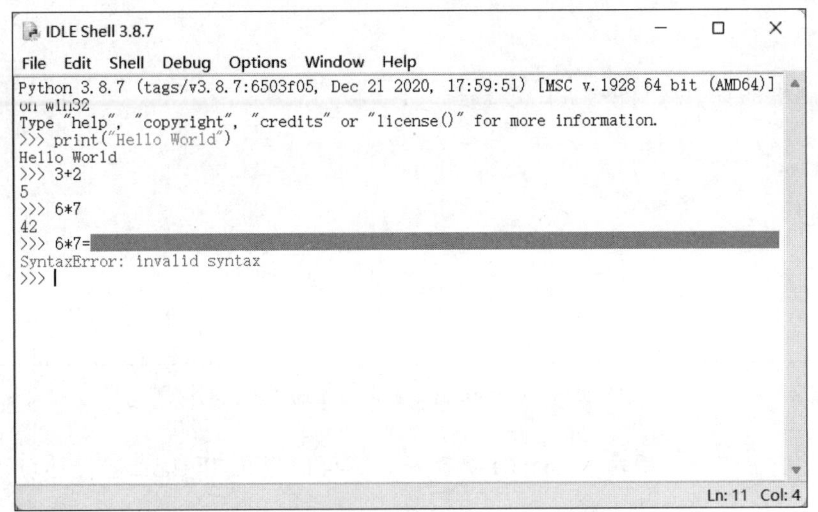

图 1.16　IDLE Shell 交互式执行代码

- 操作系统命令窗口

启动 Windows 操作系统命令行工具(<Windows 系统安装目录>\system32\cmd.exe)，输入“python”后，显示 Python 基本信息，并出现命令提示符“>>>”，输入几行代码，按 Enter 键后可输出相应的结果，如图 1.17 所示。

```
选择命令提示符 - python
Microsoft Windows [版本 10.0.22000.438]
(c) Microsoft Corporation。保留所有权利。

C:\Users\Think>python
Python 3.8.7 (tags/v3.8.7:6503f05, Dec 21 2020, 17:59:51) [MSC v.1928 64 bit (AMD64)] on win32
Type "help", "copyright", "credits" or "license" for more information.
>>> print("Hello World")
Hello World
>>> 3+2
5
>>> 6*7
42
>>> print("Life is short,you need Python!")
Life is short,you need Python!
>>>
```

图 1.17　Windows 操作系统命令行工具交互式执行代码

• Python 命令窗口

直接单击“开始”菜单中 Python 3.8 目录下的“Python 3.8 (64-bit)”，打开 Python 命令窗口，并在命令提示符“>>>”后输入类似代码，按 Enter 键后可显示相应的输出结果，如图 1.18 所示。

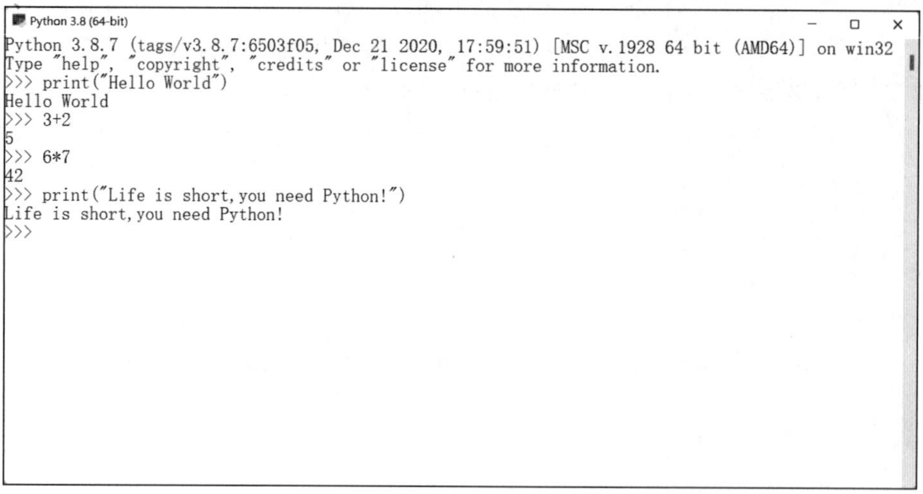

```
Python 3.8 (64-bit)
Python 3.8.7 (tags/v3.8.7:6503f05, Dec 21 2020, 17:59:51) [MSC v.1928 64 bit (AMD64)] on win32
Type "help", "copyright", "credits" or "license" for more information.
>>> print("Hello World")
Hello World
>>> 3+2
5
>>> 6*7
42
>>> print("Life is short,you need Python!")
Life is short,you need Python!
>>>
```

图 1.18　Python 命令窗口交互式执行代码

在提示符“>>>”后输入 exit()或者 quit()可以退出 Python 运行环境，如图 1.19 所示。

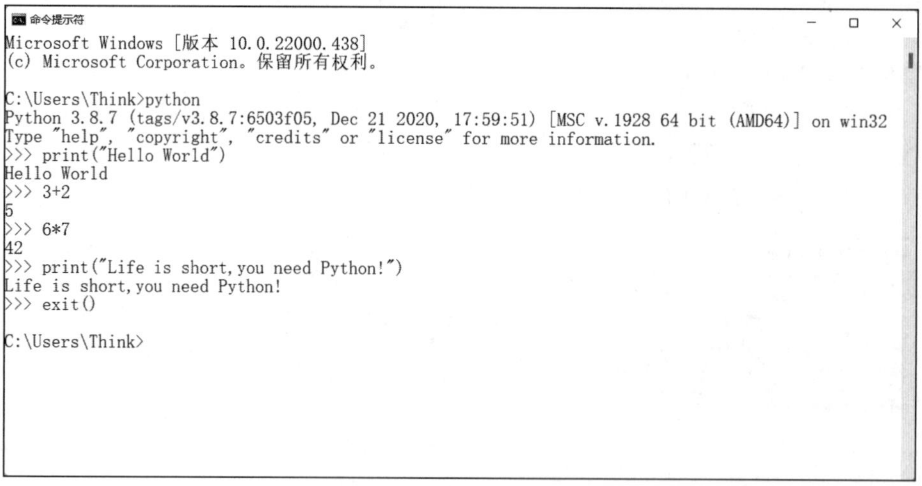

```
命令提示符
Microsoft Windows [版本 10.0.22000.438]
(c) Microsoft Corporation。保留所有权利。

C:\Users\Think>python
Python 3.8.7 (tags/v3.8.7:6503f05, Dec 21 2020, 17:59:51) [MSC v.1928 64 bit (AMD64)] on win32
Type "help", "copyright", "credits" or "license" for more information.
>>> print("Hello World")
Hello World
>>> 3+2
5
>>> 6*7
42
>>> print("Life is short,you need Python!")
Life is short,you need Python!
>>> exit()

C:\Users\Think>
```

图 1.19　退出 Python 运行环境

2. 文件式

以上案例显示的交互式代码执行一般适用于少量代码，逐行输入并即时执行。如果想再次运行，需要重新输入。当要编写一个较为复杂的程序时，会包含很多行代码，交互式就显得不那么方便。此时通过 IDLE 或操作系统命令窗口以文件式执行代码成为更常用且更便捷的代码编辑和运行模式。

- IDLE

IDLE 文件式代码的执行通常包括以下 4 个步骤。

① 在新打开的文本编辑器中输入程序代码，可输入多行；

② 选择 File→Save，选择存储路径并设置文件名，保存类型为.py；

③ 选择 Run→Run Module，运行程序；

④ 在 Python Shell 中观察运行结果。

可重复上述最后两个步骤，反复运行程序；也可以修改代码，再保存运行等。具体操作为：通过在 Python Shell 中选择 File→New File，可以新建一个如图 1.20 所示的文本编辑窗口。

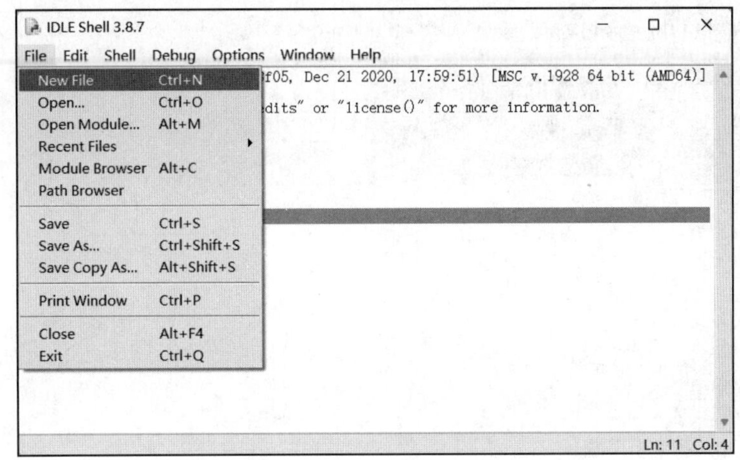

图 1.20　在 IDLE Shell 中创建新文件

在光标后输入如下几行代码，如图 1.21 所示。

```
print("Hello World")
print(3+2)
print(6 * 7)
print("Life is short,you need Python!")
```

```
*untitled*
File Edit Format Run Options Window Help
# 微实例1.1-HelloWorld-1.2.3.py
print("Hello World")
print(3+2)
print(6*7)
print("Life is short, you need Python!")

Ln: 6 Col: 0
```

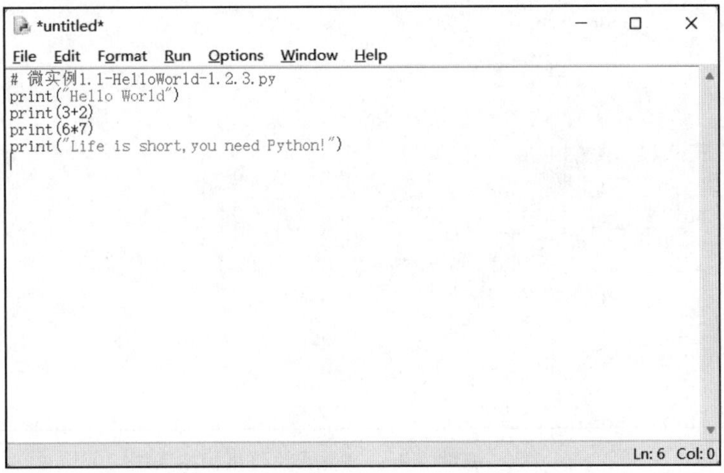

图 1.21　IDLE Shell 文件式代码输入

编辑完成后，展开编辑器的菜单 File，选择 Save 选项，指定存储路径和文件名，保存文件到指定的路径中。例如，指定保存到 D 盘 Python 文件夹中，文件名为“微实例 1.1-HelloWorld-1.2.3”，文件扩展名为.py。然后选择 Run 菜单下的 Run Module，或者按 F5 快捷键，即可执行这几行代码，如图 1.22 所示。可以在 Python Shell 中观察运行结果，如图 1.23 所示。如果想重新打开并编辑已经保存的 Python 代码文件，可以在 IDLE Shell 中选择 File 菜单下的 Open 打开并编辑，也可以在资源管理器中找到相应文件右击，在弹出的菜单中选择“Edit with IDLE”打开。如果安装了多个 Python 解释器，选择所使用的版本打开即可。

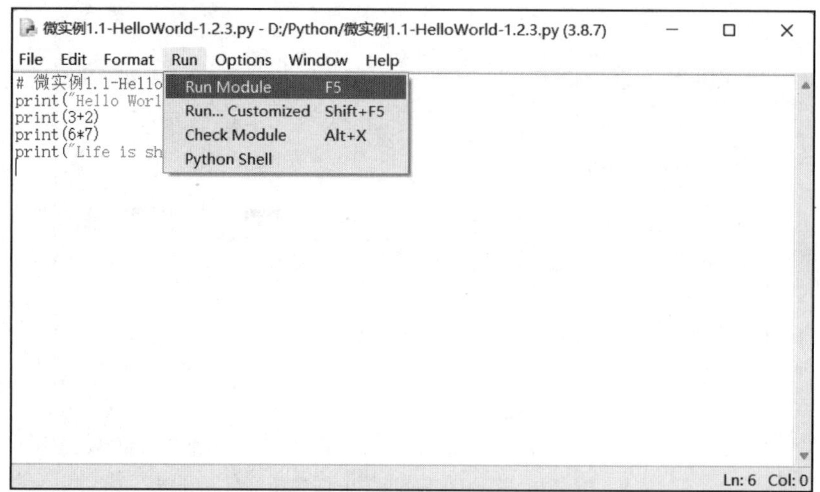

图 1.22　IDLE Shell 文件式代码执行

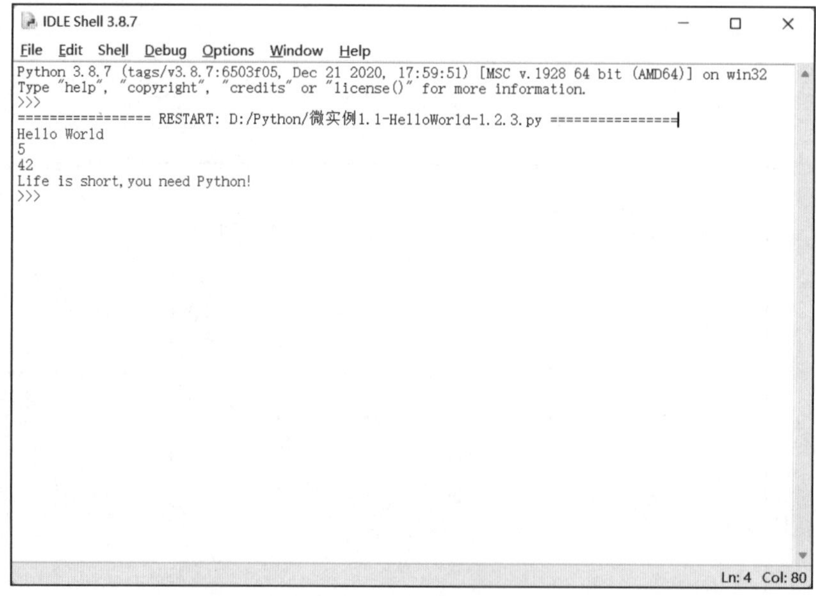

图 1.23　IDLE Shell 文件式代码执行结果

- 操作系统命令窗口

对于文件式而言，以已保存的“微实例 1.1-HelloWorld-1.2.3.py”文件为例，在 Windows 操作系统命令行窗口下，用 cd 命令切换到“微实例 1.1-HelloWorld-1.2.3.py”文件所在目录，即切换到该文件保存的目录——Python 文件夹，如图 1.24 所示。然后在光标处输入命令“python 微实例 1.1- HelloWorld-1.2.3.py”，按 Enter 键即可获得 Python 程序文件的输出结果，如图 1.25 所示。

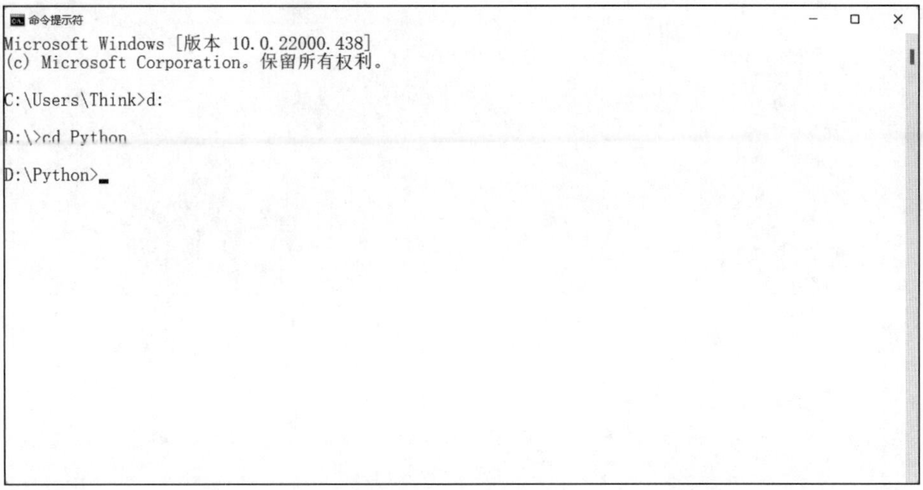

命令提示符
Microsoft Windows [版本 10.0.22000.438]
(c) Microsoft Corporation。保留所有权利。
C:\Users\Think>d:
D:\>cd Python
D:\Python>

图 1.24　使用 cd 命令切换到 Python 文件所在目录

命令提示符
Microsoft Windows [版本 10.0.22000.493]
(c) Microsoft Corporation。保留所有权利。
C:\Users\Think>d:
D:\>cd Python
D:\Python>python 微实例1.1-HelloWorld-1.2.3.py
Hello World
5
42
Life is short,you need Python!
D:\Python>

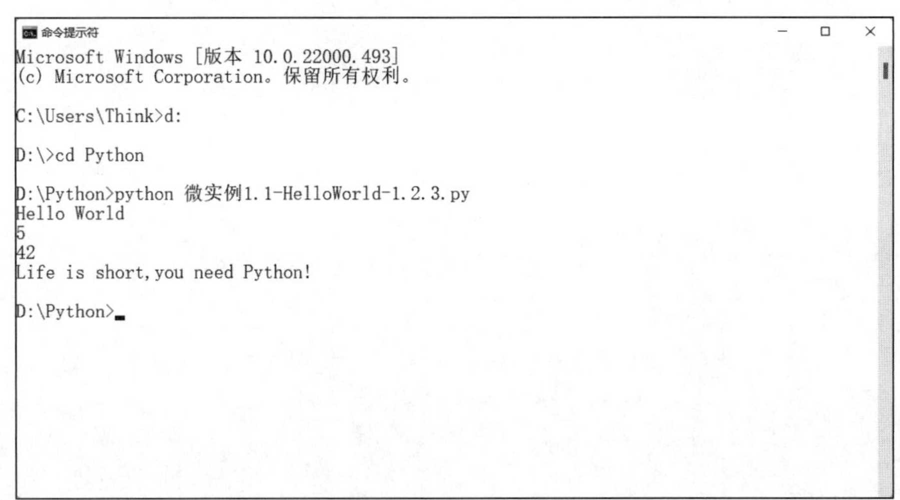

图 1.25　Windows 操作系统命令窗口文件式执行代码

交互式和文件式两种运行 Python 代码的方式本质上是相同的，都是由 Python 语言解释器程序逐行将 Python 代码翻译为机器语言并由计算机执行。在学习 Python 语法时，为了能即时了解一些指令的用法，可选用交互式方式；而在编写较长或较为复杂的程序时，则优先考虑采用文件式方式编写、调试及运行代码。

1.3 本章小结

作为本书的开篇，在 Python 概述部分，首先介绍了程序设计语言的概念及分类，并对 Python 语言的发展史、语言特点、主要应用领域及不足进行了阐述；然后重点介绍了 Python 语言集成开发环境的使用方法，为读者后续学习 Python 编程，调试与运行 Python 程序奠定了基础。

第 2 章　初识 Python 程序

本章学习目标

- 认识 Python 的基本语法元素
- 掌握 Python 程序的书写规范
- 理解面向对象和面向过程的程序设计方法
- 掌握 Python 常用的 3 个输入/输出函数的使用方法
- 掌握标准库 turtle 的使用方法

本章首先依托 2 个案例，介绍 Python 程序中的语法元素和 Python 程序的书写规范；其次，介绍程序设计的方法和输入/输出常用的 3 个函数；最后阐述标准库 turtle 的具体使用方法。

2.1　案例 1：计算两个化合物的相似度

通常，计算化合物的相似度需要完成以下 3 项工作。

① 了解化合物相似度的概念；

② 分析计算两个化合物相似度的算法；

③ 编写计算两个化合物相似度的程序。

2.1.1　化合物相似度介绍

化合物相似度在化学信息学和药物发现中具有悠久的历史，许多计算方法采用相似度测定鉴定并研究新化合物。计算化合物的相似度，可以通过比较两个化合物结构或性质之间的相似度来衡量。此处以化合物的结构为例计算两个化合物的相似度。化合物的结构通常以分子指纹的形式表征，目前化合物有多种分子指纹表示方式，如 PubChem、MACCS、Morgan 等分子指纹。

为了方便理解，此处以 PubChem 分子指纹为例，首先利用现有工具计算化合物 A 和化合物 B 的 PubChem 分子指纹，分别得到 881 个 PubChem 分子指纹子结构特征对应的值 $feature_1$，$feature_2$，…，$feature_{881}$；其中，$feature_i$ 的取值规则为：如果化合物具备 $feature_i$，则取值为 1，否则取值为 0。统计化合物 A 中值为 1 的 feature 的数量 a、化合物 B 中值为 1 的 feature 的数量 b，以及 A、B 中值同为 1 的 feature 的数量 c，a、b、c 就是化合物 A 和化合物 B 相关的结构特征值。可以采用相似度计算公式之一——“余弦相似度”计算化合物 A 和化合物 B 之间的相似度。余弦相似度表示如式(2.1)所示。

$$\text{cosine}=\frac{c}{\sqrt{ab}} \tag{2.1}$$

其中：

a 为化合物 A 中值为 1 的 feature_i 数量；

b 为化合物 B 中值为 1 的 feature_i 数量；

c 为 A、B 中值同为 1 的 feature_i 数量。

因此，只要知道 a、b、c 三个数值，便可轻松计算出化合物 A 和化合物 B 之间的相似度。需要注意的是，相似度的取值范围是 0～1，0 代表化合物之间没有相似度，1 则代表化合物此指纹表征相似度一致。不同的指纹表征方式及相似度计算公式获得的相似度结果会略有差别，需要根据不同的场景选取合适的指纹表征方式和相似度计算公式。

2.1.2 计算两个化合物相似度的算法

按照 2.1.1 节的化合物相似度介绍，计算两个化合物相似度的算法可分为以下 3 个步骤。

① 创建变量 a、b、c，分别给其赋值两个化合物各自的指纹结构特征值及其共有的指纹结构特征值；

② 基于余弦相似度公式计算两个化合物的相似度，并赋值给 cosine 变量；

③ 调用 print()函数打印输出 cosine 变量的值，即两个化合物的相似度值，并用 round()函数控制输出结果保留 2 位小数。

2.1.3 计算两个化合物相似度的程序

1. 程序说明/readme

本程序的功能为：利用余弦相似度计算公式，实现两个化合物相似度的计算。

2. 源程序

```
#input
''' 创建变量 a、b、c,分别给其赋值两个化合物各自的指纹结构特征值及其共有的指纹结构特征值
'''
a = eval(input("请输入化合物 A 中值为 1 的 feature 的数量:"))
b = eval(input("请输入化合物 B 中值为 1 的 feature 的数量:"))
c = eval(input("请输入 A、B 中值同为 1 的 feature 的数量:"))
#process
#基于余弦相似度公式计算两个化合物的相似度,并赋值给 cosine 变量
cosine = c / (a * b)**0.5
#output
#打印输出两个化合物相似度的值,结果保留 2 位小数
print('两个化合物的 cosine 相似度为:', round(cosine, 2))
```

3. 运行示例

编写程序并保存，之后运行该程序。根据程序提示，分别输入化合物 A 中值为 1 的 feature 的数量，化合物 B 中值为 1 的 feature 的数量，以及化合物 A、B 中值同为 1 的 feature 的数量，运行结果如下。

请输入化合物 A 中值为 1 的 feature 的数量：356

请输入化合物 B 中值为 1 的 feature 的数量：668

请输入 A、B 中值同为 1 的 feature 的数量：256

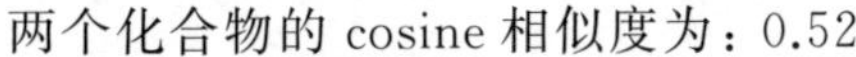

两个化合物的 cosine 相似度为：0.52

2.2　案例 2：绘制苯环

通常，绘制苯环需要完成以下 3 项工作。

① 了解苯环的结构特性及绘制方法；

② 设计绘制苯环的算法；

③ 编写绘制苯环的程序。

2.2.1　苯环简介及绘制方法

苯环(benzene ring)是苯分子的化学结构，为平面正六边形，每个顶点是一个碳原子，每一个碳原子和一个氢原子结合。苯环中的碳碳键是介于单键和双键的独特的键，键角均为 120°，键长为 1.40Å。苯环是药物结构中最为常见的结构，了解苯环的结构，对了解药物的结构特征具有重要意义。苯环结构主要有以下两种类型：凯库勒式和鲍林式。其中，凯库勒式是由德国化学家凯库勒(Kekule)在 1858 年提出的碳原子间能够相互连接成链的观点的基础上，于 1865 年对苯环的结构提出的一个设想，即碳链有可能头尾连接起来构成环。据凯库勒本人的著作称，他因梦见一条蛇首尾相接而受到启发。凯库勒式是当时众多“苯环结构”中最为满意的一种，它成功地解释了许多实验事实，但不能解释苯环的特殊稳定性。鲍林式苯环是另一种常见的画法，表示为内部带有圆圈的正六边形。圆圈强调了 6 个 π 电子的离域作用和电子云的均匀分布，这很好地解释了碳碳键长均等性和苯环的完全对称性。苯环结构的两种类型如图 2.1 所示。

以凯库勒式苯环为例，如果把苯环内环的三条键依次连接起来，可以发现，要绘制一个苯环，最重要的是绘制两个中心重合的正六边形，如图 2.2 所示。因此，绘制苯环的核心问题就变成如何绘制一个正六边形。

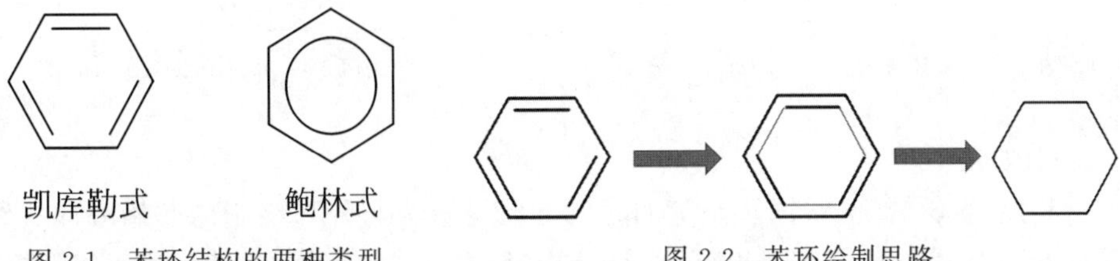

图 2.1　苯环结构的两种类型　　图 2.2　苯环绘制思路

在 Python 中，可以利用 turtle 标准库进行苯环图形绘制。可以先绘制外环，即绘制具有一定边长的正六边形，然后绘制内环。经数学推导可知，可将外环线段朝着 60°方向移动距离 d，如图 2.3 所示。d 可自行指定，然后根据“d＝外环边长－内环边长”公式计算出内环边长。继续以内环边长绘制正六边形，需要注意的是，内环的边长是交替显示的，只有奇数或偶数边长才被绘制出来，可以利用 turtle 库里面的画笔抬起函数或画笔放下函数进行控制，以达到目的。

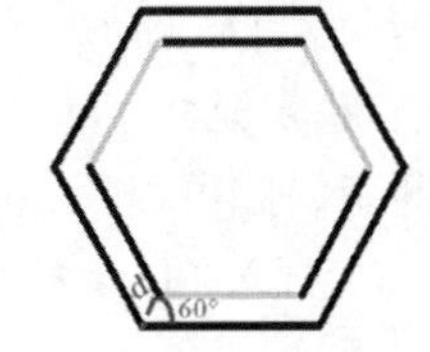

图 2.3　苯环内环绘制

2.2.2 绘制苯环的算法

按照 2.2.1 节的苯环简介及绘制方法，绘制 5 个随机位置、随机角度、随机颜色、随机大小的不同苯环，具体包括 4 个步骤：定义绘制苯环的函数，引入 turtle 标准库及 random 标准库中的相关函数，设置绘图环境，以及调用函数随机绘制 5 个苯环。

1. 定义绘制苯环的函数

函数取名为 drawbenring，该函数具有 4 个参数，为 pos、angle、color、size，分别代表拟绘制苯环的位置、角度、颜色和尺寸。绘制 1 个苯环的函数主要包括初始化画笔、绘制苯环外环的正六边形、移动画笔到内环起点和绘制内环 4 步工作。

- 初始化画笔

初始化画笔主要包括利用 penup()函数抬起画笔，利用 goto()函数设置开始绘制苯环的位置，利用 seth()函数设置苯环的角度，利用 pencolor()函数设置苯环的颜色。

- 绘制苯环外环的正六边形

利用 pendown()函数放下画笔，开始绘制，利用 for 循环语句绘制一个具有一定边长的正六边形。for 语句和 range()函数搭配使用，range()函数可以产生一系列等差数列，如 range(6)可产生 0,1,2,3,4,5 这 6 个数，循环变量 i 分别取这 6 个数值，每取值一次，代表循环执行一次；此处共循环 6 次，对应绘制正六边形的 6 条边，如图 2.4 所示。通过 forward()函数向前移动画笔，以及通过 left()函数设置画笔向左转动，实现六条边的绘制。其中 ➤ 表示画笔的起始位置。

- 移动画笔到内环起点

利用 seth()函数设置画笔向内环移动的角度，利用 penup()函数抬起画笔，使得画笔移动时不留下轨迹，利用 forward()函数将画笔移动到绘制内环的起始位置，如图 2.5 所示。

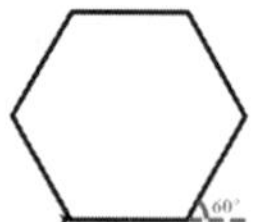

图 2.4　苯环外环正六边形的绘制

图 2.5　画笔从外环移动至内环

- 绘制内环

首先，利用 seth()函数将内环画笔的起始方向设置为与外环绘制的起始方向一致。然后，根据“d＝外环边长－内环边长”公式计算内环边长，用 size 表示外环边长，用 innersize 表示内环边长，移动距离为 20。类似地，利用 for 循环语句开始绘制内环正六边形，但需要注意的是，如果给内环边长编号 0～5，内环边长中只有奇数边 1,3,5 有绘制轨迹，而偶数边 0,2,4 没有轨迹，如图 2.6 所示。因此，可以通过 if…else 语句判断该边长是奇数边还是偶数边，决定是用 pendown()函数放下画笔，还是用 penup()函数抬起画笔，如图 2.7 所示。判断奇偶数可以用该数除以 2，检查余数是否为 0 来决定。

2. 引入 turtle 标准库及 random 标准库中的相关函数

通过 import turtle as t 语句可以引入 turtle 库中的所有函数。此外，因为涉及随机数的问题，所以可以从 random 标准库引入其中产生随机整数的函数 randint()和设置随机种子的函数 seed()，例如 from random import randint, seed，引入库的其他方法参见 2.7.1 节。

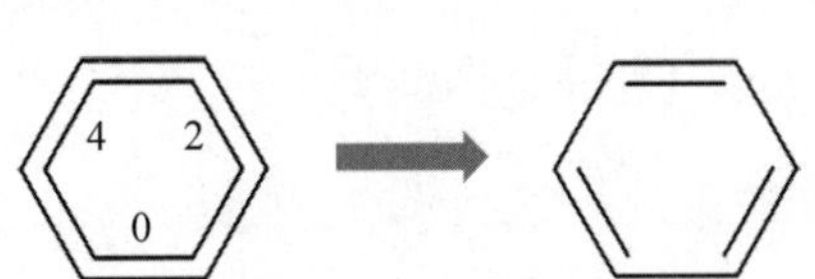

图 2.6　苯环内环奇、偶边的绘制

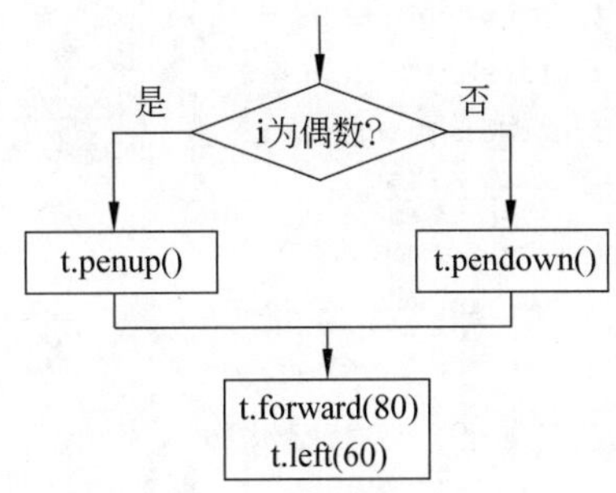

图 2.7　苯环内环绘制的判断逻辑

3. 设置绘图环境

设置绘图环境包括用 random 库中的 seed()函数设置随机数种子，用 turtle 库中的 setup()函数设置绘图窗口的大小和位置，用 colormode()设置 RGB 颜色的模式，用 bgcolor()函数设置背景颜色，用 pensize()函数设置画笔的像素尺寸。

4. 调用函数随机绘制 5 个苯环

首先利用一个 for 循环语句实现按照随机位置、随机角度、随机颜色、随机大小绘制 5 个苯环。其次定义 pos、angle、color、size 变量分别表示位置、角度、颜色和尺寸，这些变量值由随机函数 randint()产生。最后调用自定义的 drawbenring()函数绘制 5 个苯环。

2.2.3　绘制苯环的程序

1. 程序说明/readme

本程序的功能为：通过调用绘制苯环的函数，按照随机位置、随机角度、随机颜色、随机大小绘制 5 个苯环。

2. 源程序

```
#定义绘制苯环的函数
def drawbenring(pos, angle, color, size):
    #初始化画笔
    t.penup()
    t.goto(pos)
    t.seth(angle)
    t.pencolor(color)
    #绘制苯环外环的六边形
    t.pendown()
    for i in range(6):
        t.fd(size)
        t.left(360/6)
    #移动画笔到内环起点
    t.seth(60+angle)
    t.penup()
    t.fd(20)
    #绘制内环
```

```
    t.seth(angle)
    innersize = size-20
    for i in range(6):
        if i % 2 == 0:
            t.penup()
        else:
            t.pendown()
        t.fd(innersize)
        t.left(360/6)
#引入绘图库 turtle 和随机函数 randint()、seed()
from random import randint, seed
import turtle as t
#设置绘图环境
seed(101)
t.setup(1000, 800, 30, 0)
t.colormode(255)
t.bgcolor("white")                          #t.bgcolor(255,255,255)
t.pensize(5)
#按照随机位置、随机角度、随机颜色、随机大小绘制 5 个苯环
for i in range(5):
    pos = randint(-250, 250), randint(-250, 250)
    angle = randint(0, 360)
    color = randint(0, 255), randint(0, 255), randint(0, 255)
    size = randint(60, 100)
    drawbenring(pos, angle, color, size)        #调用绘制苯环的函数
```

3. 运行示例

编写程序并保存，之后运行该程序。程序运行结果如图 2.8 所示。

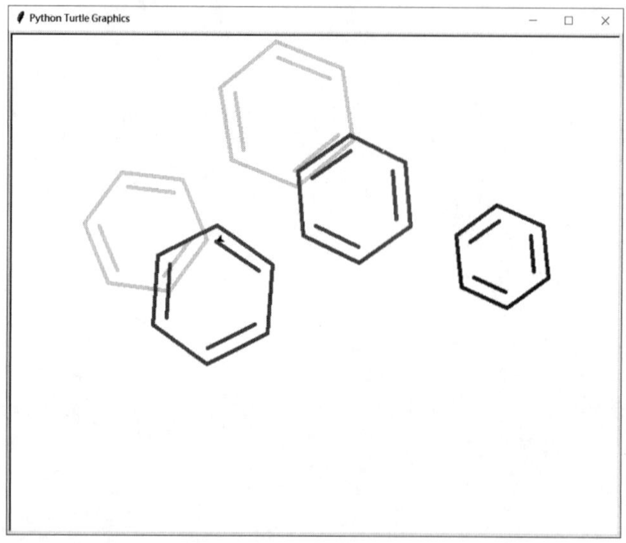

图 2.8　程序运行结果

此外，还可以通过更改 for 循环语句里面苯环的个数 n，绘制任意指定个数的随机位置、随机角度、随机颜色、随机大小的苯环。在设置绘图环境之前，利用 input()函数和 eval()函数设置需要绘制苯环的个数：n=eval(input("请输入需要绘制苯环的个数:"))，并将循环部分代码的第一行修改为 for i in range(n):。绘制单个苯环的代码保持不变，其余代码修改为：

```
#引入绘图库 turtle 和随机函数 randint()、seed()
import turtle as t
from random import randint, seed
#由用户输入需要绘制苯环的个数
n = eval(input("请输入需要绘制苯环的个数:"))
#设置绘图环境
seed(101)
t.setup(1000, 800, 30, 0)
t.colormode(255)
t.bgcolor("white")                          #t.bgcolor(255,255,255)
t.pensize(5)
#按照随机位置、随机角度、随机颜色、随机大小绘制 5 个苯环
for i in range(n):
    pos = randint(-250, 250), randint(-250, 250)
    angle = randint(0, 360)
    color = randint(0, 255), randint(0, 255), randint(0, 255)
    size = randint(60, 100)
    drawbenring(pos, angle, color, size)    #调用绘制苯环的函数
```

修改并保存程序后，运行该程序。Python Shell 提示“请输入需要绘制苯环的个数:”，用户输入任意整数，比如 10，拟绘制 10 个苯环。程序运行后，屏幕输出如下：

```
请输入需要绘制苯环的个数:10
```

随机苯环绘制程序运行结果如图 2.9 所示。

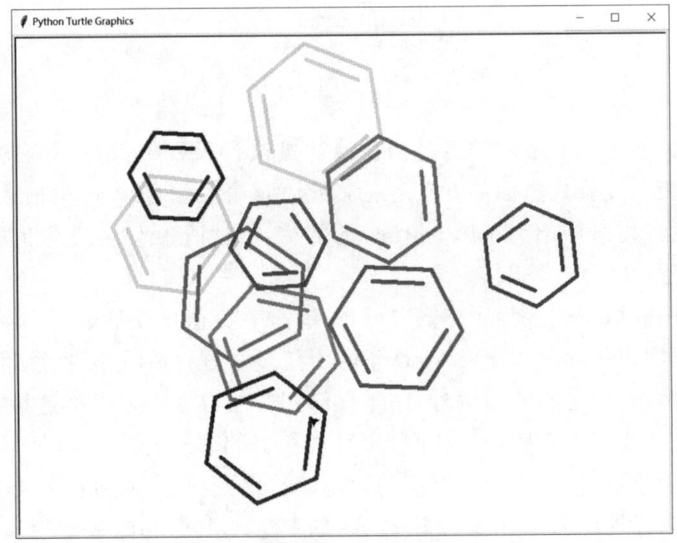

图 2.9　随机苯环绘制程序运行结果

2.3 Python 基本语法

本节包括以下 3 方面内容。

① 语法元素；

② 语句；

③ 标识符的命名规则。

2.3.1 语法元素

Python 程序代码具有众多语法元素，主要包括数据、操作符、函数、类、模块、包、库和关键字。

1. 数据

程序中常常需要处理一些数据，程序的执行过程实际上就是对一系列数据进行处理并输出结果的过程。根据冯・诺依曼体系结构，数据输入的过程通常指由输入设备输入并进入内存存储的过程，有时数据也会由赋值语句生成；而数据计算的过程则是计算机从内存中取出数据，传送至中央处理器进行运算并保存至内存存储器的过程；数据的输出则是指数据从内存存储输出，并显示到输出设备的过程，如图 2.10 所示。

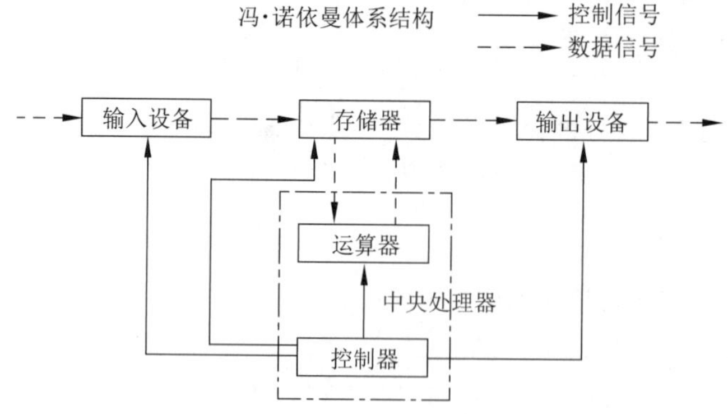

图 2.10　冯・诺依曼体系结构

数据通常包括常量和变量。常量是指在计算机执行过程中保持不变的量，比如本章案例 1 中计算余弦相似度公式里面的 0.5 就是常量，“请输入化合物 A 中值为 1 的 feature 的数量:”“请输入化合物 B 中值为 1 的 feature 的数量:”和“请输入 A、B 中值同为 1 的 feature 的数量:”也是常量。

变量是指采用标识符代表程序中需要处理或存储、其值可变的数据，其标识符被称为变量名，例如本章案例 1 中的 *a*、*b*、*c*、cosine 等均为变量。程序在定义变量时，实际上是在内存中划出一块空间(有一定的地址编号)用于存储相应的数据。如果把这块空间看作行政楼的某个房间，变量名就相当于房间的挂牌(如教材科、校长办公室)，而房间里面办公的人员(如教材科科员、校长)就相当于变量对应的数据(变量的值)，房间号就相当于内存地址。图 2.11 显示了一个内存地址为 140725926954736 的变量 a，其存储的数据为 3，用 Python 表达式表示为 a=3。

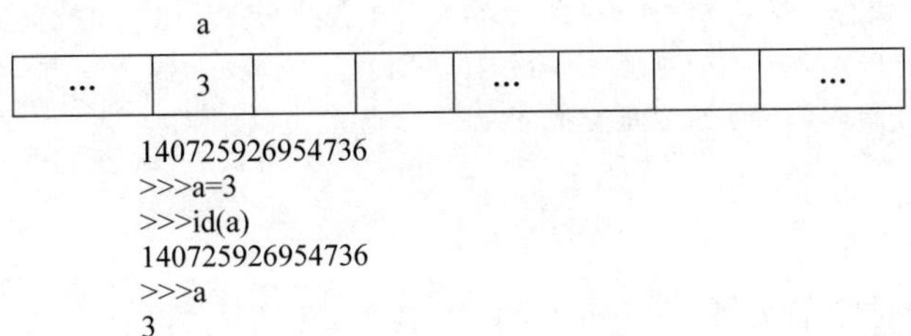
a
…
3
…
…
140725926954736
>>>a=3
>>>id(a)
140725926954736
>>>a
3

图 2.11　变量及其存储方式

2. 操作符

操作符主要包括运算操作符和创建变量并赋值操作符两大类，具体如下。

• 运算操作符

运算操作符一般用于构造表达式，不同类型数据支持的运算符一般不同；相同运算符作用于不同类型的数据意义也多不相同。Python 内置的数值运算符主要包括＋、－、＊、/、%、//、**等；关系运算符主要包括＞、＜、＞＝、＜＝、＝＝、!＝；逻辑运算符主要包括 and、or、not 等。

• 创建变量并赋值操作符

创建变量并赋值操作符“＝”，用于创建“＝”左边的变量并利用其右边表达式的值为左边的变量赋值，没有“＝”，不创建变量。第二次创建相同变量会覆盖第一次的运行结果。用“＝”创建变量一般分三步完成：①计算“＝”右边表达式的值；②分配内存(房间)；③创建引用(挂牌)。但有一个特例，即当“＝”右边也是变量时，只做第③步就创建了新变量。创建变量并赋值操作符适用于所有数据类型，包括数值型、字符串、逻辑型等，示例如下，具体参见第 3 章。

```
#"*"和"**"为运算操作符,"="创建了数值型变量 cosine 并为其赋值
cosine = c/(a*b)**0.5
#"="创建了字符型变量 name 并为其赋值
name = "张无忌"
#"="创建了逻辑型变量 judge 并为其赋值
judge = True
#"="创建了元组类型变量 pos 并为其赋值
pos = randint(-250, 250), randint(-250, 250)
#"="创建了 WordCloud 类变量 w 并为其赋值
w = WordCloud(width=2000,
              background_color="white",
              stopwords=excludes,
              font_path="msyh.ttf",
              mask=mask)
#"="创建了集合类型变量 excludes 并为其赋值
excludes = {'实习', '企业', '大学生', '方案', '教育', '建设', '计划', '学生', '体系',
            '提升', '加强', '学习', '培养', '人才', '发展', '联合', '模式', '人才培养',
            '行业', '研究生', '综合', '特色', '构建', '完善', '实施', '育人', '项目',
            '教学', '优化', '改革', '课程体系', '开展', '提高', '推进', '考核', '对接'
```

```
        '加快', '服务', '课程', '平台', '工程师', '基地', '教育培养', '本科生',
        '海外', '加快', '对接', '合作', '卓越', '交流', '制药', '立项', '办学', '通识'}
#特例,"="用作变量赋值可实现变量交换
x,y = y,x
```

3. 函数

函数(function)是指能完成一定功能的"工具"。在实际编程中,其将特定功能代码编写在一个函数里,便于阅读和复用,方便程序模块化,定义和调用时均需要遵循一定的语法格式。Python 解释器提供了 69 个内置函数(built-in function),如 input()、eval()、print()等常用输入/输出函数,可在 IDLE 交互式界面中直接输入"dir(--builtins--)"命令显示内置函数列表,并直接根据函数名进行调用。Python 标准库及第三方库也提供了能实现各种功能的函数,如 turtle 库里设置绘图窗口的函数 setup()、画笔放下函数 pendown()等,random 库里的随机种子设置函数 seed()、随机整数产生函数 randint()等。此外,用户可根据自己的需求自定义函数,例如案例 2 中定义了绘制苯环的函数 drawbenring()。需注意的是,自定义必须遵循先定义后访问的规则,也就是函数的定义语句需要写在函数的调用语句之前,如下所示。

```
#函数定义语句,写在函数调用语句之前
def drawbenring(pos, angle, color, size):
    #初始化画笔
    t.penup()
    t.goto(pos)
    t.seth(angle)
    t.pencolor(color)
    #绘制苯环外环的六边形
    t.pendown()
    for i in range(6):
        t.fd(size)
        t.left(360/6)
    #移动画笔到内环起点
    t.seth(60+angle)
    t.penup()
    t.fd(20)
    #绘制内环
    t.seth(angle)
    innersize = size-20
    for i in range(6):
        if i % 2 == 0:
            t.pendown()
        else:
            t.penup()
        t.fd(innersize)
        t.left(360/6)
#按照随机位置、随机角度、随机颜色、随机大小绘制 5 个苯环
```

```
for i in range(5):
    pos = randint(-250, 250), randint(-250, 250)
    angle = randint(0, 360)
    color = randint(0, 255), randint(0, 255), randint(0, 255)
    size = randint(60, 100)
    drawbenring(pos, angle, color, size)        #函数调用语句,写在函数定义语句之后
```

4. 类

类(class)通常对应某种类型的事物,例如车类、动物类等,其实质是封装了一些数据和函数的复杂数据,其封装的数据叫属性,其封装的函数叫方法。在 Python 中,类是用来描述具有相同属性和方法的对象集合,定义了该集合中每个对象共有的属性和方法。对象是类的实例,包括两个数据成员(类变量和实例变量)和方法。类也要求先定义,后访问。类是抽象的,通常也称之为“对象的模板”。实际操作中需要通过类这个模板创建类的实例对象,然后才能使用类定义的功能,代码如下所示。

```
Class Student:
    def __init__(self,name,score):                #构造方法
        self.name = name                          #定义类的属性
        self.score = score                        #定义类的属性
    def say_score(self):                          #定义类的方法
        print('{0}的分数是:{1}'.format(self.name, self. score))
s1 = Student('张无忌', 90)
''' 通过 Student 类的实例 s1 为其 name 属性赋值“张无忌”,为 score 属性赋值 90 '''
s1.say_score()              #通过 Student 类的实例 s1 调用 Student 类中的 say_score()方法
```

5. 模块

Python 模块(module)指自我包含并且有组织的代码片段,是一个 Python 文件,以.py 结尾,包含了 Python 对象定义和 Python 语句。模块把相关的代码分配到一个模块里,能让用户的代码更易用、更易懂。例如,以下的 support.py 模块定义了一个打印输出的函数,代码如下所示,其中文件名 support 为模块名称。

```
#support.py 的模块名为 support
def print_func(par):                              #定义打印输出的函数
    print ("Hello:", name)
    return
```

定义好模块后,可使用 import 关键字引入模块,语法如下。

```
import module1[, module2[,… moduleN]]
```

其中,module1,module2,…,moduleN 代表模块的名称。例如:

```
import support                                    #表示引入 support 模块
```

6. 包

Python 包(package)是一个有层次的文件目录结构,它定义了由 n 个模块或 n 个子包组成的 Python 应用程序执行环境。通俗来说,包是一个包含__init__.py 文件的目录,该目

录下一定要有__init__.py 文件和其他模块或子包。子包的定义与包类似,唯一区别就是子包目录不是必须位于 Python 加载包内其他模块的搜索路径中,而是必须位于其上层包所在的目录内。

包体现了模块的结构化管理思想,由模块文件构成,它将众多具有相关功能的模块文件结构化组合形成包。从编程开发的角度看,两个开发者 A 和 B 有可能将各自开发且功能不同的模块文件取了相同的名字,如果第三个开发者通过名称导入模块,则无法确认是哪个模块被导入了。为此,开发者 A 和 B 可以构建一个包,将模块放到包文件夹下,通过 import 关键字指定包中的某个具体模块,引入代码如下:

```
import package.module
```

其中,package 代表包名称,module 代表模块的名称。

7. 库

库(library)是指一组具有相关功能的常量、函数和类的代码集合,由一个或多个.py 文件组成,物理上可能对应若干个包、子包或模块,主要包括标准库和第三方库。库的存在使得 Python 的应用生态得到极大的丰富和拓展。图 2.12 显示了一些常用的标准库和第三方库。

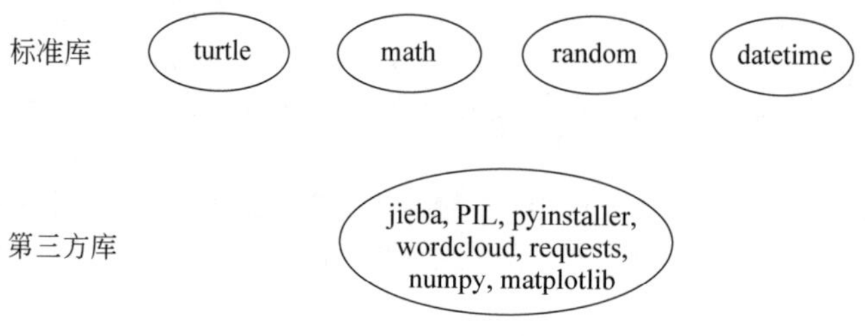

图 2.12　Python 常用库

需要注意的是,Python 的各个语法元素之间密不可分,各个元素之间还具有包含与被包含的关系。例如,Python 中函数、类、库的关系如图 2.13 所示。

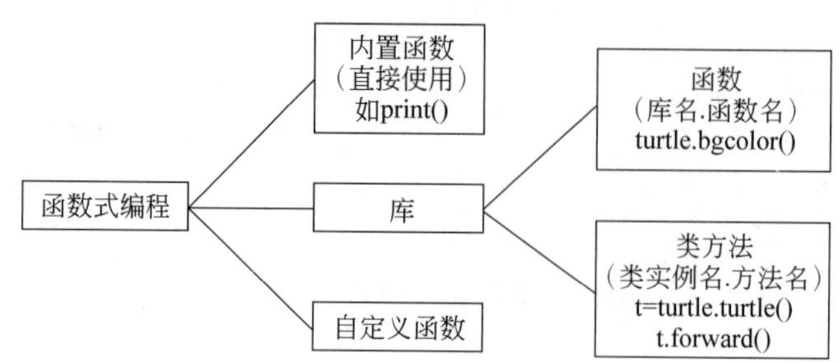

图 2.13　Python 中函数、类、库的关系

8. 关键字

关键字(keyword),也称为保留字,指在编程语言内部定义并保留使用的标识符,一般用来构成程序整体框架,表达关键值和具有结构性的复杂语义等。Python 关键字是 Python 语言中一些已经被赋予特定意义的单词,程序员在编写程序过程中不可以定义与关键字同名的变量、函数、类等标识符。Python 语言完整的关键字列表可以在 IDLE 中的交

互式界面下输入如下代码查看。

```
>>>import keyword
>>> keyword.kwlist
['False', 'None', 'True', 'and', 'as', 'assert', 'async', 'await', 'break',
'class', 'continue', 'def', 'del', 'elif', 'else', 'except', 'finally', 'for',
'from', 'global', 'if', 'import', 'in', 'is', 'lambda', 'nonlocal', 'not', 'or',
'pass', 'raise', 'return', 'try', 'while', 'with', 'yield']
```

需要注意的是，Python 3.5 开始引入了 async 和 await 语法，却未把它们当作关键字，所以在 Python 3.7 之前 async 和 await 可以用作变量或函数名。而 Python 3.7 之后的版本把二者列为了关键字。表 2.1 列出了 Python 3.7 版本之后的关键字列表(35 个)中各关键字的含义与功能。

表 2.1　Python 中的关键字及含义

关键字	含义与功能	关键字	含义与功能
True	布尔类型的值，表示真，与 False 相反	lambda	定义匿名函数
False	布尔类型的值，表示假，与 True 相反	class	定义类
None	比较特殊，表示什么也没有，有自己的数据类型 NoneType	return	用于从函数返回计算结果
and	逻辑与操作，用于表达式运算	pass	空的类、方法或函数的占位符
or	逻辑或操作，用于表达式运算	yield	用于从函数依次返回值
not	逻辑非操作，用于表达式运算	in	判断变量是否在序列中
from	用于导入模块，与 import 搭配使用	is	判断变量是否为某个类的实例
import	用于导入模块，与 from 搭配使用	del	删除变量或序列的值
as	用于类型转换	global	定义全局变量
if	条件语句，与 else、elif 搭配使用	nonlocal	用于标识外部作用域的变量
elif	条件语句，与 if、else 搭配使用	raise	异常抛出操作
else	条件语句，与 if、elif 搭配使用，也可用于异常和循环语句	try	包含可能会出现异常的语句，与 except、finally 搭配使用
for	for 循环语句	except	包含捕获异常后的操作代码块，与 try、finally 搭配使用
while	while 循环语句	finally	用于异常语句，出现异常后，始终要执行 finally 包括的代码块，与 try、except 搭配使用
break	中断循环语句的执行	with	简化 Python 代码的语句
continue	跳出本次循环，继续执行下一次循环	async	用于声明一个函数为异步函数，异步函数的特点是能在函数执行过程中挂起，去执行其他异步函数，等到挂起条件(假设挂起条件是 sleep(5))消失后，也就是 5s 之后再回来执行

续表

关键字	含义与功能	关键字	含义与功能
assert	断言，用于判断变量或者条件表达式的值是否为真	await	用于声明程序挂起，比如异步程序执行到某一步时需要等待的时间很长，就将此挂起，去执行其他的异步程序
def	定义函数或方法		

例如，以下程序加粗标记的单词 import、as、from、for、in 等为 Python 的部分关键字。

```
#引入绘图库 turtle 和随机函数 randint()、seed()
import turtle as t
from random import randint, seed
#按照随机位置、随机角度、随机颜色、随机大小绘制 5 个苯环
for i in range(5):
    pos = randint(-250, 250), randint(-250, 250)
    angle = randint(0, 360)
    color = randint(0, 255), randint(0, 255), randint(0, 255)
    size = randint(60, 100)
    drawbenring(pos, angle, color, size)      #调用绘制苯环的函数
```

2.3.2 语句

一个完整的 Python 程序通常由多条语句构成，这些语句主要包括库引入语句、创建变量并赋值语句、函数或类定义语句、函数或类调用语句、结构控制语句和注释语句 6 类。

1. 库引入语句

库引入语句主要用于在程序中引入标准库或第三方库。标准库以及第三方库构成了 Python 丰富的生态，使得 Python 能够实现更多的功能。标准库在安装 Python 解释器时已经一同安装，因此直接使用 import 关键字引入即可。而第三方库则需要先使用 Python 的 pip 工具等安装后才可利用 import 关键字引入，引入方式与标准库相同。库的引入可分为直接引入、引入的同时给库取别名，以及引入库的部分或全部内容 3 种方式。引入及其调用语句示例代码如下所示，具体参见 2.7.1 节的“标准库的引入方法”。

```
import turtle                       #引入 turtle 库中的所有函数
turtle.setup()                      #调用 turtle 库中的 setup()函数

import turtle as t                  #引入 turtle 库中的所有函数，且给 turtle 库取别名为 t
t.setup()                           #调用 turtle 库中的 setup()函数

from random import randint, seed #仅引入 random 库中的 randint()和 seed()函数
randint(1,10)                       #调用 random 库中的 randint()函数
from random import *                #引入 random 库中的所有内容
seed(0)                             #调用 random 库中的 seed()函数
```

2. 创建变量并赋值语句

创建变量并赋值语句在 Python 程序中经常使用，包括对变量和一些数据结构的元素

进行创建及赋值等。创建变量并赋值的语句通常由变量、表达式以及“＝”构成。表达式是指程序中产生或计算新数据值的代码，类似数学中的计算公式。表达式以表达单一功能为目的，运算后产生运算结果，运算结果的类型由操作符或运算符决定，如本章案例 1 代码中的第 1～4 行“＝”右侧的式子均为表达式。Python 语言中，“＝”表示创建变量并赋值，首次使用时表示创建“＝”左侧的变量，并将其右侧的计算结果赋值给左侧变量。包含“＝”的语句称为创建变量并赋值语句，基本格式如下。

```
<变量> = <表达式>
```

例如，本章案例 1 中包含多条创建变量并赋值语句，具体代码如下所示。

```
#input
a = eval(input("请输入化合物 A 中值为 1 的 feature 的数量:"))
b = eval(input("请输入化合物 B 中值为 1 的 feature 的数量:"))
c = eval(input("请输入 A、B 中值同为 1 的 feature 的数量:"))
#process
cosine = c/(a * b)**0.5
```

以上代码表示创建了 a、b、c、cosine 共 4 个变量，并将“＝”右侧表达式的计算结果赋值给其左侧对应的变量。

此外，还有一种同步赋值语句，即可以同时给多个变量赋值，基本格式如下。

```
<变量 1>,<变量 2>,…,<变量 n> = <表达式 1>,<表达式 2>,…,<表达式 n>
```

Python 在处理同步赋值时，首先创建“＝”左侧的 n 个变量，然后计算“＝”右侧的 n 个表达式，同时将表达式的结果赋值给左侧对应的 n 个变量。例如，实现变量 a 和变量 b 交换的程序，如果用单一赋值语句，则需要一个额外变量 t 辅助，代码如下所示。

```
>>> t=a
>>> a=b
>>> b=t
```

但若采用同步赋值，只需一行语句即可，如下所示。

```
>>> a,b=b,a
```

同步赋值语句可以使赋值过程变得更简洁，通过减少变量的使用，简化语句表达，增加程序的可读性。但是，只有当多个单一赋值语句在功能上表达了相同或相关的含义，或者在程序中属于相同的功能，才推荐采用同步赋值语句，否则采用同步赋值语句会降低程序的可读性。

3. 函数或类定义语句

Python 中的函数或类主要包括程序内置函数(built-in function)、来自标准库或第三方库的函数或类，还包括用户为了实现特定功能自定义的库和类。标准库或第三方库的函数或类已事先定义好，使用时直接按照一定的语法规则调用即可。而自定义的函数和类则需要用户根据自己的程序需求按照 Python 的语句规则进行定义。

函数的定义使用 def 关键字引导，具体格式为

```
def 函数名 (<参数列表>):
    #具体实现某些功能的代码
    ...
```

类的定义使用 class 关键字引导，具体格式为

```
class 类名(父类):
    类体
```

其中，函数或类的命名标识符定义规则与变量一致，参照 2.3.3 节的“标识符的命名规则”部分。函数名后的括号里可以有 0 个或多个参数，这些参数称为形参。形参通常是变量，在书写具体程序功能代码里可以引用。参数列表后以冒号结尾。具体实现函数功能的代码与 def 语句之间有严格的缩进表示所属关系，类体与 class 语句之间也有严格的缩进表示所属关系。例如，案例 2 中定义绘制苯环的函数的代码如下。

```
#定义绘制苯环的函数
def drawbenring(pos, angle, color, size):
    #初始化画笔
    t.penup()
    t.goto(pos)
    t.seth(angle)
    t.pencolor(color)
    #绘制苯环外环的六边形
    t.pendown()
    for i in range(6):
        t.fd(size)
        t.left(360/6)
    #移动画笔到内环起点
    t.seth(60+angle)
    t.penup()
    t.fd(20)
    #绘制内环
    t.seth(angle)
    innersize = size-20
    for i in range(6):
        if i % 2 == 0:
            t.pendown()
        else:
            t.penup()
        t.fd(innersize)
        t.left(360/6)
```

定义一个_Root 类来实现在 turtle 绘图窗口中添加画布的代码示例如下。

```
#定义一个名为_Root 的类
class _Root(TK.Tk):
```

```
    """Root class for Screen based on Tkinter."""
    def _init_(self):
        TK.Tk._init_(self)
    def setupcanvas(self, width, height, cwidth, cheight):
        self._canvas=ScrolledCanvas(self, width, height, cwidth, cheight)
        self._canvas.pack(expand = 1, fill = "both")
    def _getcanvas(self):
        return self._canvas
    def set_geometry(self, width, height, startx, starty):
        self.geometry("%dx%d%+d%+d" %(width, height, startx, starty))
    def ondestroy(self, destroy):
        self.wm_protocol("WM_DELETE_WINDOW", destroy)
    def win width(self):
        return self.winfo_screenwidth()
    def win_height(self):
        return self.winfo_screenheight()
```

需要注意的是，函数和类的定义只是定义了一个函数或者一个类，单独的定义语句在Python 程序中是无法执行的，只有通过函数或类的调用语句调用之后才能发挥具体的功能。另外，还可以用 lambda 关键字定义匿名函数，如 lambda x:x * 2，则定义了一个匿名函数，主要作用是将传入的值乘以 2 并返回。

4. 函数或类调用语句

定义好函数或类之后，如果需要使用这些函数或类实现具体的功能，可通过函数或类调用语句实现。

其中，函数调用语句的具体格式如下。

```
函数名(<参数列表>)
```

使用函数名加参数列表实现对已定义函数的调用，此时的参数称为实参。实参可以是数据，也可以是变量。实参的个数与数据类型需要与形参统一。函数调用时，将实参传递给形参，并执行函数定义语句的相关代码，实现具体的功能。例如，调用 round()内置函数，保留两位小数的代码为 round(3.14159,2)，其中 3.14159 和 2 均为实参。

调用绘制苯环的函数，结合 for 循环语句实现多个不同苯环绘制的代码如下。

```
#按照随机位置、随机角度、随机颜色、随机大小绘制 5 个苯环
for i in range(5):
    pos = randint(-250, 250), randint(-250, 250)
    angle = randint(0, 360)
    color = randint(0, 255), randint(0, 255), randint(0, 255)
    size = randint(60, 100)
    drawbenring(pos, angle, color, size)      #调用绘制苯环的函数
```

此外，类属性及方法调用的具体格式分别如下。

```
类或对象.属性
类或对象.方法名([参数列表])
```

利用对象 w 调用词云图 WordCloud 类中的属性和方法代码如下。

```
#创建 WordCloud 类的对象 w
w = WordCloud(width=2000,
              background_color="white",
              stopwords=excludes,
              font_path="msyh.ttf",
              mask=mask)
''' 以上语句为 WordCloud 类创建了一个实例变量(即对象)w,其中 width、background_color、
stopwords、font_path、mask 为 WordCloud 类的属性 '''
w.width                                    #利用对象 w 调用 WordCloud 类中的 width 属性
w.generate(txt)                            #利用对象 w 调用 WordCloud 类中的 generate()方法
```

5. 结构控制语句

结构控制语句是 Python 中用于控制程序执行顺序的语句。分支语句和循环语句是程序控制中最为重要的两类语句。

- 分支语句

分支语句的作用是根据判断条件选择程序执行路径,使用方式如下。

```
if <条件 1>:
    <语句块 1>
elif <条件 2>:
    <语句块 2>
...
else:
    <语句块 N>
```

其中,if、elif、else 是关键字,else 后面不增加条件,表示不满足其他 if 语句的所有情况。例如,在身体质量指数 BMI 计算程序中代码如下所示。

```
#条件判断
if BMI <= 18.4:
    print('姓名:', name, '身体状态:偏瘦')
elif BMI <= 23.9:
    print('姓名:', name, '身体状态:正常')
elif BMI <= 27.9:
    print('姓名:', name, '身体状态:超重')
else:
    print('姓名:', name, '身体状态:肥胖')
```

第 1 行 if 语句包含第一个条件表达式 BMI<=18.4,如果根据用户输入的数据计算获得的 BMI 值满足这个条件,则表达式返回 True,并执行 if 条件后面的语句块;如果不满足,则返回 False,并继续判断后续 elif 关键字后面的条件是否满足;若满足,则执行 elif 条件后面的语句块;若不满足,则继续往后判断;若 elif 关键字后的条件均不满足,则执行 else 后面的语句块。需要注意的是,分支语句每次仅执行一个分支对应的语句块,即按顺序从前往后,只要满足某个分支条件,则执行完对应的分支语句块之后,会直接跳转到整个"if-elifelse”语句块后面的语句继续执行。

- 循环语句

与分支语句的顺序执行相比，循环语句对程序的控制更为灵活，其作用是根据判断条件确定一段程序是否再次执行一次或者多次。本章案例 1 不包含循环语句，程序执行一次后退出。如果希望程序一直运行，连续接收用户输入，比如多次输入不同的化合物特征数计算化合物之间的相似度，直到用户输入 0 时退出，则可以采用循环语句修改程序，修改后的程序代码如下。

```
while True:
    #input
    a = eval(input("请输入化合物 A 中值为 1 的 feature 的数量:"))
    b = eval(input("请输入化合物 B 中值为 1 的 feature 的数量:"))
    c = eval(input("请输入 A、B 中值同为 1 的 feature 的数量:"))
    if a == 0 or b == 0 :
        break
    #process
    cosine = c/(a * b)**0.5
    #output
    print('两个化合物的 cosine 相似度为:', round(cosine, 2))
```

运行结果如下：

```
请输入化合物 A 中值为 1 的 feature 的数量:700
请输入化合物 B 中值为 1 的 feature 的数量:600
请输入 A、B 中值同为 1 的 feature 的数量:550
两个化合物的 cosine 相似度为: 0.85
请输入化合物 A 中值为 1 的 feature 的数量:300
请输入化合物 B 中值为 1 的 feature 的数量:200
请输入 A、B 中值同为 1 的 feature 的数量:100
两个化合物的 cosine 相似度为: 0.41
请输入化合物 A 中值为 1 的 feature 的数量:0
请输入化合物 B 中值为 1 的 feature 的数量:0
请输入 A、B 中值同为 1 的 feature 的数量:0
```

条件循环的基本过程如下。

```
while (<条件>):
    <语句块 1>
<语句块 2>
```

当条件为真(True)时，执行语句块 1，这些语句通过缩进表达与 while 语句的所属关系；当条件为假(False)时，退出循环，执行循环后的语句块 2。

以上修改后的案例代码中使用了 while 关键字引导的条件循环。所谓条件循环，就是当满足一定条件后，才重复执行对应语句。以上案例中设置 while 关键字后的条件为 True，也就是说，该程序可以一直执行下去，重复计算不同输入特征产生的不同相似度结果，但是这样会使程序陷入死循环，一直无法结束。因此，在循环体语句块 1 中增加了 if 判断语句，如果两次输入中有任意一次输入为 0，则退出循环，结束循环部分的代码执行，避免死循环。此外，还可以将 while 后的条件修改为某个表达式，只有当表达式的计算结果为 True 时，循环语句块 1 才被执行，否则程序将直接跳过整个循环，执行循环语句后面的代码。

循环语句的另一种重要类型为遍历循环，也称计数循环，即循环次数在程序执行之前是确定的。循环语句用关键字 for 引导，具体格式为

```
for 循环变量 in <遍历结构>:
    <语句块 1>
<语句块 2>
```

遍历循环 for 语句的循环执行次数是根据遍历结构中的元素个数确定的。具体循环的过程可以理解为从遍历结构中逐一提取元素，赋值给循环变量，对所提取的每个元素执行一次语句块。例如，若要在本章案例 2 中绘制 5 个不同的苯环，则采用遍历循环结构实现，具体代码如下。

```
#按照随机位置、随机角度、随机颜色、随机大小绘制 5 个苯环
for i in range(5):
    pos = randint(-250, 250), randint(-250, 250)
    angle = randint(0, 360)
    color = randint(0, 255), randint(0, 255), randint(0, 255)
    size = randint(60, 100)
    drawbenring(pos, angle, color, size)  #调用绘制苯环的函数
```

如果想更改绘制苯环的个数，直接更改 range()函数的参数即可。例如，拟绘制 100 个不同的苯环，则第 1 句修改为“for i in range(100):”即可。第 4 章将详细介绍循环语句及其使用方法。

6. 注释语句

注释语句是程序员在代码中加入的一行或多行信息，用来对语句、函数、数据结构或方法等进行说明，提升代码的可读性。注释语句在程序执行过程中不被计算机执行，仅起到解释说明的作用。注释单行语句用“#”号引导，注释多行语句用一对英文状态下的三引号(三个单引号“'''”或三个双引号“"""”)界定。一般可以将程序的功能以及复杂算法或其他解释说明的信息编写到注释语句中。

注释语句主要有三个用途：第一，标明作者和版权信息，在每个源代码文件开始前增加注释，标记编写代码的作者、日期、用途、版权声明等信息，可以采用单行或多行注释；第二，解释代码原理或用途，在程序关键代码附近增加注释，解释关键代码作用，增加程序的可读性。由于程序本身已经表达了功能意图，为了不影响程序阅读的连贯性，程序中一般采用单行注释，标记在关键代码同行。对于一段关键代码，可以在其附近采用一个多行注释或多个单行注释给出代码设计原理等信息；第三，辅助程序调试。在调试程序时，可以通过单行或多行注释临时“去掉”一行或连续多行与当前调试无关的代码，辅助程序员找到程序发生问题的可能位置。例如，以下代码中“#”引导的句子均为注释语句。

```
#引入绘图库 turtle 和随机函数 randint()、seed()
import turtle as t
from random import randint, seed
```

```
#设置绘图环境
seed(101)
t.setup(1000, 800, 30, 0)
t.colormode(255)
t.bgcolor("white")                              #t.bgcolor(255,255,255)
t.pensize(5)
#按照随机位置、随机角度、随机颜色、随机大小绘制 5 个苯环
for i in range(5):
    pos = randint(-250, 250), randint(-250, 250)
    angle = randint(0, 360)
    color = randint(0, 255), randint(0, 255), randint(0, 255)
    size = randint(60, 100)
    drawbenring(pos, angle, color, size)          #调用绘制苯环的函数
```

本章案例 2 绘制多个不同苯环的程序中，同时使用了以上介绍的 6 类语句，具体分析如下所示。

```
#定义绘制苯环的函数，注释语句
#引入绘图库 turtle 和随机函数 randint()、seed()，注释语句
from random import randint, seed                #库引入语句
import turtle as t #库引入语句
def drawbenring(pos, angle, color, size):       #函数定义语句
    #初始化画笔
    t.penup()
    t.goto(pos)
    t.seth(angle)
    t.pencolor(color)
    #绘制苯环外环的六边形
    t.pendown()
    for i in range(6):
        t.fd(size)
        t.left(360/6)
    #移动画笔到内环起点
    t.seth(60+angle)
    t.penup()
    t.fd(20)
    #绘制内环
    t.seth(angle)
    innersize = size-20
    for i in range(6):                          #结构控制语句
        if i % 2 == 0:
            t.pendown()
        else:
            t.penup()
        t.fd(innersize)
        t.left(360/6)
```

```
#按照随机位置、随机角度、随机颜色、随机大小绘制 5 个苯环
for i in range(5):
    pos = randint(-250, 250), randint(-250, 250)  #创建变量并赋值语句
    angle = randint(0, 360)
    color = randint(0, 255), randint(0, 255), randint(0, 255)
    size = randint(60, 100)
    drawbenring(pos, angle, color, size)          #调用绘制苯环的函数,函数调用语句
```

2.3.3 标识符的命名规则

Python 语法元素中定义的变量、函数、类、对象、模块等都需要命名标识,这些名称是 Python 程序的重要组成部分,从专业术语上来说,这些名称都称为"标识符"。标识符的命名需要遵守一定的语法规则,主要包括如下 3 条。

① 只能使用大写字母、小写字母(对大小写敏感)、数字以及下画线"_"和汉字(但不建议)等字符及其组合给变量命名,长度没有限制,但首字符不能是数字,中间不能出现空格。例如,Hellocpu、hello_cpu、helloCpu 等均是合法但不同的标识符;hello cpu、56grils、a+b 等都是不合法的标识符。

② 不能使用 Python 的关键字作为标识符名称。例如,True 不能作为标识符,但是 true 可以,不过要避免与关键字混淆。

③ 建议使用有一定含义的英文单词或其缩写作为标识符名称,针对多个单词的情况,使用下画线或驼峰命名法对标识符进行命名。所谓驼峰命名法,正如它的名称 camelCase 所示,是指混合使用大小写字母构成变量或函数等标识符的名称。一般第一个单词的首字母小写,其他每个单词的首字母大写,如 calculateSimilarity,drawBeneze 等。

2.4 Python 程序的书写规范

Python 程序代码的书写规范主要包括以下 6 条。

① 一般情况下,一行书写一条语句;多行语句用换行符分隔;若一行写多条语句,则可用分号分隔。

② 若语句太长,需换行显示,可用续行符号"反斜杠+空格",即"\"引导。

③ 从第一列开始,前面不能有任何空格,否则会产生语法错误。

④ 严格遵守缩进规则,缩进表明代码之间的逻辑关系,同层缩进必须严格对齐。正常输入语句时,IDLE 会实现自动缩进,少数情况需要用 Tab 键或采用空格方式实现缩进,但同一程序二者不能混用。退格应使用 Backspace 键;特别地,在使用选择结构和循环结构,或是编写函数的时候,务必注意代码的缩进。

⑤ 注释语句可增加程序的可读性,但在程序执行过程中不被执行。单行注释用"#"引导,多行注释用一对英文状态下的三引号"'''"或""""""界定。一般可以将程序的解释和说明等信息写在注释语句中,以提高程序的可读性。

⑥ Python 语言中所有的语法符号,如冒号":"、单引号"'"、双引号"""和小括号"()"等,都必须在英文输入法下输入,字符串中的符号除外。

2.5　程序设计方法概述

当前，主流的程序设计方法有以下两种。

① 面向对象程序设计。

② 面向过程程序设计。

2.5.1　面向对象程序设计

面向对象程序设计（Object-Oriented Programming，OOP）是一种基于对象（Object）的编程范式，即以对象为核心，认为程序由一系列对象组成。对象是类的实例，而类是对现实世界的抽象，包括表示静态属性的数据和对数据的操作（具体见 2.3.1 节语法元素中类的介绍）。对象间通过消息传递相互通信，模拟现实世界中不同实体间的联系。在面向对象的程序设计中，对象是组成程序的基本模块，它是一个实体，包含属性和方法两部分。属性是对象中的变量，方法是对象能够完成的操作。例如，一辆汽车可以作为一个对象，标记为 C，汽车的颜色是汽车的属性，表示为 C.color，前进是汽车的一个动作，相当于一个功能，因此前进是对象 C 的方法，表示为 C.forward()。

面向对象程序设计把构成问题的事务分解成各个对象，建立对象的目的不是完成一个步骤，而是描叙某个事物在整个解决问题步骤中的行为，程序的分析设计过程就是将程序分解成不同对象之间的交互过程。例如，在针对某个工程或游戏设计程序时先不考虑游戏是怎么玩的，工作是怎么做的，而是先找游戏或工程中有哪些人或事物参与（一般选择用户、玩家、角色等），然后再看他们都有什么用，都干了一些什么，根据这些信息设计方法。最后，通过这些千丝万缕的联系把它们分门别类地组装在一起。因此，面向对象程序设计一般是先确定数据结构，再确定算法。

面向对象的程序设计中，每个对象都可以重复使用。面向对象程序设计强调“封装”“继承”和“多态”。数据和与数据相关的操作被包装成对象（严格来说是“类”），每一种对象是相对完整和独立的。对象可以有派生的类型，派生的类型可以覆盖（或重载）原本已有的操作。所有这些是为了达成更好的内聚性，即一种对象做好一件（或者一类相关的）事情，关于对象内部的细节，外面世界不关心，也看不到；同时，降低耦合性，即不同种类的对象之间相互的依赖尽可能降低。这些特征都有助于达成一个更高的目标，即对象的可复用性，如图 2.14 所示。

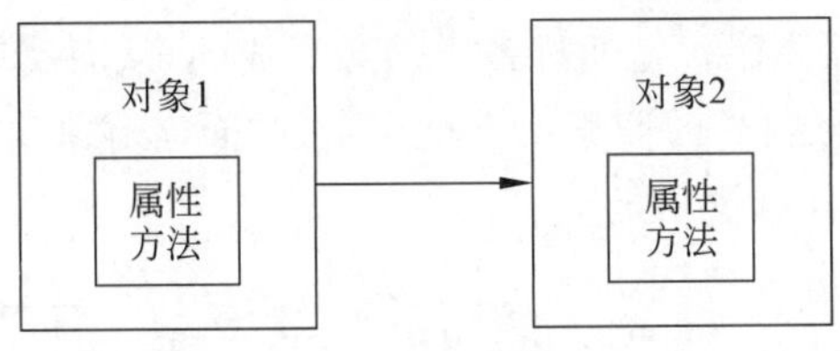

图 2.14　面向对象程序设计

面向对象（Object Oriented，OO）是当前计算机界关心的重点，它是 20 世纪 90 年代后软件开发方法的主流。面向对象的概念和应用已超越程序设计和软件开发，扩展到很宽的范围，如数据库系统、交互式界面、应用结构、应用平台、分布式系统、网络管理结构、CAD 技术、人工智能等领域。Python 就是典型的面向对象的编程语言。

2.5.2 面向过程程序设计

面向过程程序设计(Procedure Oriented Programming, POP)是一种以过程为中心的编程思想,也叫结构化编程,即面向解决问题的过程进行编程。一个程序的设计思路就是解决一个问题的步骤或流程。例如,病人去门诊购药的流程:第一步,患者到医院挂号窗口根据初步病情挂号;第二步,凭借挂号单到相应科室签到,等待医生看诊;第三步,医生看诊,根据患者病情开具处方;第四步,患者根据医生处方在缴费窗口缴费,并凭借缴费发票在药房取药,门诊购药过程结束。该过程就是一个典型的面向过程的流程,如图 2.15 所示。面向过程的程序设计就是分析出解决问题所需要的步骤,然后通过函数调用实现每一个步骤。面向过程程序设计一般是先确定算法,再确定数据结构。

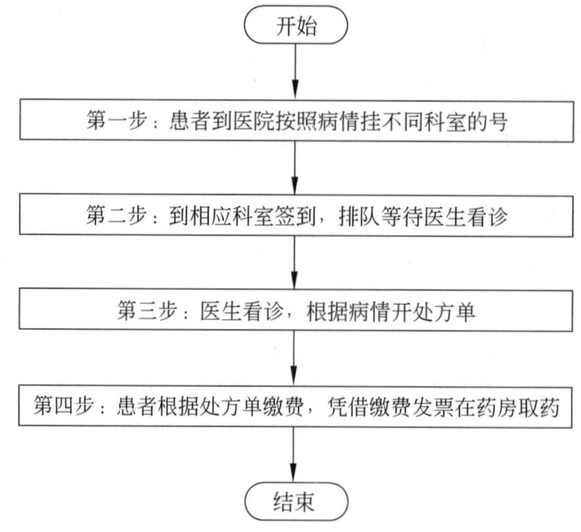

图 2.15　医院门诊购药流程示意图

传统的面向过程的编程思想总结起来就 8 个字——自顶向下,逐步细化!将要实现的功能或任务可描述为一个从开始到结束按部就班的、连续的步骤(过程);依次完成这些步骤,如果某个步骤的难度较大,可以将该步骤再次细化为若干个子步骤,以此类推,直到得到想要的结果。一般情况下,程序的主体是函数,一个函数就是一个封装起来的模块,可以实现一定的功能,各个子步骤往往就是通过各个函数完成的,从而实现代码的重用和模块化编程,如图 2.16 所示。“面向过程”的编程不支持丰富的“面向对象”特性(如继承、多态等),并且不允许混合持久化状态和域逻辑。

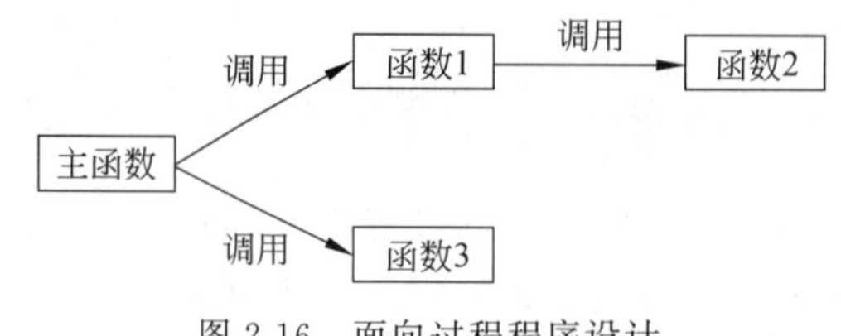

图 2.16　面向过程程序设计

在讨论了面向过程和面向对象的编程方式后，可以明显感觉到它们两者之间有很大的区别。两种编程思想的差别见表 2.2。

表 2.2　两种编程思想的差别

差　别	面向对象程序设计	面向过程程序设计
定义	面向对象是把构成问题的事务分解成各个对象，建立对象的目的不是完成一个步骤，而是描述某个事物在整个解决问题步骤中的行为	面向过程就是分析出解决问题所需要的步骤，然后用函数把这些步骤一步一步实现，使用的时候依次调用函数即可
特点	封装、继承、多态	算法＋数据结构
优势	适用于大型复杂系统，方便复用	适用于简单系统，容易理解
劣势	比较抽象	难以应对复杂系统，难以复用
设计语言	Java、Smalltalk、C++、Objective-C、C#、Python 等	C、FORTRAN

综合来说，面向过程简单、直接，易于理解，模块化程度较低，而面向对象相对于面向过程较为复杂，不易理解，模块化程度较高。具体可总结为以下 3 点。

① 面向对象程序设计和面向过程程序设计都可以实现代码重用和模块化编程，但是面向对象的模块化程度更高，数据更封闭，也更安全，因为面向对象的封装性更强。

② 面对对象的思维方式更加贴近于现实生活，更容易解决大型的、复杂的业务逻辑。

③ 从前期开发角度上看，面向对象远比面向过程复杂，但是从维护和扩展功能的角度上看，面向对象远比面向过程简单。

如何选择面向对象或面向过程的方式，对于一个有丰富开发经验的程序员来说，是个得心应手的过程。而对于一个程序员新人而言，从两者的对比可以看出，当业务逻辑比较简单时，使用面向过程能更快地实现。但是，当业务逻辑比较复杂时，为了便于将来的维护和扩展，选择面向对象方式更靠谱。

2.6　输入/输出常用的 3 个函数

常用的输入/输出函数主要包括以下 3 个。

① input()函数。

② eval()函数。

③ print()函数。

2.6.1　input()函数

利用 input()函数可以使程序从控制台获得用户输入的数据。例如，本章案例 1 中，利用 input()函数获得化合物 A 和化合物 B 中的 PubChem 分子指纹特征数。需要注意的是，无论用户在控制台输入什么内容，input()函数都以字符串的类型返回结果，具体格式如下。

```
<变量> = input(<提示性文字>)
```

函数的功能：提示最终用户从键盘输入数据。

参数：最终用户看到的提示信息，是字符串类型的数据，必须以字符串定界符(一对引号)定界,为可选参数,可省略。

返回值:用户输入的字符串。

例如:

```
>>> name=input("请输入姓名:")
请输入姓名:张无忌
>>> name
'张无忌'
>>> type(name)
<class 'str'>
>>> height=input("请输入身高:")
请输入身高:180cm
>>> height
'180cm'
>>> type(height)
<class 'str'>
```

2.6.2 eval()函数

eval()函数是 Python 中非常重要的一个函数,其能够以 Python 表达式的方式解析并执行字符串,并将结果返回,具体格式如下。

```
eval(<字符串>)
```

函数的功能:①去掉参数最外层的一对引号;②判断剩余内容是否为正确的表达式,如果是,则计算出表达式的值;如果不是,则程序终止并报错。

参数:字符串。

返回值:表达式的值或 None,因错误终止程序时没有返回值。

例如,用 eval()函数获取 weight 变量去除单位 kg 后的数值,示例如下。

```
>>> weight="50kg"
>>> weightvalue=eval(weight[:-2])
>>> weightvalue
50
```

再如参数去掉最外层的双引号之后为'height',还是字符串格式,因此作为返回值输出,示例如下。

```
>>> eval("'height'")
'height'
```

若参数 height 不是字符串,则会报错,示例如下。

```
>>> eval(height)
Traceback (most recent call last):
```

```
  File "<pyshell#12>", line 1, in <module>
    heigh
NameError: name 'height' is not defined
```

另外,参数去掉最外层双引号之后为 height,而 height 不是字符串,将其解释为变量,但之前没有定义过 height 变量,所以解释器报错,示例如下。

```
>>> eval("height")
Traceback (most recent call last):
  File "<pyshell#12>", line 1, in <module>
    eval("heigh")
File "<string>", line 1, in <module>
NameError: name 'height' is not defined
```

如果用户希望输入一个数字(小数或负数),并用程序对这个数字进行计算,可以使用 eval(input(<提示性文字>))的组合实现。例如,本章案例 1 中输入的两个化合物的分子指纹特征数量,用于后续的相似度计算,示例如下。

```
>>> a=eval(input("请输入化合物 A 中值为 1 的 feature 的数量:"))
请输入化合物 A 中值为 1 的 feature 的数量:256
>>> a
256
```

还可以搭配使用 eval(input<提示性文字>)组合实现同时对多个变量赋值,多变量实质上是元组,可以实现对所有数据类型数据的输入,示例如下。

```
>>> x,y=eval(input("请输入一个点的坐标,用逗号分隔两个数:"))
请输入一个点的坐标,用逗号分隔两个数:100,200
>>> x
100
>>> y
200
```

2.6.3　print()函数

print()函数用于打印输出,它是 Python 中最常见的一个函数。该函数的语法如下。

```
print(value, …, sep=' ', end='\n')
```

函数的功能:在屏幕上输出一个或多个表达式的值。

参数:value, …, sep='', end='\n'

其中,value 表示输出的对象,输出多个对象时,需要用逗号分隔;sep 用来间隔多个对象,默认以空格间隔;end 用来设定以什么结尾,默认值是换行符"\n",可以换成其他字符。

返回值:None。

具体而言,可以使用 print()函数输出字符信息,也可以以字符形式输出变量值。当输出纯字符信息时，可以直接将待输出内容传递给 print()函数。当输出变量值时，可以采用格式化输出方式，通过 format()方法将待输出变量整理成期望的输出格式。具体来说，print()函数用槽格式和 format()方法将变量和字符串结合到一起输出。第 3 章将详细介绍字符串格式化输出方法。

示例如下：

```
>>> x,y=eval(input("请输入一个点的坐标,用逗号分隔两个数:"))
请输入一个点的坐标,用逗号分隔两个数:100,200
>>> print(x,y)
100 200
>>> print(x,y,sep=",")
100,200
>>> print(x,y,sep=":")
100:200
>>> print()

>>> print(x,y,sep=":",end="!")
100:200!
```

除 input()、eval()和 print()3 个常用的 Python 输入/输出函数外，Python 还提供了帮助函数 help()和库内容查找函数 dir()，这两个函数可以帮助 Python 初学者快速了解并掌握各种函数、库的相关功能和使用方法。

1. help()函数

help()函数的调用语法为：help(函数名)，用于查询特定函数的具体信息，示例如下。

```
>>> help(print)
Help on built-in function print in module builtins:

print(...)
    print(value, ..., sep=' ', end='\n', file=sys.stdout, flush=False)

    Prints the values to a stream, or to sys.stdout by default.
    Optional keyword arguments:
    file:  a file-like object (stream); defaults to the current sys.stdout.
    sep:   string inserted between values, default a space.
    end:   string appended after the last value, default a newline.
    flush: whether to forcibly flush the stream.
```

2. dir()函数

dir()函数的调用语法为：dir(库或类名)，用于查询特定库的内容，示例如下。

```
>>> import random
>>> dir(random)
['BPF', 'LOG4', 'NV_MAGICCONST', 'RECIP_BPF', 'Random', 'SG_MAGICCONST',
```

```
'SystemRandom', 'TWOPI', '_Sequence', '_Set', '__all__', '__builtins__',
'__cached__', '__doc__', '__file__', '__loader__', '__name__', '__package__',
'__spec__', '_accumulate', '_acos', '_bisect', '_ceil', '_cos', '_e', '_exp',
'_inst', '_log', '_os', '_pi', '_random', '_repeat', '_sha512', '_sin', '_sqrt',
'_test', '_test_generator', '_urandom', '_warn', 'betavariate', 'choice',
'choices', 'expovariate', 'gammavariate', 'gauss', 'getrandbits', 'getstate',
'lognormvariate', 'normalvariate', 'paretovariate', 'randint', 'random',
'randrange', 'sample', 'seed', 'setstate', 'shuffle', 'triangular', 'uniform',
'vonmisesvariate', 'weibullvariate']
```

2.7　标准库 1：turtle 库的使用方法

标准库 1：turtle 库的使用方法一节包括以下 4 个内容。

① 标准库的引入方法；

② turtle 库简介；

③ turtle 库解析；

④ turtle 库应用实例。

2.7.1　标准库的引入方法

所谓标准库，是指随解释器直接安装到操作系统中的功能模块，可通过 import 命令引入后直接使用。Python 中比较常用的标准库有：绘制图形的 turtle 库、数学运算的 math 库、产生随机数的 random 库、时间控制相关的 datetime 库等。这些标准库在后续的章节中将会陆续介绍。本章以 turtle 库和 random 库为例，介绍标准库的引入方法，主要包括以下两种方式。

方式一：直接使用 import 关键字引入整个库，具体方式如下：

```
import <库名>
```

例如：

import turtle，表示导入 turtle 库；

这种方式可以使得程序调用库名中的所有函数。对函数的调用方式如下：

```
<库名>.<函数名>(<函数参数>)
```

例如：

turtle.setup(1000,800,30,0)，表示程序调用 turtle 库中的 setup()函数设置窗口的大小和位置；

turtle.bgcolor("black")，表示程序调用 turtle 库中的 bgcolor()函数设置窗口的背景颜色；

方式一还可以拓展表示为：

```
import <库名> as  <别名>
```

例如：

import turtle as t，表示导入 turtle 库，并取一个别名 t，后续可用别名 t 代表 turtle；

此方式同样引入了库中的所有函数，只是程序在调用库中的函数时，使用别名 t 即可。以这种方式导入 turtle 库之后，前面两个例子在程序中对应可表示为：

```
t.setup(1000,800,30,0)
t.bgcolor("black")
```

方式二：可以搭配 from 关键字，引入库中的部分函数或所有函数，具体格式如下。

```
from <库名> import <函数名,函数名,…,函数名>
```

引入多个函数时，函数名之间用逗号分隔。

例如：

from random import seed, randint，表示仅引入 random 库中的种子函数 seed()和产生随机整数函数 randint()。

如果想导入库中的所有函数，则函数名部分换为"*"即可。

例如：

from random import *，表示引入 random 库中的所有函数。

此方式引入库中的部分函数或所有函数后，在程序中调用该库的具体函数时不再需要使用库名，直接使用函数名即可。

例如：

seed(101)，表示设置调用 random 库中的 seed()函数，并设置随机种子参数为 101。

angle＝randint(0,360)，表示调用利用 random 库中的 randint()函数产生一个 0～360 的随机整数，并赋值给 angle 变量。

以上两种方式均可以引入标准库，如果不确定用标准库中的哪些函数，可以直接引入整个库；但如果明确知道需要调用标准库中的某些具体函数，则直接引入具体函数更能提高程序的运行效率。需要注意的是，如果引入多个不同库，但这些库里有名字相同的函数，最好用库名进行区分。

2.7.2 turtle 库简介

turtle 库是 Python 的标准库之一，是 Python 语言中一个很流行的入门级绘制图形函数库。turtle(海龟)图形绘制的概念诞生于 1969 年，主要用于程序设计入门，并成功应用于 LOGO 编程语言。turtle 名称的含义为“海龟”，利用 turtle 库进行图形绘制的过程可以想象为有一只小海龟，其一开始位于显示器上窗体的正中心，通过一组函数指令的控制使其在画布上爬行，它爬行的轨迹就形成了绘制的图形。海龟的运动是由程序控制的，可以改变对应轨迹的颜色、大小(宽度)、方向等。

2.7.3 turtle 库解析

使用 turtle 库之前，除须了解其正确的引入方法以外，还须了解 turtle 库的特点及其所包含的相关绘图函数的作用和功能，这样才能在使用时游刃有余。下面主要包括认识 turtle 库的绘图坐标系，熟悉 turtle 库中的两大类函数，即绘图窗口函数和画笔控制函数。

1. 绘图坐标系

前面提到，turtle 库绘制图形的基本过程是小海龟在窗口坐标系中爬行，其爬行的轨迹形成所绘制的图形。对于小海龟来说，其运动的行为有“前进”“后退”“转向”等，对坐标系的探索也通过“前进方向”“后退方向”“左侧方向”和“右侧方向”等基于小海龟自身的角度方位完成。如果把整个窗口看作一个平面坐标系，小海龟的初始位置就是坐标系的中心位置，坐标设置为(0,0)。其中前进方向和后退方向构成 x 轴，左侧方向和右侧方向构成 y 轴。刚开始绘制时，小海龟位于画布正中央，即中心坐标位置(0,0)，行进方向为水平向右。turtle 绘图坐标系如图 2.17 所示。

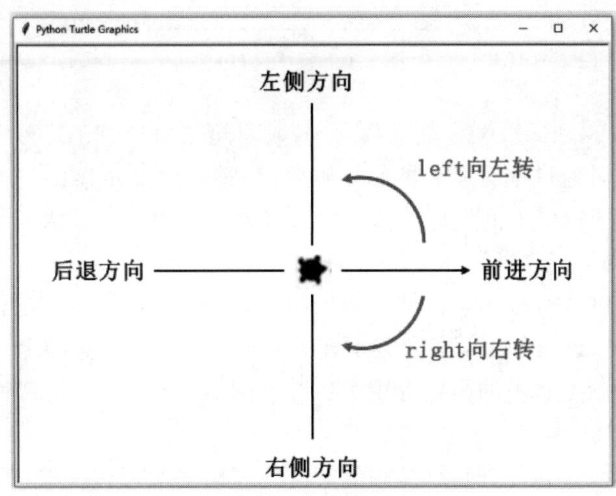

图 2.17　turtle 库绘图坐标系

2. 绘图窗口函数

在绘图之前，需要对绘图窗口进行设置。绘图窗口函数主要包括：setup()函数，用来设置 Python Turtle Graphics 主窗体的大小和初始位置，具体格式如下。

```
turtle.setup(width, height, startx, starty),
```

具体参数如下。

width：窗口宽度，如果值是整数，表示像素值；如果值是小数，表示窗口宽度与屏幕的比例。

height：窗口高度，如果值是整数，表示像素值；如果值是小数，表示窗口高度与屏幕的比例。

startx：窗口左侧与屏幕左侧的像素距离；如果值是 None，窗口位于屏幕水平中央。

starty：窗口顶部与屏幕顶部的像素距离；如果值是 None，窗口位于屏幕垂直中央。

例如：turtle.setup(600, 400, 200,150)，表示绘图窗口的宽度为 600 像素，高度为 400 像素，绘图窗口左侧与计算机屏幕左侧的像素距离为 200，绘图窗口顶部与计算机屏幕顶部的像素距离为 150，如图 2.18 所示。

再如，turtle.setup(width=0.5, height=0.75, startx=None, starty=None)，此时宽度和高度值不是整数，而是小数，表示窗口占据计算机屏幕的比例，其中宽度为二分之一，高

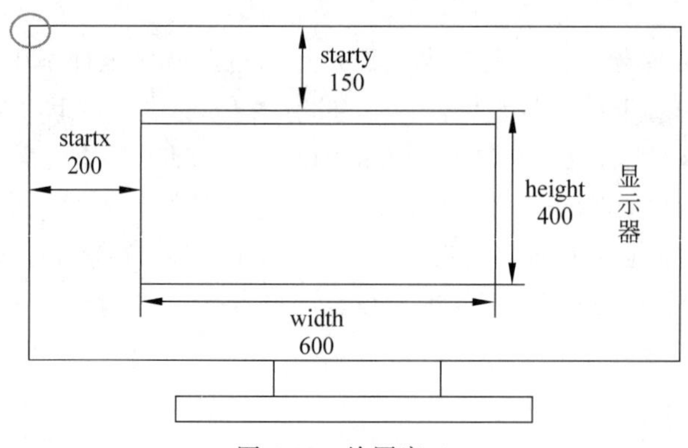

图 2.18　绘图窗口

度为四分之三。startx 和 starty 参数的值为空,表示绘图窗口位于屏幕中心。

值得注意的是,可通过查看显示器的分辨率,获悉图中显示器的"宽度与高度",通过对比,可了解 turtle 绘图窗口中的坐标单位 1 像素在本机中对应有多大。

3. 画笔控制函数

在绘图窗口中,默认有一个坐标原点为绘图窗口中心的坐标轴,坐标原点上有一只面朝 x 轴正方向的小海龟,这里的小海龟就是画笔,后续通过调用设置画笔属性的函数、控制画笔运动的函数、控制画笔状态的函数等绘制各种不同的图形。

• 设置画笔属性的函数

画笔的属性主要包括画笔的宽度、画笔的颜色和画笔的运行速度,相关设置函数主要有 6 个。

1) turtle.pensize(width)

该函数用于设置画笔的宽度,也可称为 turtle.width(width);

具体参数如下。

width:表示画笔的线条宽度,单位为像素,如果该参数为 None 或者为空,则函数返回当前画笔的宽度。

例如:turtle.pensize(10),表示设置画笔的划线宽度为 10 像素。

2) turtle.pencolor(colorstring)或 turtle.pencolor(r,g,b)

该函数用于设置画笔的颜色。若没有参数传入,则返回当前画笔的颜色;

具体参数如下。

colorstring:表示颜色的字符串,可用颜色的固定英文名称,如 red、green、blue、yellow 等。

例如:turtle.pencolor("red"),表示设置画笔为红色。

(r,g,b):表示颜色对应的 RGB 数值的 3 个分量,每个分量的取值均在[0,255],不同组合能展示不同的颜色,例如(50,100,251)等。

例如:turtle.pencolor (190,190,190),表示设置画笔颜色为灰色。

3) turtle.fillcolor(colorstring)

该函数用于设置绘制填充图形时的填充颜色,可用 colorstring 或 RGB 分量表示。

例如:turtle.fillcolor("purple"),表示以紫色填充图形。

4）turtle.color(color1, color2)

该函数用于同时设置画笔颜色 pencolor=color1、填充颜色 fillcolor=color2。

例如：turtle.color("red","yellow")，表示设置画笔颜色为红色，图形填充颜色为黄色。

5）turtle.delay(delay=None)

该函数用于设置或返回以毫秒为单位的绘图延迟。

6）turtle.speed(speed)

该函数用于设置画笔的移动速度。

具体参数如下。

speed：表示画笔绘制的速度，其范围是[0,10]的整数，该值越大，速度越快。

例如：运行如下代码，可向小海龟前进方向绘制一条长 200 像素，宽 10 像素的红色直线。

```
>>> import turtle
>>> turtle.pensize(10)
>>> turtle.pencolor("red")
>>> turtle.forward(200)
```

绘制的图形如图 2.19 所示。

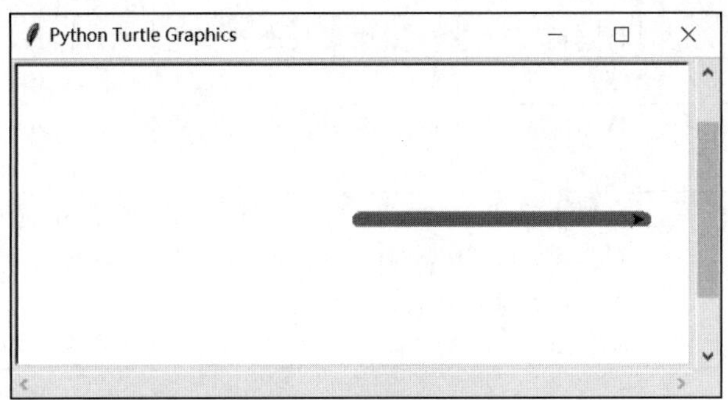

图 2.19　红色直线的绘制

• 控制画笔运动的函数

控制画笔运动的函数见表 2.3。

表 2.3　控制画笔运动的函数

函　数	函 数 说 明	示　例
turtle.penup()	提起笔移动，不绘制图形，用于另起一个地方绘制，可简写为 turtle.pu()或 turtle.up()	turtle.penup()，表示抬起画笔，不绘制图形
turtle.pendown()	移动时绘制图形，缺省时也为绘制，可简写为 turtle.pd()或 turtle.down()	turtle.pendown()，表示放下画笔，移动时绘制图形
turtle.forward(distance)	向当前画笔方向移动 distance 像素长度，可简写为 turtle.fd(distance)	turtle.forward(100)，表示画笔向前进方向移动 100 像素

续表

函　　数	函 数 说 明	示　　例
turtle.backward(distance)	向当前画笔相反方向移动 distance 像素长度,可简写为 turtle.bw(distance)	turtle.backward(200),表示画笔向后退方向移动 200 像素
turtle.right(degree)	顺时针旋转 degree 度	turtle.right(90),表示画笔向顺时针方向旋转 90°
turtle.left(degree)	逆时针旋转 degree 度	turtle.left(180),表示画笔向逆时针方向旋转 180°
turtle.goto(x,y)	将画笔移动到坐标为(x,y)的位置	turtle.goto(300,400),表示画笔移动到坐标为(300,400)处
turtle.circle(radius, extent=None, steps=None)	绘制圆弧或正 n 边形。当参数 extent 和 steps 均为 None 时,radius 半径为正(负)值,表示逆(顺)时针绘制圆形;当 steps 为 None 时,表示绘制 extent 角度的圆弧;当 extent 为 None 时,则表示绘制正 n 边形,边数由 steps 决定;当 extent、steps 的值均不为 None 时,表示 extent 的弧度由多少 steps 步骤绘制完成	turtle.circle(60),表示画笔以 60 像素为半径,在圆心的左边画圆;turtle.circle(60, extent=180),表示绘制 180°,半径为 60 像素的半圆弧;turtle.circle(100, steps=5);表示绘制半径为 100 像素的正 5 边形;turtle.circle(60,180,5),表示半径为 60 像素的 180°半圆弧由 5 步绘制完成
turtle.setx(x)	将当前 x 轴移动 x 像素长度到指定位置	setx(100),表示画笔在 x 正轴方向移动 100 像素
turtle.sety(y)	将当前 y 轴移动 y 像素长度到指定位置	sety(−200),表示画笔在 y 负轴方向移动 200 像素
turtle.setheading(angle)	设置当前画笔朝向为 angle 方向,可简写为 turtle.seth(angle)	setheading(145),表示设置画笔朝向为 145°方向
turtle.home()	将当前画笔位置移动到原点(0,0),方向朝东	home(),表示将当前画笔位置移动到原点(0,0),方向朝东
dot(size=None, * color)	绘制一个指定直径 size 和颜色的圆点	dot(50,'yellow'),表示绘制一个半径为 50 像素的黄色圆点
turtle.write(s [,font=("font-name",font_size,"font_type")])	写文本,s 为文本内容,font 是字体的参数,分别为字体名称、大小和类型;font 为可选项,font 参数也是可选项	t.write("Cool Colorful Shapes", font=("Times",18,'bold')),表示以 Times,18 号加粗字体写出文本“Cool Colorful Shapes”

例如：运行如下代码。

```
>>> import turtle
>>> turtle.forward(100)
>>> turtle.right(90)
>>> turtle.forward(100)
>>> turtle.left(120)
>>> turtle.forward(100)
```

绘制的图形如图 2.20 所示。

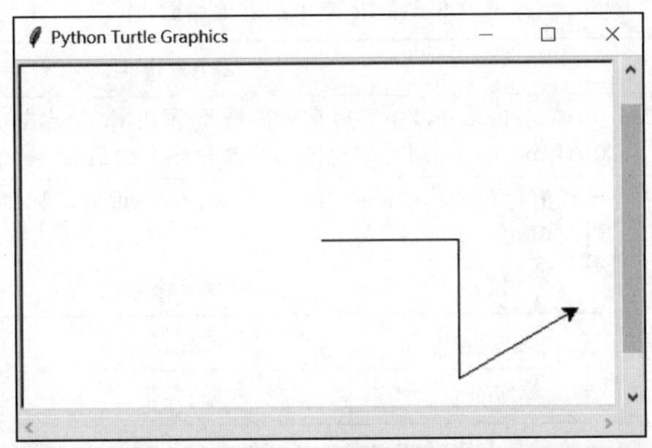

图 2.20　折线的绘制

- 控制画笔状态的函数

控制画笔状态的函数见表 2.4。

表 2.4　控制画笔状态的函数

函　　数	函数说明	示　　例
turtle.filling()	返回当前是否处于填充状态	turtle.filling(),执行代码后若返回 True,则表示当前图形处于填充状态;若返回 False,则表示当前图形处于非填充状态
turtle.begin_fill()	准备开始填充图形	turtle.begin_fill(),表示绘制填充图形之前,设置画笔处于准备填充状态,通常用于 turtle.end_fill()之前
turtle.end_fill()	填充完成	turtle.end_fill(),表示绘制填充图形结束后,完成图形填充,通常用于 turtle.begin_fill()之后
turtle.hideturtle()	隐藏画笔的 turtle 形状	turtle.hideturtle(),表示绘制过程中隐藏画笔的 turtle 形状
turtle.showturtle()	显示画笔的 turtle 形状	turtle.showturtle(),表示绘制过程中显示画笔的 turtle 形状
turtle.clear()	清空 turtle 窗口,但是 turtle 的位置和状态不会改变	turtle.clear(),功能见该表函数说明
turtle.reset()	清空窗口,重置 turtle 状态为起始状态	turtle.reset(),功能见该表函数说明
turtle.undo()	撤销上一个 turtle 动作	turtle.undo(),功能见该表函数说明
turtle.isvisible()	返回当前 turtle 是否可见	turtle.isvisible(),执行代码后若返回 True,则表示当前 turtle 可见;若返回 False,则表示当前 turtle 不可见
stamp()	复制当前图形并返回其 id	stamp(),功能见函数说明

- 其他函数

turtle 库还有一些函数用于启动、终止事件循环,或者设置海龟模式,记录多边形顶点等,详见表 2.5。

表 2.5　turtle 库中的其他函数

<table>
<tr><th>函　　数</th><th colspan="3">函 数 说 明</th></tr>
<tr><td>turtle.mainloop()或 turtle.done()</td><td colspan="3">turtle.mainloop()用于启动事件循环-调用 tkinter 的 mainloop()函数；turtle.done()必须是海龟图形绘制程序中的最后一个语句</td></tr>
<tr><td rowspan="4">turtle.mode(mode=None)</td><td colspan="3">设置海龟模式(standard,logo 或 world)并重置。如果没有给出模式，则返回当前模式</td></tr>
<tr><td>模式</td><td>初始海龟方向</td><td>正角度</td></tr>
<tr><td>standard</td><td>向右(东)</td><td>逆时针</td></tr>
<tr><td>logo</td><td>向上(北)</td><td>顺时针</td></tr>
<tr><td>turtle.begin_poly()</td><td colspan="3">开始记录多边形的顶点。当前的海龟位置是多边形的第一个顶点</td></tr>
<tr><td>turtle.end_poly()</td><td colspan="3">停止记录多边形的顶点。当前的海龟位置是多边形的最后一个顶点，将与第一个顶点相连</td></tr>
<tr><td>turtle.get_poly()</td><td colspan="3">返回最后记录的多边形</td></tr>
</table>

2.7.4　turtle 应用实例

1. 微实例 2.1：绘制正 *n* 边形

绘制正 *n* 边形有多种方法，可以参照本章案例 2 中绘制苯环外环的方式，利用循环结构实现，也可以使用画笔操作函数 circle()实现。

首先需要进一步熟悉窗口坐标系，如图 2.21 所示。

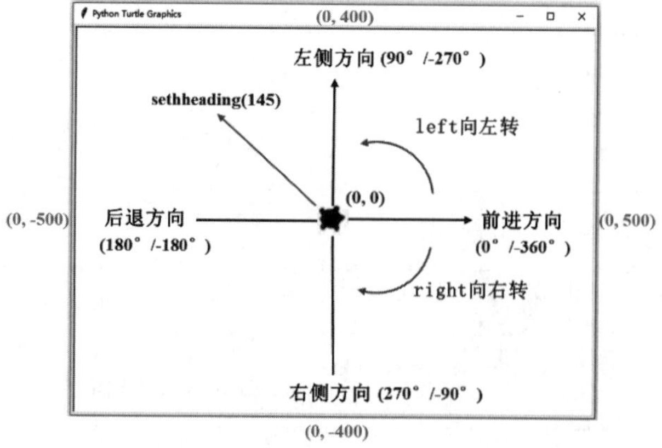

图 2.21　绘图窗口坐标系角度示意图

以绘制正六边形为例，每一条边的绘制可描述为画笔向正前方移动，如向正前方移动 100 像素(t.fd(100))，然后画笔左转 60°(t.left(360/6))，重复 6 次即可绘制完成正六边形，重复过程可复制 6 次代码，也可用 for 语句搭配 range()函数实现，具体代码如下。

```
import turtle as t
t.setup(800, 600, 0, 0)
t.pendown()
for i in range(6):
```

```
    t.fd(100)
    t.left(360/6)
```

运行结果如图 2.22 所示。

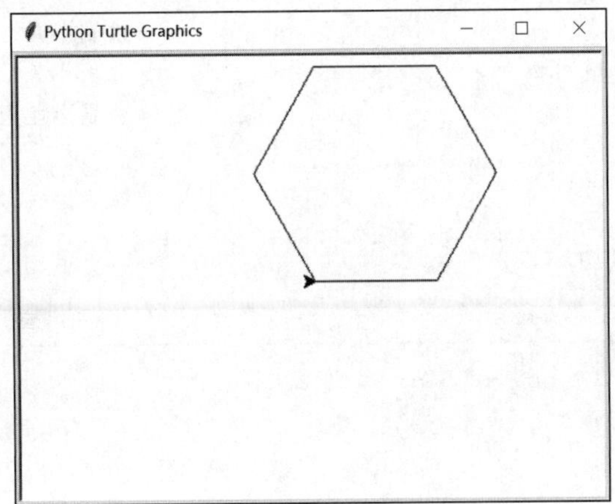

图 2.22　正六边形绘制结果

另外，根据绘图坐标系，也可以利用 turtle.sethheading()函数指定绘制每条边时，画笔正前方所对应的角度(t.seth(i * 360/6))，并通过 for 循环实现绘制。在 for 循环中，i 是 range()函数生成的值，range(6)生成 0,1,2,3,4,5，在循环语句中可逐个调用并赋值给 i；设定好之后，向前移动画笔(t.fd(100))，同样利用 for 语句搭配 range()函数实现正六边形的绘制，具体代码如下。

```
import turtle as t
t.setup(800, 600, 0, 0)
t.pendown()
for i in range(6):
    t.seth(i * 360/6)
    t.fd(100)
```

此外，还有一种更便捷的方法，可直接使用 turtle.circle()函数，绘制正 n 边形。例如，可将以上正六边形的绘制看作半径为 100 的圆形分 6 次绘制，此种代码更便捷，且不需要使用循环语句，一行代码即可绘制出正六边形。若想绘制其他正 n 边形，更改 steps 参数的值即可，具体代码如下。

```
import turtle as t
t.setup(800, 600, 0, 0)
t.pendown()
t.circle(100, steps=6)
```

2. 微实例 2.2：绘制圆形和弧形

绘制圆形和弧形可直接使用 turtle.circle (radius, extent=None, steps=None) 函数，具体参数的含义可查阅表 2.3。例如，拟绘制不同颜色和不同半径的圆形和弧形，相关代码如下所示。

```
#微实例 2.2-绘制圆形和弧形-2.7.4.py
import turtle as t
t.setup(600, 400, 0, 0)
t.pencolor("red")
t.circle(60)                    #绘制半径为 60 像素的红色圆形
t.pencolor("green")
t.circle(80, 180)               #绘制半径为 80 像素的绿色半圆弧
t.pencolor("blue")
t.circle(100)                   #绘制半径为 100 的蓝色圆形
```

运行结果如图 2.23 所示。

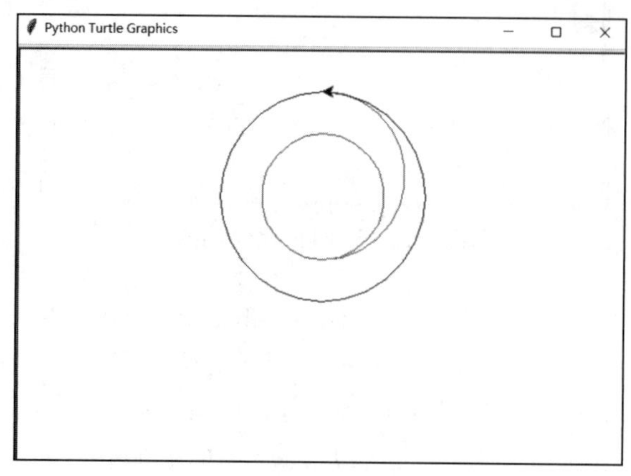

图 2.23　圆形及圆弧绘制结果

3. 微实例 2.3：绘制填充图形

填充图形，一般指对封闭的图形填充一定的颜色。可利用 turtle.fillcolor()函数设置填充颜色。在绘制图形之前和之后分别用 turtle.begin_fill()和 turtle.end_fill()设置开始准备填充的位置和结束填充的位置。例如，拟绘制一边框为红色，内部填充为黄色的正六边形，代码如下所示。

```
#微实例 2.3-绘制填充图形-2.7.4.py
import turtle as t
t.setup(600, 400, 0, 0)
t.pencolor("red")                     #设置绘制封闭图形时使用的颜色
t.fillcolor("yellow")                 #设置填充时使用的颜色
#turtle.color("red","yellow")         #可同时设置画笔颜色和填充颜色
t.begin_fill()
for i in range(6):                    #绘制正六边形
    t.fd(100)
    t.left(360/6)
t.end_fill()
```

运行结果如图 2.24 所示。

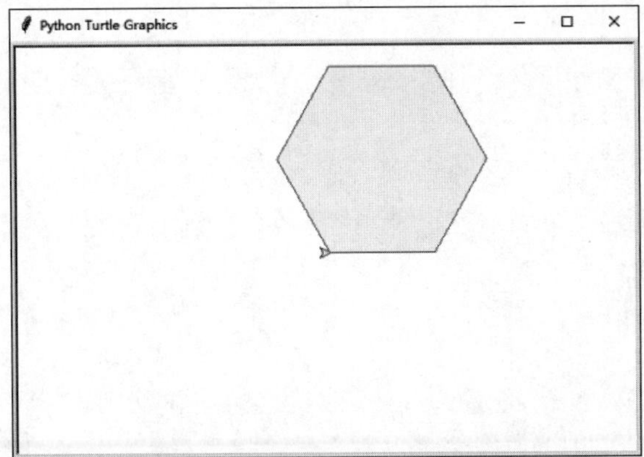

图 2.24　填充图形绘制结果

此外,可用 turtle.color(color1, color2)函数(其中 color1 代表画笔颜色,color2 代表填充颜色)代替 turtle.pencolor()函数和 turtle.fillcolor()函数。上述代码中对应的两行可替换为 turtle.color("red", "yellow"),运行效果一致。

4. 微实例 2.4:添加图形文字

可使用 turtle.write()函数给绘制的图形添加文字。turtle.write()函数的具体用法见表 2.3。以下例子显示了绘制不同颜色、不同边数的正多边形和圆形,并在图形上添加了文字。需要注意的是,不同的形状之间有一定的间隔,可用 turtle.goto()函数设置每个形状的具体位置,具体代码如下所示。

```
#微实例 2.4-添加图形文字-2.7.4.py
import turtle as t
#绘制三角形
t.pensize(3)
t.penup()
t.goto(-200, -50)
t.pendown()
t.begin_fill()
t.color('red')
t.circle(40, steps=3)
t.end_fill()
#绘制四边形
t.penup()
t.goto(-100, -50)
t.pendown()
t.begin_fill()
t.color('blue')
t.circle(40, steps=4)
t.end_fill()
#绘制五边形
t.penup()
t.goto(0, -50)
```

```
t.pendown()
t.begin_fill()
t.color('green')
t.circle(40, steps=5)
t.end_fill()
#绘制六边形
t.penup()
t.goto(100, -50)
t.pendown()
t.begin_fill()
t.color('orange')
t.circle(40, steps=6)
t.end_fill()
#绘制圆形
t.penup()
t.goto(200, -50)
t.pendown()
t.begin_fill()
t.color('purple')
t.circle(40)
t.end_fill()
#给图形添加文字
t.color('green')
t.penup()
t.goto(-100, 50)
t.pendown()
t.write("Cool Colorful Shapes", font=("Times", 18, 'bold'))
t.hideturtle()
t.done()
```

运行结果如图 2.25 所示。

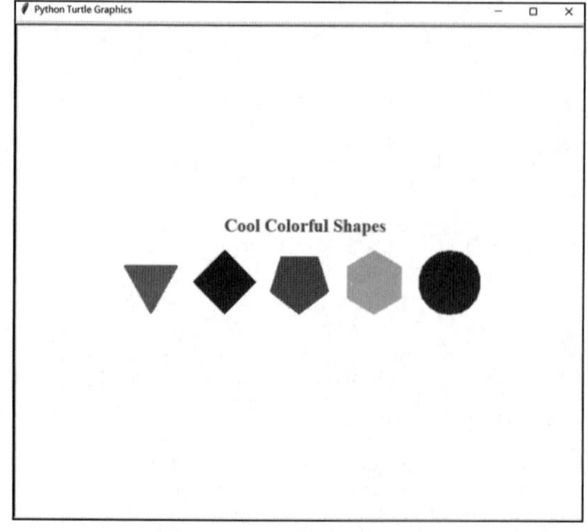

图 2.25　添加图形文字

5. 微实例 2.5：绘制太阳花

太阳花看似较为复杂，实际上仔细分析会发现其绘制过程与正 n 边形类似，具有一定的规律。如图 2.26 所示，拟分别绘制 12 朵、24 朵、36 朵、72 朵花瓣的太阳花。以 12 个花瓣太阳花为例，每条边的绘制为画笔向正前方移动一定像素，如 t.fd(200)；因为每个花瓣的角度为 360/12，即 30°，每条边画完后统一左转或右转 150°，即 t.left(150) 或 t.right(150)均可实现。绘制几朵花瓣需要使用 for 循环语句配合 range()函数实现，12 朵花瓣则需循环 12 次，用“for i in range(12)”即可实现，类似正 n 变形的绘制。与之类似，绘制 24 朵、36 朵、72 朵花瓣太阳花时，仅需修改每条边画完后旋转的角度，并通过 range()函数修改 for 循环的执行次数即可实现，具体代码如下。

```
#分别绘制 12 朵、24 朵、36 朵、72 朵花瓣的太阳花
import turtle as t
t.color("red", "yellow")                    #设置画笔颜色和填充颜色
t.speed(10)                                 #设置画笔的绘制速度
#绘制 12 朵花瓣的太阳花
t.penup()
t.goto(-300, 100)                           #设置绘制太阳花的位置
t.pendown()
t.begin_fill()
for i in range(12):
    t.fd(200)                               #每条边的长度
    t.left(150)                             #每条边画完后转动的角度,可左转,也可右转
t.end_fill()
#绘制 24 朵花瓣的太阳花
t.penup()
t.goto(100, 150)
t.begin_fill()
t.pendown()
for i in range(24):
    t.fd(200)
    t.right(165)
t.end_fill()
#绘制 36 朵花瓣的太阳花
t.penup()
t.goto(-300, -200)
t.pendown()
t.begin_fill()
for i in range(36):
    t.fd(200)
    t.left(170)
t.end_fill()
#绘制 72 朵花瓣的太阳花
t.penup()
t.goto(100, -200)
t.pendown()
t.begin_fill()
```

```
for i in range(72):
    t.fd(200)
    t.right(175)
t.end_fill()
#添加文字说明
t.color('gold')
t.penup()
t.goto(-150, -50)
t.pendown()
t.write("Beautiful Sunflower", font=("Times", 24, 'bold'))
t.hideturtle()                                    #结束后隐藏笔头
t.done()
```

运行结果如图 2.26 所示。

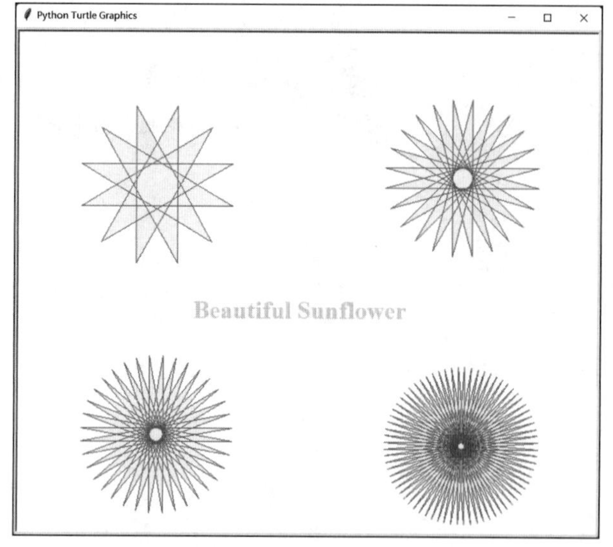

图 2.26　太阳花绘制结果

以上分别介绍了利用 turtle 标准库中的多种绘图函数实现正 n 边形、圆形、填充图形以及不同花瓣太阳花的绘制思路及具体实现过程。若想绘制更多复杂和有趣的图形，可自行查阅相关文档，通过不断编写代码，实现对 turtle 库中的函数达到熟能生巧的境界。

2.8　本章小结

本章依托两个案例——计算两个化合物的相似度与绘制苯环，依次介绍了 5 个内容：构成 Python 程序的语法元素、Python 程序的书写规范、程序设计的两种方法、输入/输出常用的 3 个函数和 turtle 标准库的使用方法。通过这些内容的学习，读者可以对 Python 程序设计形成一个全面、系统、但相对粗浅的认知，为后续深入学习 Python 语法打下基础。

第 2 篇　Python 进阶篇

第 3 章　基本数据类型

本章学习目标

- 理解数字类型、字符串类型和逻辑类型相关的概念
- 掌握数字类型、字符串类型和逻辑类型的表示用法
- 掌握数字类型、字符串类型和逻辑类型的运算操作符、内置函数和内置方法

本章依次介绍 Python 的 3 种基本数据类型及其操作，即数字类型及其操作、字符串类型及其操作和逻辑类型及其操作，期间穿插介绍 4 个应用简单数据类型的案例。

3.1　数字类型及其操作

数字类型及其操作主要包括以下 5 方面内容。

① 数字类型的概念；

② 数字类型的表示；

③ 数字类型的运算操作符；

④ 内置的数字类型的函数；

⑤ 数字类型的标准库——math 库。

3.1.1　数字类型的概念

Python 的数字类型大致对应数学中“数”的概念，包括整数、浮点数和复数 3 种类型。其中，整数的概念和数学中的“整数”略有不同，Python 的整数除十进制整数外，还包括二进制整数、八进制整数和十六进制整数。浮点数和复数分别对应数学中的实数和复数。

3.1.2　数字类型的表示

数字类型包括整数、浮点数和复数，下面分别介绍每种数字类型的表示方法。

1. 整数的表示

Python 中，十进制、二进制、八进制和十六进制整数的表示方法各不相同。

- 十进制整数表示

十进制整数不需要引导符。书写十进制整数时，直接书写正负号和十进制数字序列即可。例如：1080、99 和-217 都是 Python 合法的十进制整数。

- 二进制整数表示

二进制整数的引导符是“0b”或“0B”。其中，“b”是英文二进制“binary”的首字母，出现在引导符中的时候，字母“b”大、小写完全等价。书写二进制整数时，数字序列中只可包含“0”和“1”两个数字。例如：0b010 和－0B101 都是 Python 合法的二进制整数。

- 八进制整数表示

八进制整数的引导符是“0o”或“0O”。其中,“o”是英文八进制“octal”的头字母,出现在引导符中的时候,字母“o”大、小写完全等价。书写八进制整数时,数字序列中只可包含“0”、“1”、“2”、“3”、“4”、“5”、“6”和“7”这 8 个数字。例如:0o123 和-0O456 都是 Python 合法的八进制整数。

- 十六进制整数表示

十六进制整数的引导符是“0x”或“0X”。其中,“x”表示英文十六进制“hexadecimal”,出现在引导符中的时候,“x”大、小写完全等价。书写十六进制整数时,数字序列中只可以包含“0”、“1”、“2”、“3”、“4”、“5”、“6”、“7”、“8”、“9”、“a”、“b”、“c”、“d”、“e”和“f”。其中,“a”表示 10,“b”表示 11,……,以此类推,“f”表示 15。另外,十六进制整数中,“a”、“b”、“c”、“d”、“e”和“f”大、小写等价。例如:0x1a3 和－0X9f 都是 Python 合法的十六进制整数。

Python 整数类型理论上的取值范围是[－∞,∞],实际上,Python 整数的表示范围受到程序员计算机内存的限制,内存配置不同的机器取值范围也不同。

2. 浮点数的表示

Python 中浮点数的表示方法有两种:十进制法和类科学计数法。

- 十进制法

十进制法的特点是数据中必须包含小数点。例如:0.0、－77.、1000.和－2.17 都是十进制法表示的浮点数。

- 类科学计数法

类科学计数法把一个浮点数分解成 a 与 10 的 n 次幂相乘的形式,其中 a 称为尾数,n 称为指数。用类科学计数法书写浮点数时,先写 a,然后写“e”或“E”,最后写 n。例如:68e4、4.4e－3 和 8.6E5 都是类科学计数法表示的浮点数。

Python 中,浮点数的表示范围仅受程序员计算机内存的限制,因此浮点数表示范围大,应用广泛,但 Python 的浮点数运算存在误差(一般小于 10^{-16}),典型的例子如 0.1 和 0.2 的和不等于 0.3,以下是 Python 中求 0.1 和 0.2 的和的代码及其运行结果。

```
>>> 0.1 + 0.2
0.30000000000000004
```

因此,如果数据处理不允许有误差,就应该转换为整数进行运算,运算结束后再处理小数点的问题。

3. 复数的表示

Python 中,复数的表示和数学中复数的表示相近,写作 a＋bj 或 a＋bJ。其中,a 是实部,b 是虚部,a 和 b 都是浮点数类型。例如:26.2＋3j、－5.6＋7j 和 1.25e－6＋5.68e＋9j 都是 Python 合法的复数。

书写复数时,等于整数的浮点数实部或虚部可以略写为整数形式。例如:12.3＋4j 和－5.6＋7j 都是 Python 合法的复数。但在计算机内部,虚部 4 和 7 仍然作为浮点数处理。

任何一个 Python 复数都有两个属性:real 和 imag。对于一个特定的复数 z＝a＋bj,z.real 的返回值为实部 a,z.imag 的返回值为虚部 b。

例如:以下是求一个复数的实部和虚部的代码及其运行结果。

```
>>> z = 1.23e-4 + 5.6e + 89j
>>> z.real
0.000123
>>> z.imag
5.6e + 89
```

3.1.3　数字类型的运算操作符

Python 数字类型的运算操作符主要包括两大类：基本运算操作符和增强运算操作符。

1. 基本运算操作符

Python 数字类型的基本运算操作符主要有 9 个，详见表 3.1。

表 3.1　Python 数字类型的基本运算操作符

运算表达式	运 算 结 果	结 合 性
x**y	x 的 y 次幂，即 x^y	右结合
+x	求 x 本身的正数，即 $x*1$	右结合
-x	求 x 的负数，即 $x*(-1)$	右结合
x * y	x 与 y 之积	左结合
x / y	x 除以 y 的商	左结合
x // y	x 除以 y 的整商	左结合
x % y	x 除以 y 的余数，也称为模运算	左结合
x + y	x 与 y 之和	左结合
x - y	x 与 y 之差	左结合

以上 9 个基本运算操作符中，求正数和求负数只需要 1 个操作数，是一元运算操作符，其余 7 个运算操作符都是二元运算操作符。

对于这 7 个二元运算操作符（**、*、/、//、%、+、-），Python 都提供了相应的增强运算操作符。

2. 增强运算操作符

Python 的增强运算操作符共 7 个，分别是**=、*=、/=、//=、%=、+=和-=。增强运算操作的过程是先将两个操作数做运算，然后创建操作符左边的变量，并把运算结果赋值给操作符左边的变量。

例如：以下代码展示了增强运算操作符“**=”的运算过程。

```
>>> y = 3
>>> x = 2
>>> #计算 y 的 x 次方得到 9，然后创建变量 y，并把 9 赋值给变量 y
>>> y** = x
>>> y
9
```

3. 不同运算的优先级

数字类型的运算操作符很多,同一表达式中出现 2 个以上运算操作符时,需要考虑运算的优先顺序。数字类型运算的优先顺序详见表 3.2。

表 3.2　数字类型运算的优先顺序

运算操作符	运算描述
**	乘方(最高优先级)
~	按位取反
+、-	求正和取负
*、/、%、//	乘、除、取余、求整商
+、-	加法、减法
>>、<<	右移位、左移位
&	位与
|、^	位或、位异或
=、%=、/=、//=、-=、+=、*=、**=	创建变量及赋值运算、增强运算

其中,运算的优先顺序对应表中行的先后顺序,即排在第一行的乘方运算优先级最高,排在第二行的按位取反运算优先级次之,……,以此类推,排在最后一行的创建变量及赋值运算、增强运算优先级最低。

同一行的多个运算优先级相同,表达式中哪个运算先出现哪个运算优先执行。

4. 运算结果的类型

数字类型的数据进行运算后,运算结果的数据类型遵循以下 3 个原则:

① 整数和浮点数运算,结果是浮点数;

② 整数或浮点数与复数运算,结果是复数;

③ 相同类型的数据运算,结果一般保持类型不变;但整数除法例外,结果是浮点数。

3.1.4　内置的数字类型的函数

所谓内置的函数,指的是定义语句集成在 Python 解释器里,Python 使用者可以直接调用的函数。Python 主要提供了 13 个内置的数字类型的函数,这些函数可以分为 3 大类:数值运算函数、类型转换函数和类型判断函数。

1. 数值运算函数

数值运算函数见表 3.3。

表 3.3　数值运算函数

函　　数	描　　述
abs(x)	参数是整数或实数时,返回值为绝对值; 参数是复数时,返回值是该复数和其共轭复数的积的平方根
divmod(x, y)	返回值是元组(*x*//*y*, *x*%*y*)

续表

函　　数	描　　述
pow(x, y[, z])	返回值是$(x^{**}y)\%z$,其中 z 是可选参数,z 缺省时,函数的返回值为 $x^{**}y$;如果同时给 3 个参数传参,要求 3 个实参必须都取整数
round(x[, ndigits])	返回值是对 x 精确到 ndigits 位小数的取值,其中 ndigits 是可选参数,其默认值是 0
max(x_1, x_2, …, x_n)	返回 x_1, x_2, …, x_n 中的最大值或一个可迭代类型数据的最大元素
min(x_1, x_2, …, x_n)	返回 x_1, x_2, …, x_n 中的最小值或一个可迭代类型数据的最小元素

其中,调用 round()函数对数据取整时,函数按照 4 舍 6 入 5 成双的原则对 x 取整。例如:以下代码及其运行结果说明了 4 舍 6 入 5 成双的原则。

```
>>> #4 舍
>>> round(2.4)
2
>>> #6 入
>>> round(2.6)
3
>>> #2 是双数,按照 5 成双原则结果为 2
>>> round(2.5)
2
>>> #4 是双数,按照 5 成双原则结果为 4
>>> round(3.5)
4
```

2. 类型转换函数

类型转换函数见表 3.4。

表 3.4　类型转换函数

函　　数	描　　述
bin(x)	返回 x 对应的二进制整数的字符串
oct(x)	返回 x 对应的八进制整数的字符串
hex(x)	返回 x 对应的十六进制整数的字符串
int(x)	返回 x 对应的十进制整数。参数 x 可以是浮点数,仅包含数字的数字字符串,二、八、十六进制数
float(x)	返回 x 对应的浮点数。参数 x 可以是整数、整数字符串和浮点数字符串
complex(re[, im])	返回一个复数,实部为 re,虚部为 im。参数 re 可以是整数、浮点数、整数字符串、浮点数字符串和复数字符串;参数 im 可以是整数或浮点数,但不能为字符串

3. 类型判断函数

Python 内置的类型判断函数是 type(x),其返回值是 x 的类型,参数 x 可以是 Python 支持的所有类型的数据。

例如：以下是两个调用函数 type()的例子。

```
>>> type(3e2)
<class 'float'>
>>> type(abs(3+4j))
<class 'float'>
```

3.1.5 标准库 2：math 库的使用方法

操作数字类型除可以使用运算操作符、内置的数字类型的函数外，还常用数字类型的标准库——math 库。

标准库由负责 Python 开发和维护的组织 PSF 开发，随 Python 解释器一起发布，并且随 Python 的安装同步安装于计算机中。因此，math 库不需要安装即可使用。

math 库中主要定义了 5 个数学常数和 44 个数值运算函数。

1. math 库的常数

math 库的常数详见表 3.5。

表 3.5 math 库的常数

常　数	数学表示	描　述
math.pi	π	圆周率，值为 3.141592653589793
math.e	e	自然常数 e，值为 2.718281828459045
math.inf	∞	正无穷大
math.nan		浮点数类型的一个特殊数据，表示"不是数"
math.tau	τ	2π，值为 6.283185307179586

2. math 库的函数

math 库总计定义了 44 个函数，分为数值计算函数、幂对数函数、三角双曲函数和高等特殊函数 4 大类。

- 数值计算函数

math 库的数值计算函数共 16 个，详见表 3.6。

表 3.6 math 库的数值计算函数

函　数	数学表示	描　述
math.fabs(x)	$\|x\|$	返回 x 的绝对值，其中 x 是整数或浮点数
math.fmod(x, y)	$x \% y$	返回 x 与 y 的模
math.fsum([x,y,…])	$x+y+\cdots$	浮点数精确求和
math.ceil(x)	$\lceil x \rceil$	向上取整，返回不小于 x 的最小整数
math.floor(x)	$\lfloor x \rfloor$	向下取整，返回不大于 x 的最大整数
math.factorial(x)	$x!$	返回 x 的阶乘，如果 x 是小数或负数，就返回 ValueError

续表

函　　数	数学表示	描　　述
math.gcd(a, b)		返回 a 与 b 的最大公约数
math.frexp(x)	$x = m * 2^e$	返回(m, e),m 和 e 分别是 x 的二进制表示的尾数和指数。x 的取值为 0 时,返回(0.0, 0)
math.ldexp(x, i)	$x * 2^i$	返回 $x * 2^i$ 的值,math.frexp(x)函数的逆运算
math.modf(x)		以元组类型返回 x 的小数部分和浮点数形式的整数部分
math.trunc(x)		返回 x 的整数部分
math.copysign(x, y)	$\|x\| * \|y\|/y$	返回用数值 y 的正负号替换数值 x 的正负号得到的数值
math.isclose(a,b)		比较 a 和 b 的相似性,返回 True 或 False
math.isfinite(x)		当 x 不是无穷大时,返回 True;否则返回 False
math.isinf(x)		当 x 为正数无穷大或负数无穷大时,返回 True;否则返回 False
math.isnan(x)		当 x 取值 nan 时,返回 True;否则返回 False

- 幂对数函数

math 库的幂对数函数共 8 个,详见表 3.7。

表 3.7　math 库的幂对数函数

函　　数	数学表示	描　　述
math.pow(x,y)	x^y	返回 x 的 y 次幂
math.exp(x)	e^x	返回 e 的 x 次幂,其中 e 是自然常数
math.expml(x)	$e^x - 1$	返回 e 的 x 次幂减 1
math.sqrt(x)	$\sqrt{x}$	返回 x 的平方根
math.log(x[,base])	$\log_{base} x$	返回以 base 为底的 x 的对数值,base 缺省时,返回 x 的自然对数值
math.log1p(x)	$\ln(1+x)$	返回 $1+x$ 的自然对数值
math.log2(x)	$\log_2 x$	返回 x 的以 2 为底的对数值
math.log10(x)	$\log_{10} x$	返回 x 的以 10 为底的对数值

- 三角双曲函数

math 库的三角双曲函数共 16 个,详见表 3.8。

表 3.8　math 库的三角双曲函数

函　　数	数学表示	描　　述
math.degree(x)		返回弧度 x 对应的角度值
math.radians(x)		返回角度 x 对应的弧度值
math.hypot(x,y)	$\sqrt{x^2+y^2}$	返回坐标为(x,y)的点到原点(0,0)的距离
math.sin(x)	$\sin x$	返回 x 的正弦函数值,x 是弧度值

续表

函　　数	数学表示	描　　述
math.cos(x)	$\cos x$	返回 x 的余弦函数值，x 是弧度值
math.tan(x)	$\tan x$	返回 x 的正切函数值，x 是弧度值
math.asin(x)	$\arcsin x$	返回 x 的反正弦函数值，x 是弧度值
math.acos(x)	$\arccos x$	返回 x 的反余弦函数值，x 是弧度值
math.atan(x)	$\arctan x$	返回 x 的反正切函数值，x 是弧度值
math.atan2(y,x)	$\arctan y/x$	返回 y/x 的反正切函数值，x、y 是弧度值
math.sinh(x)	$\sinh x$	返回 x 的双曲正弦函数值
math.cosh(x)	$\cosh x$	返回 x 的双曲余弦函数值
math.tanh(x)	$\tanh x$	返回 x 的双曲正切函数值
math.asinh(x)	$\text{arcsinh}\ x$	返回 x 的反双曲正弦函数值
math.acosh(x)	$\text{arccosh}\ x$	返回 x 的反双曲余弦函数值
math.atanh(x)	$\text{arctanh}\ x$	返回 x 的反双曲正切函数值

• 高等特殊函数

math 库的高等特殊函数共 4 个，详见表 3.9。

表 3.9　math 库的高等特殊函数

函　　数	数学表示	描　　述
math.erf(x)	$\frac{2}{\sqrt{\pi}}\int_0^x e^{-t^2}\,dt$	高斯误差函数，用于概率论、统计学等领域
math.erfc(x)	$\frac{2}{\sqrt{\pi}}\int_x^{\infty} e^{-t^2}\,dt$	余补误差函数，math.erfc(x)＝1－math.erf(x)
math.gamma(x)	$\int_0^{\infty} x^{t-1}e^{-x}\,dx$	伽马(Gamma)函数，也叫欧拉第二积分函数
math.lgamma(x)	$\ln(\text{gamma}(x))$	伽马函数的自然对数

3.2　案例 3：计算基本统计量

通常，计算基本统计量需要完成以下两项工作。

① 学习基本统计量的计算公式；

② 编写基本统计量计算程序。

3.2.1　基本统计量的计算公式

计算基本统计量主要用到两个公式：均值公式和标准差公式。

1. 均值公式

假设一组数据表示为 $S=s_0,s_1,\cdots,s_{n-1}$，均值公式参见式(3.1)。

$$\text{mean}=\left(\sum_{i=0}^{n-1}s_i\right)/n \tag{3.1}$$

2. 标准差公式

假设一组数据表示为 $S=s_0,s_1,\cdots,s_{n-1}$，标准差公式参见式(3.2)。

$$\text{dev}=\sqrt{\frac{\sum_{i=0}^{n-1}(s_i-\text{mean})^2}{n-1}} \tag{3.2}$$

3.2.2　基本统计量计算程序

1. 程序说明/readme

程序运行后，要求用户以逗号为分隔符输入 5 个数；之后，程序按照公式求均值和标准差；最后，输出最大值、最小值、均值和标准差 4 个值。

2. 源程序

```
#Input
a, b, c, d, e = eval(input("请输入用逗号分隔的 5 个数:"))

#Process
mean = (a+b+c+d+e)/5
dev = (((a-mean)**2+(b-mean)**2+(c-mean)**2+(d-mean)**2+(e-mean)**2)/4)**0.5

#Output
print("最大值为:", max(a, b, c, d, e))
print("最小值为:", min(a, b, c, d, e))
print("平均值为:", mean)
print("标准差为:", dev)
```

3. 运行示例

程序运行后，屏幕显示如下。

```
请输入用逗号分隔的 5 个数:1, 2, 3, 4, 5
最大值为: 5
最小值为: 1
平均值为: 3.0
标准差为: 1.5811388300841898
```

3.3　字符串类型及其操作

字符串类型及其操作主要包括以下 6 方面内容。

① 字符串类型的概念；

② 字符串类型的表示；

③ 字符串类型的运算操作符；

④ 内置的字符串处理函数；

⑤ 案例 4：查找化合物 ID 及水溶性值；

⑥ 内置的字符串处理方法。

3.3.1 字符串类型的概念

计算机由早期的主要用于数值计算，到现在更多地用于信息处理，字符串类型发挥了巨大的作用。Python 程序中，字符串类型的应用极其广泛，如药品的名称、种类、包装单位、中国药品电子监管码，以及化合物的序号、分类、InChIKey（化合物的身份证）、SMILES 码等，在 Python 中对应的数据类型都是字符串类型。

字符串类型中有一类特殊的字符串，其字符都是数字字符，这种字符串叫数字字符串。学号和大多数的身份证号就是常见的数字字符串。数字字符串不同于数字类型的数据，前者仅用于标识，不用于加、减、乘、除等数字类型的运算。注意区分数字字符串和数字类型的数据。

Python 字符串类型的数据是由一对引号作为定界符、一组字符按特定顺序构成的序列。字符串类型的数据有两个显著特征，具体如下。

① 字符串由字符组成，其中的字符既可以是中英文文字，也可以是数字字符、空格或其他特殊符号。例如："生石膏 15～30g(先煎)、"、" 01"和"A01\n"是 3 个 Python 合法的字符串类型的数据；

② 字符串中的字符是有序的。Python 支持两种字符串索引：正向索引和反向索引，如图 3.1 所示。

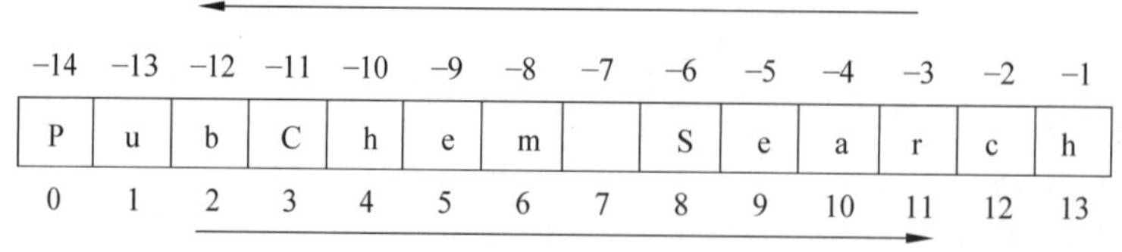

图 3.1 Python 的字符串索引

其中，正向索引从 0 开始编号，图 3.1 所示字符串共 14 个字符，最后一个字符的索引号为 13；反向索引从－1 开始编号，最后一个字符的索引号为－14。每个字符都有两个索引号：正向索引号和反向索引号，如图 3.1 中的“空格”字符的索引号是 7 和－7。

3.3.2 字符串类型的表示

在 Python 中书写字符串类型的数据时，需要用一对单引号' '或者一对双引号" "，或者一对三引号（三个单引号或三个双引号构成 1 个三引号）作为定界符，括起字符串中的所有字符。其中，单引号和双引号的作用相同，三引号字符串常用作多行注释语句。

例如，一个程序中包含以下 6 行代码，6 行代码总体构成 1 个多行注释语句：

```
''' 清肺排毒汤处方组成：
麻黄 9g、炙甘草 6g、杏仁 9g、生石膏 15~ 30g (先煎)、
```

```
桂枝 9g、泽泻 9g、猪苓 9g、白术 9g、茯苓 15g、
柴胡 16g、黄芩 6g、姜半夏 9g、生姜 9g、紫菀 9g、
冬花 9g、射干 9g、细辛 6g、山药 12g、枳实 6g、陈皮 6g、藿香 9g
'''
```

字符串类型的数据可以用于创建变量并为变量赋值，也可以作为 1 个数据项出现在表达式中，这一点和数字类型的数据相同。

例如，运行以下语句后创建变量 s，并为 s 赋一个字符串类型的数据。

```
s= "麻黄 9g、炙甘草 6g、杏仁 9g、生石膏 15~30g(先煎)、桂枝 9g、泽泻 9g、\
猪苓 9g、白术 9g、茯苓 15g、柴胡 16g、黄芩 6g、姜半夏 9g、生姜 9g、紫菀 9g、\
冬花 9g、射干 9g、细辛 6g、山药 12g、枳实 6g、陈皮 6g、藿香 9g"
```

注意：由于这个字符串是处方信息，包含的字符个数较多，书写时采用 Python 续行符"\"把一条长语句分写在 3 行，这里的续行符"\"并不是 s 字符串中的字符。

输出字符串类型的数据时需要注意以下 3 个问题。

① 调用 print()函数输出字符串类型的数据时，作为定界符的引号不显示在屏幕上。例如，print("hi")语句运行后，屏幕上只显示"h"和"i"两个字符，引号不会出现在屏幕上。

② 书写内含引号的字符串时，单引号、双引号和三引号要配合使用，以确保作为定界符的引号和字符串内含的引号不同。例如，拟在屏幕上输出字符串"She said "Hi，Jacky"，then she smiled."，正确的 Python 语句为

```
print('She said "Hi, Jacky", then she smiled.')
```

或者

```
print('''She said "Hi, Jacky", then she smiled.''')
```

其中，由于双引号是字符串内含的字符，因此定界符引号只能采用单引号或三引号。

③ 转义符问题。

Python 中，反斜杠"\"用作转义符，即反斜杠"\"用于和特定的字符组合构成新的字符，这些新字符往往具有特殊的含义。例如："\t"是 1 个字符，表示制表符；"\n"表示换行符，"\r"表示将光标定位到当前行的行首，"\b"表示将光标回退 1 位，"\0"表示其后续的字符不输出等。

如果字符串数据内含反斜杠作为正常字符，而不是用作转义符，就需要书写两个反斜杠表示 1 个反斜杠字符。

例如：以下代码中，x 字符串中的反斜杠用作转义符；y 字符串中的反斜杠是正常字符。

```
>>> #\t 表示制表符
>>> x = "c:\tese"
>>> print(x)
c:	ese
>>> #\\表示 1 个反斜杠字符
>>> y = "c:\\tese"
>>> print(y)
c:\tese
```

3.3.3 字符串类型的运算操作符

Python 提供了 5 个字符串类型的运算操作符(见表 3.10),分别是连接、复制、成员运算、按索引号取字符和切片。

表 3.10 字符串类型的运算操作符

运算表达式	描　述
x+y	连接两个字符串 x 与 y,返回得到的新字符串
x * n 或 n * x	复制 n 次字符串 x,返回得到的新字符串
x in s	如果 x 是 s 的子串,则返回 True,否则返回 False
str[i]	按索引号取字符,返回索引号为 i 的字符
str[start:end[:step]]	字符串切片

1. 连接

Python 的连接运算符是“+”,连接运算返回将两个字符串连接而成的新字符串。

例如:以下代码将 3 个字符串进行连接,返回由 3 个字符串连接而成的新字符串。

```
>>> "Xu" + "chang" + "qing"
'Xuchangqing'
```

2. 复制

Python 的复制运算符是“ * ”,复制运算返回字符串重复连接形成的新字符串。

例如:以下代码返回一个字符串复制 3 次形成的新字符串。

```
>>> '紫菀' * 3
'紫菀紫菀紫菀'
```

3. 成员运算

Python 的成员运算符是“in”,用来判断一个子串是否在另一个字符串中,若在,则返回 True,否则返回 False。

例如:以下代码使用成员运算判别“桂枝”和“人参”是否在字符串 formula 中。

```
>>> formula = "麻黄 9g、炙甘草 6g、杏仁 9g、桂枝 9g、泽泻 9g、\
猪苓 9g、白术 9g、茯苓 15g、柴胡 16g、黄芩 6g、姜半夏 9g、\
冬花 9g、射干 9g、细辛 6g、山药 12g、枳实 6g、陈皮 6g、藿香 9g"
>>> "桂枝" in formula
True
>>> "人参" in formula
False
```

4. 按索引号取字符

Python 采用 str[i] 实现按索引号取字符,其中,str 是字符串常量或变量,i 是索引号,返回取得的字符。

例如：以下代码分别求字符串'PubChem Search'中索引号为5和索引号为−7的字符。

```
>>> 'PubChem Search'[5]
'e'
>>> 'PubChem Search'[-7]
' '
```

5. 字符串切片

字符串切片通过两个索引号确定一个取值范围，并按照一定的步长在确定的范围内取字符，最后返回取得的所有字符构成的子串。

字符串切片的语法为

```
<string>[[start]:[end]:[step]]
```

其中，start和end对应两个索引号，用于确定取值范围；step是步长值，是非0整数。

字符串切片的运行过程主要包括两步：方向一致性判别和取字符。

- 方向一致性判别

切片操作首先根据step的值确定第1个方向，确定方法是：如果step大于0，方向为从左到右，反之方向为从右到左；然后，从start对应的字符开始扫描字符串，直到end对应的字符结束扫描，扫描行进的方向为第2个方向。若两个方向不一致，则切片运算返回空串；否则进入第二步，即取字符。

- 取字符

取字符的具体过程为：以start的值为索引号取第1个字符，以start+step的值为索引号取第2个字符，……，以此类推，以start+(i−1)*step的值为索引号取第i个字符，当索引号对应的字符达到或越过end对应的字符时，停止取字符，end对应的字符不取，返回之前取得的所有字符组成的字符串。

注意：start缺省表示开始取字符没有限制；end缺省表示结束取字符没有限制；step的默认值为1。

例如：以下代码展示了3次字符串切片运算的结果。

```
>>> s = 'PubChem Search'
>>> #以下step为1,第1个方向为左-->右,字符r到字符C的方向为右-->左,结果为空串
>>> s[-3:3]
''
>>> #以下step为1,第1个方向为左-->右;字符C到字符r的方向为左-->右,两个方向一致
>>> s[3:-3]
'Chem Sea'
>>> #step为-1,第1个方向为右-->左;开始、结束没限制,从右到左无限制取字符
>>> s[::-1]
'hcraeS mehCbuP'
```

其中，最后一次切片运算是常用的求字符串的逆序串的方法。

3.3.4 内置的字符串处理函数

Python 解释器主要提供了 4 个内置的字符串处理函数，参见表 3.11。

表 3.11 内置的字符串处理函数

函　　数	描　　述
len(x)	返回字符串 x 的字符个数
str(x)	返回任意类型 x 所对应的字符串形式
chr(x)	返回 Unicode 编码 x 对应的单字符
ord(x)	返回单字符对应的 Unicode 编码

其中，第 1 个函数 len(x)求字符串 x 的字符个数时，由于 Python 3 以 Unicode 字符为计数单位，因此英文字符和中文字符都算 1 个字符。另外，"\t""\n""\b""\r""\0""\123"等特殊字符也算 1 个字符。

3.3.5 案例 4：查找化合物 ID 及水溶性值

1. 程序说明/readme

从数据文件中读出的水溶性数据是 1 个长字符串，调用 print()函数展示在屏幕上如图 3.2所示。

其中，第 1 列是化合物的序号，第 2 列是化合物的 ID，第 3 列是化合物的水溶性值。本程序的功能为：用户从键盘输入 1 个化合物的序号，程序查找并输出相应化合物的 ID 及其水溶性值。

```
>>> print(solubilityTxt)
SN, IdentityNo, Solubility
01, LT-615-348,    0.019714
02, LT-771-215, 0.03072346
03, LT-771-216, 0.03174257
04, LT-323-560, 0.06074634
05, LT-619-512, 0.10491267
```

图 3.2　化合物水溶性数据展示

2. 源程序

```
#Input:
#使用创建变量并赋值的语句替代读文件操作输入 solubilityTxt 的值
solubilityTxt = "SN, IdentityNo,Solubility\n01, LT-615-348,  0.019714\n\
    02,LT-771-215, 0.03072346\n03, LT-771-216,0.03174257\n\
    04,LT-323-560, 0.06074634\n05, LT-619-512,0.10491267"
#创建变量 sn,从键盘输入 1 个序号赋值给变量 sn
sn = input("Please input the serial number(01-05):")

#Process
#序号为 int(sn)的化合物的信息字符串,其起始索引号为 pos=int(sn) * 25
pos = int(sn) * 25
id = solubilityTxt[pos+3:pos+13]
sValue = float(solubilityTxt[pos+14:pos+24])

#Output
#输出变量 id 和 sValue 的值
print("the compound ID is:",id)
```

```
print("the solubility value is:",sValue)
```

3. 运行示例

程序运行后,屏幕显示如下。

```
Please input the serial number(01-05): 02
the compound ID is: LT-771-215
the solubility value is: 0.03072346
```

3.3.6　内置的字符串处理方法

所谓方法,通俗地讲就是打包在类定义中的函数,其调用语法和函数的调用语法有一点不同:即调用方法时,方法名前必须有".","."之前必须有类名、对象数据或对象变量名。内置的方法指的是定义语句集成在 Python 解释器里,Python 使用者可以直接调用的方法。

Python 解释器总计内置了 43 个字符串类型的方法。下面分别从常用的字符串方法和 str.format()方法两方面介绍。

1. 常用的字符串方法

常用的字符串方法有 17 个,见表 3.12。

表 3.12　常用的字符串方法

方　　法	描　　述
str.lower()	返回字符串 str 的副本,副本中的字符全部采用小写字母
str.upper()	返回字符串 str 的副本,副本中的字符全部大写
str.islower()	判别字符串 str 中的字符是否都是小写,若是,则返回 True;否则返回 False
str.isprintable()	判别字符串 str 中的字符是否都是可打印字符,若是,则返回 True;否则返回 False
str. isnumeric()	判别字符串 str 中的字符是否都是数字字符(包括中文的数字零、一、二、三等),若是,则返回 True;否则返回 False
str.isspace()	判别字符串 str 中的字符是否都是空白,若是,则返回 True;否则返回 False。 注意:Python 中的空白包括空格和"\r""\t""\n"等特殊字符
str.endswith(suffix[,start[,end]])	判别字符串切片 str[start: end] 是否以 suffix 的值结尾,若是,则返回 True;否则返回 False
str.startswith(prefix[,start[, end]])	判别字符串切片 str[start: end] 是否以 prefix 的值开头,若是,则返回 True,否则返回 False
str.split(sep=None, maxsplit=-1)	以 sep 的值为分隔符切分 str,得到若干子串,返回由这些子串组成的列表
str.count(sub[,start[,end]])	返回切片 str[start: end]中 sub 的值出现的次数
str.replace(old, new[, count])	返回 str 的副本,其中前 count 个 old 值的子串被替换为 new 值的子串。如果 count 缺省,则替换所有 old 值的子串

续表

方　法	描　述
str.center(width[, fillchar])	返回 str 值居中、总宽度为 width 值、两侧用 fillchar 值填充的新字符串
str.strip([chars])	返回 str 的副本,其中左右两侧的 chars 值的字符被删除
str.zfill(width)	返回 str 值左边补 0 后总宽度为 width 值的新字符串
str.join(iterable)	返回由 str 值连接 iterable 值中所有元素形成的新字符串
str.find(sub[, start[, end]])	在切片 str[start: end]中查找 sub 值的子串,若找到,则返回第一次找到的 sub 值第 1 个字符的索引;若找不到,则返回−1
str.index(sub[, start[, end]])	在切片 str[start: end]中查找 sub 值的子串,若找到,则返回第一次找到的 sub 值第 1 个字符的索引;若找不到,则终止程序并报错

其中,相对常用的 7 个字符串方法应用的例子如下。

- str.lower()方法的例子

```
>>> s1 = "Drug"
>>> s1.lower()
'drug'
```

- str.isspace()方法的例子

```
>>> #Python 中的空白包括空格、\r、\t、\n 等特殊字符
>>> " \r \t \n".isspace()
True
>>> #空串不是空格串,空串中不包含任何字符
>>> "".isspace()
False
```

- str.split()方法的例子

```
>>> tanreqing = "黄芩、熊胆粉、山羊角、金银花、连翘"
>>> herbs = tanreqing.split("、")
>>> herbs
['黄芩', '熊胆粉', '山羊角', '金银花', '连翘']
```

- str.join(iterable)方法的例子

```
>>> #iterable 的元素必须是字符串类型
>>> herbs=['黄芩', '熊胆粉', '山羊角', '金银花', '连翘']
>>> "、".join(herbs)
'黄芩、熊胆粉、山羊角、金银花、连翘'
```

• str.replace()方法的例子

```
>>> tanreqing = "黄芩、熊胆粉、山羊角、金银花、连翘"
>>> #str.replace()方法返回新的字符串,原字符串不变
>>> tanreqing.replace("、", ",")
'黄芩,熊胆粉,山羊角,金银花,连翘'
>>> tanreqing.replace(",", "")
'黄芩熊胆粉山羊角金银花连翘'
>>> tanreqing
'黄芩、熊胆粉、山羊角、金银花、连翘'
```

• str.strip()方法的例子

```
>>> #从键盘输入数据时,前后各输入一个空格
>>> CpId = input("please input a compound ID: ")
please input a compound ID: LT-615-348
>>> CpId
' LT-615-348 '
>>> #调用 CpId.strip()方法去除字符串前后的空格,用返回值新串再次创建 CpId 并赋值新串
>>> CpId = CpId.strip()
>>> CpId
'LT-615-348'
```

• str.find()方法的例子

```
>>> formula = "麻黄 9g、炙甘草 6g、杏仁 9g、生石膏 15~30g"
>>> formula.find("、")
4
```

2. str.format()方法

str.format(paras)方法首先按照 str 中槽的规定格式化参数 paras 得到子串,然后用子串替换 str 中对应的槽,返回得到的 str 的副本。

该方法的调用格式为:

```
<模板字符串 str>.format(<逗号分隔的参数 paras>)
```

其中,<模板字符串> 包括了需原样返回的多个字符和若干槽,槽规定如何格式化参数。

下面重点介绍槽的构造方法,并举例说明 str.format()的使用方法。

• 槽的构造方法

槽的内容具体为:

```
{<参数序号>:<格式控制标记>}
```

其中,大括号是槽的定界符;<参数序号>可以省略,表示槽与参数按序号一一对应;冒号“:”是引导符号,后续只要有格式控制标记,冒号便不可以省略; <格式控制标记>规定

如何格式化相应参数,依次包括“填充”“对齐”“宽度”“,”“.精度”和“类型”6 个字段的值。

注意:书写格式控制标记时,6 个字段都是可选项,可以组合 6 个字段中的若干字段使用,但必须遵循表 3.13 中字段的先后顺序。

表 3.13　格式控制标记的字段

填充	对　齐	宽　度	,	.精度	类　型
默认用空格填充	<左对齐 >右对齐 ^居中对齐 默认数字类型右对齐;字符串类型左对齐	槽的设定输出宽度,对应格式化参数得到的子串的字符总数	数字类型的千位分隔符,适用于整数和浮点数	有效数字位数或小数位数或字符串的最大长度	整数类型:b,c,d,o,x,X; 浮点数类型:e,E,f,%

其中,整数的 6 种格式的含义如下。

① b:二进制整数形式;

② c:unicode 码为该整数的字符;

③ d:十进制整数形式;

④ o:八进制整数形式;

⑤ x:十六进制小写形式;

⑥ X:十六进制大写形式。

浮点数的 4 种格式的含义如下。

① e:类科学计数法表示形式,其中的“e”小写;

② E:类科学计数法表示形式,其中的“E”大写;

③ f:浮点数的十进制表示形式;

④ %:浮点数的百分数形式。

- str.format()调用的例子

以下是 6 次调用 str.format()方法的例子,注意观察模板字符串和槽的设置与返回值之间的对应关系。

```
>>> #1)参数序号省略,表示槽与参数按序号一一对应
>>> #".2"表示保留 2 位小数,"%"表示浮点数的百分数形式
>>> "计算化合物分子量时{}的占用率为{: .2%}".format("CPU", 0.1)
'计算化合物分子量时 CPU 的占用率为 10.00%'
```

```
>>> from math import pi
>>> pi
3.141592653589793
>>> #2)填充符号为空格、右对齐、宽度为 15 个字符、有效数字位数为 5
>>> "{: >15.5}".format(pi)
'         3.1416'
```

```
>>> #3)填充符号为 *、右对齐、宽度为 15 个字符、有效数字位数为 5
>>> "{: * >15.5}".format(pi)
'**********3.1416'

>>> #4)填充符号为 *、右对齐、宽度为 15 个字符、有效数字位数为变量 effD 的值
>>> effD = 5
>>> "{0: * >15.{1}}".format(pi, effD)
'**********3.1416'
```

```
>>> #5)填充符号为 *、右对齐、宽度为 15 个字符、小数位数为 5
>>> "{: * >15.5f}".format(pi)
'*********3.14159'
```

```
>>> strPi = str(pi)
>>> strPi
'3.141592653589793'
>>> #6)填充符号为 *、右对齐、宽度为 15 个字符、字符串最大长度为 5
>>> "{: * >15.5}".format(strPi)
'**********3.141'
```

3.4　案例 5：清肺排毒汤处方展示

通常，格式化展示清肺排毒汤的处方需要完成以下 3 项工作。

① 明确清肺排毒汤处方展示要求；

② 设计清肺排毒汤处方展示算法；

③ 编写清肺排毒汤处方展示程序。

3.4.1　清肺排毒汤处方展示要求

清肺排毒汤是由我国汉代张仲景所著《伤寒杂病论》中的多个经典方剂优化组合而成的，在防治新冠肺炎方面发挥了重大作用。清肺排毒汤的处方展示样例，如图 3.3 所示。

清肺排毒汤

麻黄9g	炙甘草6g	杏仁9g	生石膏15~30g(先煎)
桂枝9g	泽泻9g	猪苓9g	白术9g
茯苓15g	柴胡16g	黄芩6g	姜半夏9g
生姜9g	紫菀9g	冬花9g	射干9g
细辛6g	山药12g	枳实6g	陈皮6g
藿香9g			

图 3.3　清肺排毒汤处方展示样例

由图 3.3 可见，这种展示清肺排毒汤处方的方式清晰明了，具有以下 4 个特点。

① 处方名称字符串“清肺排毒汤”居中显示在第一行。

② 每行显示 4 味草药，每味草药的信息占 13 个字符宽度。

③ 每行后面有 1 个空行。

④ 最后 1 味草药的信息单独显示。

3.4.2 清肺排毒汤处方展示算法

实现图 3.3 所示的清肺排毒汤处方格式化展示的算法步骤共 7 步。

① 通过创建变量并赋值的方法，输入处方名称字符串-->fname。

② 通过创建变量并赋值的方法，输入处方内容字符串-->f。

③ 处方名称字符串 fname 居中输出，然后输出 1 个空行。

④ 计算顿号个数-->n。

⑤ 对变量 re(remain 的简写)赋初值 f。

⑥ 对前 n 味草药，统一采用如下方法处理。

- 查找“、”的位置-->pos。
- 以 pos 为界，切片得到 re 字符串中第 1 味草药的字符串-->herb。
- 调用 format()方法格式化 herb 为 13 个字符宽度、左对齐的字符串。
- 输出格式化后的 herb 的信息。
- 判断已输出草药的序号 i 是不是 4 的倍数，如果是，则输出 1 个空行。
- 从 re 中去掉已输出草药的信息及其后的一个顿号，用剩余字符组成的字符串再次创建 re，并为 re 赋值剩余字符组成的字符串。

⑦ 输出最后 1 味草药的信息(即 re 的值)。

3.4.3 清肺排毒汤处方展示程序

1. 程序说明/readme

本程序的功能为：按照图 3.3 所示，实现清肺排毒汤处方的格式化展示。

2. 源程序

```
#Input 部分
fname = "清肺排毒汤"
f = "麻黄 9g、炙甘草 6g、杏仁 9g、生石膏 15~30g(先煎)、\
    桂枝 9g、泽泻 9g、猪苓 9g、白术 9g、茯苓 15g、柴胡 16g、黄芩 6g、\
    姜半夏 9g、生姜 9g、紫菀 9g、冬花 9g、射干 9g、细辛 6g、山药 12g、\
    枳实 6g、陈皮 6g、藿香 9g"

#Process & Output 部分
print(fname.center(52), "\n")
n = f.count("、")
re = f
for i in range(1, n + 1):
    pos = re.find("、")
```

```
    herb = re[: pos]
    m = 13
    herb = "{0: <{1}}".format(herb, m)
    print(herb, end = "")
    if i % 4==0:
        print("\n")
    re = re[pos + 1: ]
print(re)
```

3. 运行示例

程序运行后,屏幕输出如图 3.4 所示。

```
                    清肺排毒汤

麻黄9g        炙甘草6g        杏仁9g        生石膏15~30g(先煎)
桂枝9g        泽泻9g          猪苓9g        白术9g
茯苓15g       柴胡16g         黄芩6g        姜半夏9g
生姜9g        紫菀9g          冬花9g        射干9g
细辛6g        山药12g         枳实6g        陈皮6g
藿香9g
```

图 3.4 清肺排毒汤处方格式化展示(部分文字没有对齐)

由图 3.4 可见,“杏仁 9g”和“生石膏 15～30g(先煎)”两项没有实现严格对齐。原因是:调用 print()函数将汉字输出到屏幕上时,1 个汉字的实际宽度是 1 个英文或数字字符的 2 倍,而字符串“炙甘草 6g”中有 3 个汉字,比同一列的“泽泻 9g”“柴胡 16g”“紫菀 9g”和“山药 12g”多 1 个汉字,从而造成“炙甘草 6g”输出在屏幕上时多了 1 个英文字符的宽度,进而造成“杏仁 9g”和“生石膏 15～30g(先煎)”两项缩进了 1 个英文字符的宽度。

如果严格按照图 3.3 所示的格式展示,程序应更改为

```
#Input 部分
fname = "清肺排毒汤"
f = "麻黄 9g、炙甘草 6g、杏仁 9g、生石膏 15~30g(先煎)、\
    桂枝 9g、泽泻 9g、猪苓 9g、白术 9g、茯苓 15g、柴胡 16g、黄芩 6g、\
    姜半夏 9g、生姜 9g、紫菀 9g、冬花 9g、射干 9g、细辛 6g、山药 12g、\
    枳实 6g、陈皮 6g、藿香 9g"

#Process & Output 部分
print(fname.center(52), "\n")
n = f.count("、")
re = f
for i in range(1, n + 1):
    pos = re.find("、")
    herb = re[:pos]
    #计算草药名称中的汉字个数
```

```
    num_c = 0
    for each in herb:
        if 0x4e00 <= ord(each) <= 0x9fa5:
            num_c += 1
    #计算草药输出时的宽度
    m = 13 - (num_c-2)
    herb = "{0:<{1}}".format(herb, m)
    print(herb,end = "")
    if i % 4==0:
        print("\n")
    re = re[pos+1:]
print(re)
```

其中,主要增加了计算草药名称中的汉字个数、根据汉字个数计算草药输出时的宽度的代码。

3.5 案例 6:化合物水溶性数据的格式化输出

通常,实现化合物水溶性数据的格式化输出需要完成以下 3 项工作。

① 明确水溶性数据格式化输出规范;

② 设计水溶性数据格式化输出算法;

③ 编写水溶性数据格式化输出程序。

3.5.1 水溶性数据格式化输出规范

实验测得的化合物的水溶性数据一般记录在文件中,从文件中读出来是一个长字符串,如"IdentityNo., Solubility\nLT-615-348, 0.019714\nLT-771-215, 0.03072346"。

水溶性数据常常需要以规范化的格式输出。例如,采用如图 3.5 所示的格式输出。

```
化合物编号      水溶性值
LT-615-348      0.0197
LT-771-215      0.0307
```

图 3.5 水溶性数据格式化输出样例

其中,列标题使用中文标注,化合物编号列统一左对齐,宽度为 10 个英文字符;水溶性值列统一右对齐,宽度为 12 个字符,且小数点后面保留 4 位小数。

3.5.2 水溶性数据格式化输出算法

按照 3.5.1 节的水溶性数据格式化输出规范,水溶性数据格式化输出算法共包括 11 步。

① 创建变量 sTxt,给变量 sTxt 赋值水溶性数据的字符串。

② 利用字符串切片去掉英文标题行信息。

③ 根据第 1 个化合物信息的索引,利用字符串切片得到第 1 个化合物信息的字符串,创建变量 cp1,并为变量 cp1 赋值第 1 个化合物信息的字符串。

④ 调用 cp1 的 split()方法,以逗号为界切分 cp1,得到列表。

⑤ 创建变量 id1 并为 id1 赋值列表的第 1 个元素,即第 1 个化合物的 id 字符串。

⑥ 调用 float()函数转换列表的第 2 个元素为浮点数,即第 1 个化合物的水溶性值,创

建变量 sValue1，并为 sValue1 赋值第 1 个化合物的水溶性值。

⑦ 在字符串末尾的 25 个字符中查找化合物信息的起始字符"LT"，根据返回的索引号截取第 2 个化合物信息的字符串，创建变量 cp2，并为 cp2 赋值第 2 个化合物信息的字符串。

⑧ 采用和 cp1 类似的方法求得第 2 个化合物的 id 和水溶性值。

⑨ 调用 print()函数和字符串的 format()方法实现"化合物编号"字符串原样输出，"水溶性值"字符串按照右对齐、12 个英文字符宽的格式输出。

⑩ 调用 print()函数和字符串的 format()方法实现 id1 按左对齐、10 个英文字符宽的格式输出，sValue1 按右对齐、12 个英文字符宽、保留 4 位小数的格式输出。

⑪ 调用 print()函数和字符串的 format()方法实现 id2 按左对齐、10 个英文字符宽的格式输出，sValue2 按右对齐、12 个英文字符宽、保留 4 位小数的格式输出。

3.5.3 水溶性数据格式化输出程序

1. 程序说明/readme

本程序的功能为：按照 3.5.1 节的水溶性数据格式化输出规范，实现化合物水溶性数据的格式化输出。

2. 源程序

```
#Input
#创建变量 sTxt,将水溶性数据字符串赋值给变量 sTxt
sTxt = "IdentityNo., Solubility\nLT-615-348, 0.019714\nLT-771-215, 0.03072346"

#Process
#清理数据,去掉英文标题行信息
sTxt = sTxt[sTxt.find("LT"):]
''' 利用字符串切片得到第 1 个化合物信息的字符串,创建变量 cp1 并赋值第 1 个化合物信息的字
符串'''
cp1 = sTxt[sTxt.find("LT"):sTxt.find("\n")]
ls = cp1.split(",")
id1 = ls[0]
sValue1 = float(ls[1])
''' 利用字符串切片得到第 2 个化合物信息的字符串,创建变量 cp2 并赋值第 2 个化合物信息的字
符串'''
cp2 = sTxt[sTxt.find("LT", -25, -1):]
pos = cp2.find(", ")
id2 = cp2[: pos]
sValue2 = float(cp2[pos+1: ])

#Output
print("化合物编号{: >8}".format("水溶性值"))
print("{: <10}{: >12.4f}".format(id1, sValue1))
print("{: <10}{: >12.4f}".format(id2, sValue2))
```

3. 运行示例

程序运行后，屏幕输出如下。

```
化合物编号    水溶性值
LT-615-348     0.0197
LT-771-215     0.0307
```

3.6 逻辑类型及其操作

本节包括以下 5 个内容。

① 逻辑类型的概念；

② 逻辑类型的表示；

③ 逻辑类型的运算操作符；

④ 返回逻辑类型数据的运算；

⑤ 混合运算操作符的优先顺序。

3.6.1 逻辑类型的概念

逻辑类型是 Python 的基本数据类型之一。逻辑类型的数据只有 2 个：True 和 False，分别对应现实生活中的是与否。

3.6.2 逻辑类型的表示

正常情况下，逻辑类型的数据写作 True 和 False。

在 Python 中，True 恒等于 1，False 恒等于 0，因此，True 还常写作 1，False 写作 0。

例如：下面的例子中，第一条语句中的逻辑数据 True 写作 True，第二条语句中的逻辑数据 True 写作 1，两种写法完全等价。

```
>>> sorted("13254", reverse = True)
['5', '4', '3', '2', '1']
>>> sorted("13254", reverse = 1)
['5', '4', '3', '2', '1']
```

3.6.3 逻辑类型的运算操作符

逻辑类型的运算操作符共有 3 个，详见表 3.14。

表 3.14 逻辑类型的运算操作符

运 算 符	描 述	例 子
not	"非"	not True 返回 False，not False 返回 True
and	"与"	True and True 返回 True，其余情况返回 False
or	"或"	False or False 返回 False，其余情况返回 True

3 个运算符的优先顺序从高到低依次是：not、and 和 or。

3.6.4 返回逻辑类型数据的运算

Python中,除了很多函数和方法的返回值是逻辑类型的数据外,还有一些运算会得到逻辑类型的值;另外,在if、elif和while后面的非逻辑型数据,也会按照一定的规则转换得到逻辑类型的数据。

1. 返回逻辑类型数据的运算

返回逻辑类型数据的运算见表3.15。

表3.15 返回逻辑类型数据的运算

运算操作符	描 述
<=、<、>、>=、==、!=	小于或等于、小于、大于、大于或等于、等于、不等于(比较运算符)
is、is not	是、不是(身份运算符:判别id()函数返回值是不是相等)
in、not in	是成员、不是成员(成员运算符)
not、and、or	非、与、或(逻辑运算符)

其中,两个字符串比较大小的运算规则如下:按索引号由小到大的顺序,把每个索引号对应的两个字符进行比较,对于不相同的字符,Unicode码大的字符所在的字符串大;如果所有可比字符对都相同,而且长度相等,就判定这两个字符串相等;如果所有可比字符对都相同,而长度不等,就判定长度大的字符串大。

例如:比较下面第1条语句中的两个字符串,按索引号为0取得一对字符"d"和"c",因为ord("d")>ord("c"),所以第1个字符串"drug"大,表达式的描述和客观一致,所以表达式的值为True;比较下面第2条语句中的两个字符串,前4个可比字符对均相同,由于第2个字符串长度大,所以第2个字符串大,表达式的描述和客观一致,所以表达式的值也是True。

```
>>> "drug">"chemical compound"
True
>>> "drug"<"drug molecular weight"
True
```

2. 非逻辑型数据转换为逻辑类型的规则

Python中,if、elif以及while关键字后面的表达式,如果值是0、None或空对象时,则表达式的值转换为逻辑类型的False;否则转换为True。

例如:下面代码中,由于x的值是1,可转换为True,所以程序最终运行了第1个分支的语句。

```
>>> from random import randint,seed
>>> x = randint(0, 2)
>>> if x:
        print("{}不等于0。".format(x))
else:
        print("{}等于0。".format(x))
1不等于0。
```

3.6.5 混合运算操作符的优先顺序

Python 混合运算表达式中常常出现多种运算操作符,这些运算符的优先顺序见表 3.16。

表 3.16 运算符的优先顺序

运算操作符	运 算 描 述
**	幂运算(最高优先级)
~	按位取反
+、-	求正数、求负数
*、/、%、//	乘、除、取余、求整商
+、-	加法(连接)、减法
>>、<<	右移位、左移位
&	位与
|、^	位或、位异或
<=、<、>、>=、==、!=、is、is not、in、not in	6 个比较运算符、2 个身份运算符、2 个成员运算符
not	逻辑非
and	逻辑与
or	逻辑或
=、%=、/=、//=、-=、+=、*=、**=	创建变量及赋值运算、增强运算

表 3.16 中,运算符的优先顺序与表中行的先后顺序一致,即排在第一行的幂运算优先级最高,排在第二行的按位取反优先级次之……以此类推,排在最后一行的创建变量及赋值运算、增强运算优先级最低。

表 3.16 中,同一行的多个运算符优先级相同,如果出现在同一个表达式中,哪个运算符先出现就先做哪个运算。但是,比较运算符、身份运算符和成员运算符例外,如果比较运算符、身份运算符和成员运算符出现在同一个表达式中,就需要根据实际情况加小括号。

例如:下面的代码判断输入的数据 x 是否为列表[0, 1, 3, 5, 7, 9]中的元素,这时,身份运算符"in"和比较运算符"=="出现在同一个表达式中,前 2 条语句由于不加小括号导致判别有误;第 3 条语句因为加上小括号,所以判别正确。

```
>>> x,res = eval(input("请输入两个数,用逗号分隔:"))
请输入两个数,用逗号分隔:0,True
>>> if x in [0, 1, 3, 5, 7, 9]==res:
        print("判别正确!")
else:
        print("判别有误!")
判别有误!
>>> if (x in [0, 1, 3, 5, 7, 9])==res:
        print("判别正确!")
```

```
else:
        print("判别有误!")
判别正确!
```

另外,Python 计算表达式的值采用惰性计算原则,即用时才对表达式求值,不用则不计算表达式的值。

例如:下面的代码中,字符串"惰性计算"经转换得到 True,而 or 运算若有 1 个操作数是 True,结果一定是 True,所以 Python 不计算表达式"1/0",直接得到 if 后条件表达式的值 True。由于这是一个二分支结构语句,条件表达式的值为 True,所以执行第 1 个分支语句,屏幕输出"条件表达式正确!"。

```
>>> if "惰性计算" or 1/0:
        print("条件表达式正确!")
else:
        print("条件表达式错误!")
条件表达式正确!
```

3.7　本章小结

本章从概念、表示和操作 3 大方面,依次介绍了 Python 的 3 种基本数据类型:数字类型、字符串类型和逻辑类型,期间穿插介绍了 4 个基本数据类型应用的案例,为后续程序设计中灵活应用 Python 基本数据类型奠定基础。

第4章　程序的控制结构

本章学习目标

- 理解程序控制结构的相关概念
- 掌握顺序结构、分支结构和循环结构的运行过程和具体用法
- 掌握 random 库的常用函数
- 掌握异常处理结构的用法

本章介绍 Python 程序的控制结构，重点介绍顺序结构、分支结构、循环结构和异常处理结构，穿插介绍一个标准库——random 库和两个程序控制结构的应用案例。

4.1　程序结构概述

本节包括以下两方面内容。

① 程序流程图；

② 程序的基本结构。

4.1.1　程序流程图

程序设计中的关键问题是找出解决问题的方法(也称为算法)，即利用计算机进行解题的步骤和方法。算法可以采用多种形式描述，如 IPO、流程图、伪代码及程序代码等。其中，流程图是程序员用于程序设计的利器。程序流程图可以描述每个任务的要求以及实现步骤，它对任何编程语言都是通用的。流程图中所用的符号如表 4.1 所示。

表 4.1　流程图中所用的符号

图　形	名　称	表示操作
(圆角矩形)	起止框	流程图的开始和结束
(平行四边形)	输入/输出框	描述输入/输出数据
(矩形)	执行框	各种可执行语句
(菱形)	判断框	按条件走不同的路径
(双边矩形)	预处理框	预定义处理或既定处理
(箭头)	指向线	连接框图并标明执行方向
(圆)	连接点	标明流程图的连接点

4.1.2　程序的基本结构

结构化程序设计以模块化设计为中心，将待开发的软件系统划分为若干个相互独立的模块，使完成每一个模块的工作变得明确，为设计一些较大的软件打下良好的基础。要完成一项工作任务，需要先设计，然后再对设计具体实现。例如，施工图纸就是一个设计，工程师制作图纸的过程就是设计的过程，工人根据图纸施工的过程就是实现的过程。程序设计也是这样，首先需要明确实现的目标，确定完成的步骤，即将程序划分为不同的程序控制结构，然后再根据每个步骤编写代码。

程序控制结构是对语句排列和控制转移方向的描述，其基本控制结构主要有 3 种：顺序结构、分支结构和循环结构。掌握了这些基本控制结构，就可以编写较为复杂的程序了。

这些基本结构都有一个入口和一个出口。任何程序都由这 3 种基本结构组合而成。为了直观地展示程序结构，这里采用流程图方式描述。

顺序结构是程序按照线性顺序依次执行的一种运行方式，如图 4.1 所示，其中语句块表示一个或一组顺序执行的语句。

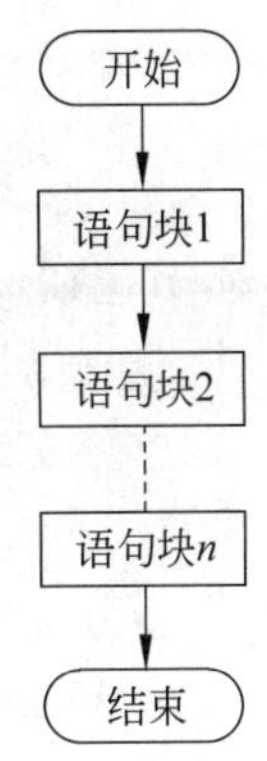

图 4.1　顺序结构流程图

分支结构是程序根据条件判断结果而选择不同执行路径的一种运行方式，如图 4.2 所示，根据分支路径上的完备性，分支结构包括单分支结构、二分支结构和多分支结构，也可以通过二分支结构嵌套形成多分支结构。

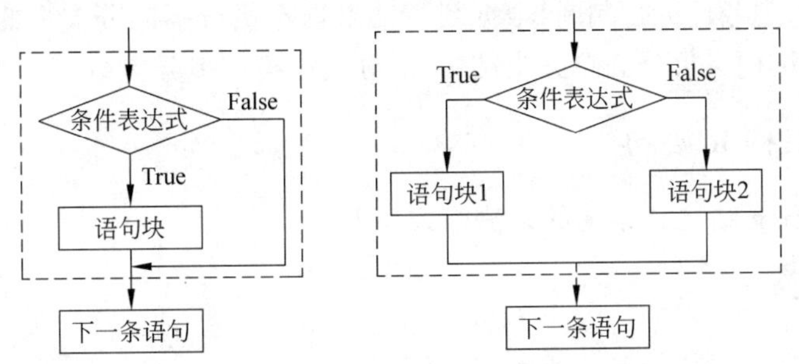

图 4.2　分支结构流程图

循环结构是程序根据条件判断结果向后反复执行的一种运行方式，如图 4.3 所示，根据循环体触发条件的不同，循环结构包括条件循环结构和遍历循环结构。

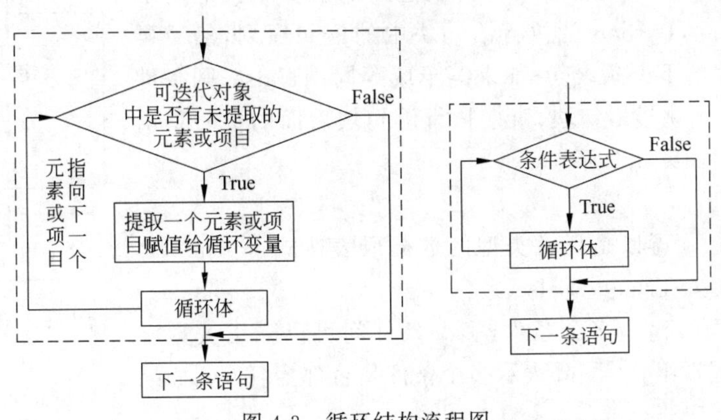

图 4.3　循环结构流程图

4.2 程序的顺序结构

顺序结构是程序设计中最基本、最简单的结构，其执行过程如图 4.1 所示。

在此结构中，程序按照语句出现的先后顺序依次执行，中间没有任何的判断和跳转。顺序结构是任何程序的基本结构，即使在分支结构和循环结构中也包含顺序结构。

4.3 程序的分支结构

本节包括以下 5 个内容。

① 分支结构概述；

② 单分支结构 if 语句；

③ 二分支结构 if…else…语句；

④ 多分支结构 if…elif…else…语句；

⑤ 分支结构的嵌套。

4.3.1 分支结构简介

在人们所处理的问题中，常常需要根据某些给定的条件是否满足来决定所执行的操作。分支结构就是对给定条件进行判断，根据判断结果选择执行不同分支中的语句。根据分支的数量不同，分支结构又可分为单分支结构、二分支结构和多分支结构。

4.3.2 单分支结构 if 语句

Python 中单分支结构 if 语句的语法格式如下。

```
if  <条件表达式> :
    <语句块>
```

其中，关键字 if、冒号（:）和语句块前的缩进都是语法的一部分，缩进表示语句块与 if 的被包含关系，语句块中可根据需要包含任意数量的代码行。

执行该语句时，Python 对条件表达式进行逻辑值检测，根据值为 True 还是 False 决定是否执行语句块中的代码。如果条件表达式的值等于或等同于 True，则条件成立，Python 就执行语句块中的语句序列，然后再执行语句块后面的下一条语句；如果等于或等同于 False，则条件不成立，Python 则跳过语句块，直接执行语句块后面的下一条语句。其执行过程如图 4.4 所示。

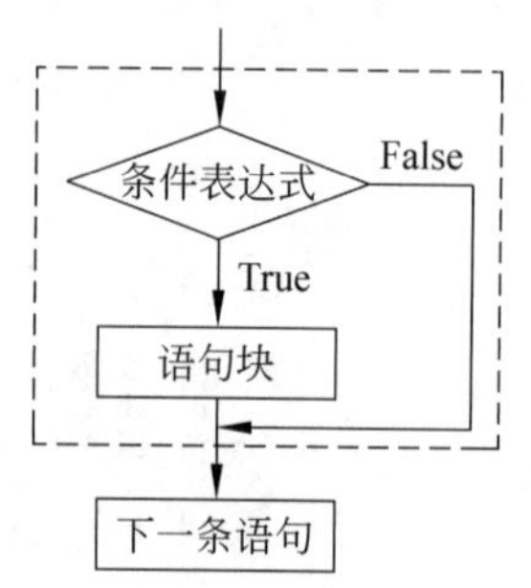

图 4.4 if 语句单分支结构流程图

说明：

① 条件表达式可以是任意类型的数据或表达式，Python 解释器最终会转换为 True 或 False。

② 如果想同时检查多个条件，多个条件间可以采用关键字 and 或 or 进行逻辑组合。and 表示多个条件是否都为 True，如果

每个测试条件都为 True，整个表达式就为 True；只要有一个测试条件为 False，解释器将停止检测，整个表达式为 False。or 表示多个条件中是否至少有一个条件为 True，如果每个测试条件都为 False，则整个表达式就为 False；只要有一个测试条件为 True，解释器将停止检测，整个表达式为 True。

③ 使用比较运算符构造条件表达式时，需要注意以下 3 个问题。

- 一般情况下，不同类型的对象不能使用"<""<="">"">="进行比较，但可以使用"==""!="。例如，字符串和数字进行比较：

```
24 > 'pharmaceutical'                    #无法比较，会提示 TypeError 异常
24 == 'pharmaceutical'                   #值为 False
24 != 'pharmaceutical'                   #值为 Truc
```

需要注意的是，浮点数和整数虽是不同类型，但是不影响比较运算。

```
8.0 == 8                                 #值为 True
6.0 >= 3                                 #值为 True
```

- 比较运算可以任意串联；例如，x < y <= z，该表达式等价于 x < y and y <= z，两者的不同之处在于，前面的表达式中 y 只被求值一次，当 x < y 的结果为 False 时，两个表达式中的 z 都不会被求值。
- Python 中的符号在很多地方都和数学中的符号十分相似，但又不完全一样。"=" 在 Python 中代表创建变量并赋值，并非大部分读者熟知的"等于"。所以，"1 = 1" 这种写法并不成立，并且它也不会返回一个布尔值。Python 使用"=="表达两个对象的值是相等的，这是一种约定俗成的语法。

微实例 4.1　动脉血氧饱和度值诊断。

```
sao2 = float(input("请输入动脉血氧饱和度(SaO₂, %):"))
print("您输入的动脉血氧饱和度值为", sao2)
if sao2 >= 95:
    print("检查结果正常!")
```

运行该程序，输入值及运行结果如下所示。

```
请输入动脉血氧饱和度(SaO₂, %):98
您输入的动脉血氧饱和度值为 98.0
检查结果正常!
```

还可以在条件表达式中使用关键字 in 或 not in，判断特定的值是否已包含在某序列中。例如，如果有一个列表，其中包含被禁止在论坛上发表评论的用户，就可在允许用户提交评论前检查他是否被禁言，代码如下所示。

```
banned_users = ['andrew', 'carolina', 'david']
user = 'Marie'
if user not in banned_users:
    print(user.title() + ", you can post a response if you wish.")
```

如果 user 的值未包含在列表 banned_users 中，Python 将返回 True，进而执行缩进的

代码行。本例中,用户 Marie 未包含在列表 banned_users 中,因此她将看到一条邀请她发表评论的消息: Marie, you can post a response if you wish.。列表相关的内容将在 6.2.4 节详细介绍。

4.3.3 二分支结构 if…else…语句

编写程序的过程中,经常需要在条件测试通过时执行一个操作,并在没有通过时执行另一个操作;在这种情况下,可使用 Python 提供的 if…else…语句。其语法格式如下。

```
if  <条件表达式> :
    <语句块 1>
else :
    <语句块 2>
```

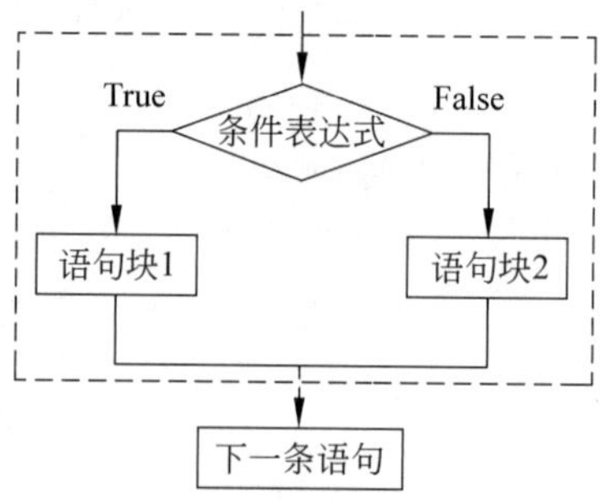

图 4.5 if 语句二分支结构流程图

该语句的作用是当"条件表达式"的值等于或等同于 True 时,执行"语句块 1",否则执行"语句块 2"。其执行过程如图 4.5 所示。

if…else…语句中的条件表达式和语句块均类似于单分支结构的 if 语句,但其中的 else 语句让程序员能够指定条件测试未通过时要执行的操作。

微实例 4.2 血检 HCG 值诊断。

```
hcg = float(input("请输入血检绒毛膜促性腺激素值(HCG, mIU/ml):"))
print("您输入的血检 HCG 值为", hcg)
if hcg >= 5:
    print("诊断结果:您怀孕的可能性较大!")
else:
    print("诊断结果:您怀孕的可能性较小!")
```

运行该程序,输入值及运行结果如下所示。

```
请输入血检绒毛膜促性腺激素值(HCG, mIU/ml):3.12
您输入的血检 HCG 值为 3.12
诊断结果:您怀孕的可能性较小!
```

if…else…语句还有一种紧凑形式,适合＜语句块 1＞和＜语句块 2＞都只有一行且只包含简单表达式的情况。其语法格式如下。

```
<表达式 1>  if  <条件表达式>  else  <表达式 2>
```

其中,＜表达式 1＞和＜表达式 2＞是产生或计算新数据值的代码片段,并不是一条完整的语句。例如,age ＋ 1 是表达式,age＝age ＋ 1 则是语句。

微实例 4.2 还可以使用 if…else 语句的紧凑形式改写如下:

```
hcg = float(input("请输入血检绒毛膜促性腺激素值(HCG, mIU/ml):"))
print("您输入的血检 HCG 值为", hcg)
print("诊断结果:您怀孕的可能性较{}!" . format('大' if hcg >= 5 else '小'))
```

运行该程序，输入值及运行结果如下所示。

```
请输入血检绒毛膜促性腺激素值(HCG, mIU/ml):8.48
您输入的血检 HCG 值为 8.48
诊断结果:您怀孕的可能性较大!
```

4.3.4　多分支结构 if…elif…else…语句

编写程序的过程中，还经常需要检查条件表达式超过两个的情形，为此可使用 Python 提供的 if…elif…else…结构。其语法格式如下。

```
if  <条件表达式 1> :
    <语句块 1>
elif <条件表达式 2> :
    <语句块 2>
…
else :
    <语句块 n>
```

该语句的作用是依次判断条件表达式的值以确定执行哪个语句块，实现多分支选择。其执行过程如图 4.6 所示。

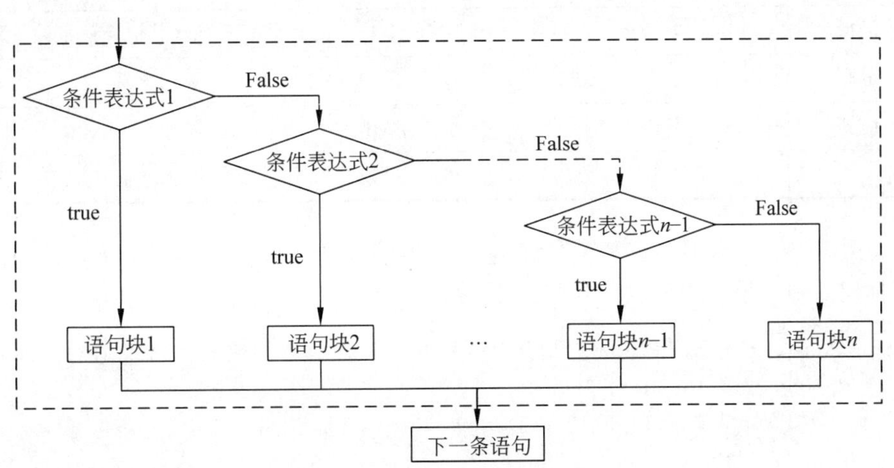

图 4.6　if 语句多分支结构流程图

说明：

① 该语句的执行过程是，依次检查每个条件表达式，直到遇到第一个值等于或等同于 True 的条件表达式，Python 将运行该条件表达式所对应的语句块，当前语句块执行完成后，if…elif…else…结构也将结束运行，程序继续执行 if…elif…else…结构后面的语句。如果所有条件表达式的值均等于或等同于 False，将执行 else 对应的＜语句块 *n*＞。

② 在某些情况下，if…elif…else…结构中可能有多个条件表达式的值等于或等同于 True，Python 只执行 if…elif…else…结构中的一个语句块，并且是执行第一个成立的条件表达式所对应的语句块。

③ elif 子句和 else 子句都是可选的，elif 子句的数量没有限制，可以根据需要加入任意多个 elif 子句。

微实例 4.3 通过 BMI 指数判断身体健康状况。

BMI 指数，即身体质量指数(Body Mass Index)，简称体质指数，是国际上常用的衡量人体胖瘦程度以及是否健康的一个标准。

BMI 的定义如下：

$$\text{BMI}=\text{体重}(\text{kg})\div\text{身高}^2(\text{m})$$

例如，一个人身高 1.70m、体重 65kg，他的 $\text{BMI}=65/1.7^2=22.49$，属于正常范围。

BMI 指数增高，冠心病和脑卒中发病率也会随之上升，超重和肥胖是冠心病和脑卒中发病的独立危险因素。体质指数每增加 2，冠心病、脑卒中、缺血性脑卒中的相对危险分别增加 15.4%、6.1%和 18.8%。一旦 BMI 指数达到或超过 24 时，患高血压、糖尿病、冠心病和血脂异常等严重危害健康的疾病的概率会显著增加。

对于不同的人种，同样的 BMI 可能代表的肥胖程度不一样。包括中国在内的亚洲地区的 BMI 水平整体上低于欧洲国家。世界卫生组织(World Health Organization, WHO)制定的 BMI 衡量标准和我国卫生部给定的国内 BMI 参考值如表 4.2 所示。

表 4.2 BMI 指标分类

BMI 分类	WHO 标准	中国标准	相关疾病发病的危险性
体重过低	BMI < 18.5	BMI < 18.5	低(其他疾病危险性增加)
正常范围	18.5 ≤ BMI < 25	18.5 ≤ BMI < 24	平均水平
肥胖前期	25≤ BMI < 30	24≤ BMI < 28	增加
肥胖	BMI ≥ 30	BMI ≥ 28	严重增加

本实例编写一个根据体重和身高计算 BMI 值的程序，同时输出 WHO 标准和中国标准 BMI 指标建议值。该实例的程序代码如下所示。

```
height, weight = eval(input("请分别输入身高(米)和体重(千克)[用逗号间隔]:"))
bmi = weight / pow(height, 2)
print("您的 BMI 数值为:{:.2f}".format(bmi))
who, gb = "", ""
#基于 WHO 标准判断
if bmi < 18.5:
    who = "体重过低"
elif 18.5 <= bmi < 25:                    #条件等同于 18.5 <= bmi and bmi < 25
    who = "正常范围"
elif 25 <= bmi < 30:                      #条件等同于 25 <= bmi and bmi < 30
    who = "肥胖前期"
else:
    who = "肥胖"
#基于中国标准判断
if bmi < 18.5:
    gb = "体重过低"
```

```
elif 18.5 <= bmi < 24:                          #条件等同于 18.5 <= bmi and bmi < 24
    gb = "正常范围"
elif 24 <= bmi < 28:                            #条件等同于 24 <= bmi and bmi < 28
    gb = "肥胖前期"
else:
    gb = "肥胖"
print("该 BMI 数值 WHO 标准为:{0}, 中国标准为:{1}。".format(who, gb))
```

运行该程序,输入值及运行结果如下所示。

```
请分别输入身高(米)和体重(千克)[用逗号间隔]:1.7 , 70
您的 BMI 数值为:24.22
该 BMI 数值 WHO 标准为:正常范围,中国标准为:肥胖前期。
```

上面的这段程序采用 if…elif…else…语句对 BMI 数值按照不同区间范围进行了分类,因为需要同时输出 WHO 标准和中国标准两套 BMI 分类,所以程序采用两个 if…elif…else…语句分别计算两类不同的 BMI 值。还可以利用一个多分支结构完成 WHO 标准和中国标准的同时判断。WHO 标准和中国标准 BMI 分类对比如表 4.3 所示。

表 4.3　WHO 标准和中国标准 BMI 分类对比

BMI 数值	WHO 标准分类	中国标准分类
BMI < 18.5	体重过低	体重过低
18.5 ⩽ BMI < 24	正常范围	正常范围
24⩽ BMI < 25	正常范围	肥胖前期
25⩽ BMI < 28	肥胖前期	肥胖前期
28⩽ BMI < 30	肥胖前期	肥胖
BMI ⩾ 30	肥胖	肥胖

采用一组 if 语句将两套 BMI 指标融合在一起,修改后的程序代码如下所示。

```
height, weight = eval(input("请分别输入身高(米)和体重(千克)[用逗号间隔]:"))
bmi = weight / pow(height, 2)
print("您的 BMI 数值为:{:.2f}".format(bmi))
who, gb = "", ""
if bmi < 18.5:
    who, gb = "体重过低", "体重过低"
elif 18.5 <= bmi < 24:
    who, gb = "正常范围", "正常范围"
elif 24 <= bmi < 25:
    who, gb = "正常范围", "肥胖前期"
elif 25 <= bmi < 28:
    who, gb = "肥胖前期", "肥胖前期"
```

```
elif 28 <= bmi < 30:
    who, gb = "肥胖前期", "肥胖"
else:
    who, gb = "肥胖", "肥胖"
print("该 BMI 数值 WHO 标准为:{0}, 中国标准为:{1}。".format(who, gb))
```

4.3.5 分支结构的嵌套

分支结构的嵌套是指在一个 if 语句中又包含了至少一个 if 语句。使用分支结构嵌套时,语法形式多种多样,常根据问题的求解灵活运用,书写代码时,一定要注意控制好不同级别代码块的缩进量,因为缩进量决定了代码的从属关系。常见的语法格式如下。

```
if  <条件表达式 1> :
    <语句块 1>
    if  <条件表达式 1.1> :
        <语句块 1.1>
    else:
        <语句块 1.2>
else :
    <语句块 2>
    if  <条件表达式 2.1> :
        <语句块 2.1>
    else:
        <语句块 2.2>
```

微实例 4.4 血肌酐测量值诊断。

一般认为血肌酐是内生血肌酐,内生血肌酐是人体肌肉代谢的产物。在肌肉中,肌酸主要通过不可逆的非酶脱水反应缓缓地形成肌酐,再释放到血液中,随尿排泄。临床上检测血肌酐是常用的了解肾功能的主要方法之一。

① 血肌酐正常值:男 54～106 μmol/L;女 44～97 μmol/L。

② 血肌酐增高:见于急性或慢性肾功能不全,肢端肥大症、巨人症、糖尿病、感染、进食肉类、运动、摄入药物(如维生素 C、左旋多巴、甲基多巴等)。血肌酐高出正常值多数意味肾脏受损,血肌酐能较准确地反映肾实质受损的情况。肾脏过滤功能下降到正常人 1/3 以下时,血肌酐开始上升;下降到 1/2 以下时,血肌酐明显上升。

③ 血肌酐降低:见于重度充血性心力衰竭、贫血、肌营养不良、白血病、素食者,以及服用雄激素、噻嗪类药等。

程序代码如下所示。

```
gender = input("请输入您的性别:")
crea = float(input("请输入您的肌酐检测结果:"))
print("您的性别是:", gender, ";肌酐检测结果是:", crea)
print("诊断结果为:", end="")
if gender == '男':
    if crea < 54:
        print("偏低")
```

```
    elif 54 <= crea <= 106:
        print("正常")
    else:
        print("偏高")
else:
    if crea < 44:
        print("偏低")
    elif 44 <= crea <= 97:
        print("正常")
    else:
        print("偏高")
```

运行该程序,输入值及运行结果如下所示。

```
请输入您的性别:男
请输入您的肌酐检测结果:62
您的性别是: 男 ;肌酐检测结果是: 62.0
诊断结果为:正常
```

4.4　案例 7:外源化合物毒性分级

通常,编写程序实现外源化合物毒性分级需要完成以下 3 项工作。

① 了解外源化合物的急性毒性分级的相关概念;

② 分析实现外源化合物毒性分级的算法结构;

③ 编写实现外源化合物毒性分级的程序。

4.4.1　外源化合物毒性分级简介

外源化合物的急性毒性分级标准用于对急性毒性进行评价。探讨外源化合物急性毒性应首先测定其半数致死剂量(Median Lethal Dose,LD_{50})。半数致死剂量表示在规定时间内,通过指定感染途径,使一定体重或年龄的某种动物半数死亡所需最小细菌数或毒素量。在毒理学中,LD_{50}(Lethal Dose,50%)是描述有毒物质或辐射的毒性的常用指标。按照医学主题词表(MeSH)的定义,LD_{50}是指“能杀死一半试验总体之有害物质、有毒物质或游离辐射的剂量”。LD_{50}数值越小,表示外源化学物的毒性越强;反之,LD_{50}数值越大,毒性越低。

4.4.2　外源化合物毒性分级标准

外源化合物的急性毒性分级标准还没有完全统一。我国目前除参考使用国际上几种分级标准外,又提出了相应的暂行标准。我国或国际上的急性毒性分级标准均还存在不少缺点,因为它们主要是根据经验确定,客观性还不足。本书引用的是联合国世界卫生组织推荐的五级标准,相关标准如表 4.4 所示。

表 4.4　化合物急性毒性分级(WHO)

毒性分级	大鼠一次经口 LD_{50}/($mg \cdot kg^{-1}$)	6 只大鼠吸入 4 小时,死亡 2~4 只的浓度/ppm	兔经皮 LD_{50} /($mg \cdot kg^{-1}$)	对人可能致死的估计量	
				g/kg	g/60kg
剧毒	<1	<10	<5	<0.05	0.1
高毒	1~50	10~100	5~44	0.05~0.5	3
中等毒	50~500	100~1000	44~350	0.5~5	30
低毒	500~5000	1000~10000	350~2180	5~15	250
微毒	>5000	>10000	>2180	>15	>1000

4.4.3　外源化合物毒性分级程序

要求编写程序,实现输入某外源化合物的大鼠一次经口 LD_{50} 值后,判断并输出该化合物的毒性等级。

1. 程序说明/readme

参照第 1 章介绍的 IPO 方法,首先,输入大鼠一次经口 LD_{50} 值(mg/kg)。可搭配使用 input()输入函数及 eval()验证函数由用户进行输入,以创建变量 LD_{50} 并赋值 LD_{50} 值,具体代码如下。

```
#input
LD50 = eval(input("请输入大鼠一次经口 LD50值(mg/kg):"))
```

其次,基于表 4.4 中大鼠一次经口 LD_{50} 值对应的毒性分级标准,判断对应区间的 LD_{50} 值对应的毒性等级。表 4.4 中将大鼠一次经口 LD_{50} 值划分为 5 个区间,分别对应 5 种毒性等级,因此,此处应该使用多分支结构 if…elif…else…语句,具体代码如下。

```
#process
if LD50 >= 5000:
    degree = "1 级微毒"
elif LD50 >= 500:
    degree = "2 级低毒"
elif LD50 >= 50:
    degree = "3 级中等毒"
elif LD50 >= 1:
    degree = "4 级高毒"
else:
    degree = "5 级剧毒"
```

最后,输出该化合物的毒性等级,具体代码如下。

```
#output
print("该化合物的毒性分级为:{}".format(degree))
```

2. 源程序

实现外源化合物的急性毒性分级的 Python 程序代码如下所示。

```
LD50 = eval(input("请输入大鼠一次经口 LD50 值(mg/kg):"))
if LD50 >= 5000:
    degree = "1 级微毒"
elif LD50 >= 500:
    degree = "2 级低毒"
elif LD50 >= 50:
    degree = "3 级中等毒"
elif LD50 >= 1:
    degree = "4 级高毒"
else:
    degree = "5 级剧毒"
print("该化合物的毒性分级为:{}".format(degree))
```

3. 运行示例

编写程序并保存,之后运行两次该程序。

输入大鼠一次经口 LD_{50} 值(mg/kg)分别为 1655 和 364,输入值及判断结果如下所示。

```
请输入大鼠一次经口 LD50 值(mg/kg):1655
该化合物的毒性分级为:2 级低毒
请输入大鼠一次经口 LD50 值(mg/kg):364
该化合物的毒性分级为:3 级中等毒
```

4.5　程序的循环结构

本节包括以下 5 个内容。

① 循环结构概述;

② 遍历循环:for 语句;

③ 条件循环:while 语句;

④ break 和 continue 语句;

⑤ else 扩展语句。

4.5.1　循环结构

循环是让计算机自动完成重复工作的常见方式之一。在实际应用中,经常遇到一些需要反复执行相同操作的问题,例如累加求和、累计相乘等。如果程序员将这些指令一遍又一遍地全部写出来,可想而知,程序将变得冗长烦琐。为了解决这样的问题,Python 提供了遍历循环和条件循环两种循环结构。

遍历循环使用关键字 for 依次提取遍历结构各元素或项目进行处理,一般用于循环次数可以提前确定的情况,尤其是用于枚举序列或迭代对象中的元素或项目。条件循环使用关键字 while 根据判断条件执行程序,一般用于循环次数难以提前确定的情况,也可用于循环次数确定的情况。如果循环次数可以提前确定,一般优先考虑使用遍历循环。相同或不同的循环结构之间都可以互相嵌套,实现更为复杂的循环控制功能。

4.5.2 遍历循环：for 语句

for 语句的语法格式如下：

```
for <循环变量> in <可迭代对象> :
    <循环体>
```

其中，关键字 for 和 in、冒号(:)和循环体前的缩进都是语法的一部分，缩进表示语句块与 for 的被包含关系，循环体中可根据需要包含任意数量的代码行。

for 语句之所以又称为“遍历循环”，因为 for 语句的功能用于遍历一个可迭代对象(iterable)，具体遍历过程为：依次提取可迭代对象中的每个元素或项目，赋值给循环变量，每成功提取一次元素或项目，就执行一次“循环体”。for 语句的循环执行次数是由遍历结构中元素或项目的个数确定的。

for 语句的功能概括成一句话就是：基于可迭代对象中的每一个元素或项目，做……事情。其执行过程如图 4.7 所示。

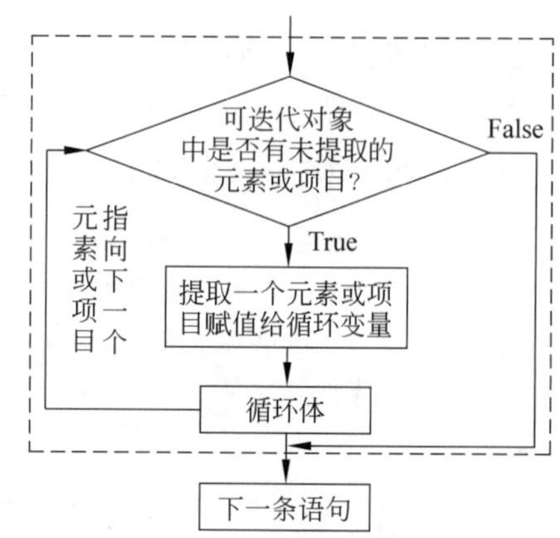

图 4.7　for 循环语句流程图

说明：

① 关键字 for 后面的“循环变量”名称由程序员自行命名，但需要满足 Python 对变量名称的相关要求。在关键字 in 后面的对象一定是可迭代的。后面学习“第 6 章　组合数据类型”时，将会经常使用该语句。

② Python 常见的可迭代对象有字符串、列表、元组、字典、集合、文件、range()函数、迭代器(iterator)等。

微实例 4.5　甲流病人初筛

在甲流盛行时期，为了更好地分流治疗，医院在挂号时要求对病人的体温和咳嗽情况进行检查，对于体温超过 37.5℃(含等于 37.5℃)并且咳嗽的病人初步判定为甲流病人(初筛)。现需要统计某天前来挂号就诊的病人中有多少人被初筛为甲流病人。

要求：

① 输入格式。

第一行是某天前来挂号就诊的病人数 $n(1\leqslant n\leqslant 200)$。其后输入 n 条记录，每条记录为一个病人的相关信息，包含 3 项数据：姓名(字符串，不含空格，最多 8 个字符)、体温(在[36.0, 40.0]范围内)、是否咳嗽(1 表示咳嗽，0 表示不咳嗽)。3 项数据之间以一个空格间隔。

② 输出格式。

程序运行后，输出被初筛为甲流的病人数量。

程序代码如下所示。

```
n = int(input("请输入前来挂号就诊的病人数量:"))
cnt = 0
for i in range(n):
```

```
    name, temp, cough = input("请逐条录入就诊病人相关信息:").split()
    if float(temp) >= 37.5 and cough == '1':
        cnt += 1
print("被初筛为甲流的病人数量为:", cnt)
```

运行该程序,输入值及运行结果如下所示。

```
请输入前来挂号就诊的病人数量:5
请逐条录入就诊病人相关信息:吴宜 38.3 0
请逐条录入就诊病人相关信息:张三 37.5 1
请逐条录入就诊病人相关信息:舒心 37.1 1
请逐条录入就诊病人相关信息:侯莹 39.0 1
请逐条录入就诊病人相关信息:赵楠芳 38.2 1
被初筛为甲流的病人数量为: 4
```

4.5.3　条件循环：while 语句

while 语句的语法格式如下。

```
while <条件表达式> :
    <循环体>
```

其中,关键字 while、冒号(:)和循环体前的缩进都是语法的一部分。缩进表示语句块与 while 的被包含关系,循环体中可根据需要包含任意数量的代码行。

for 语句和 while 语句的相同点在于都能重复做一件事情,不同点在于 for 语句会在可迭代对象的元素或项目被穷尽的时候停止,while 语句则是在条件不成立的时候停止,因此 while 语句的作用概括成一句话就是:只要……条件成立,就一直做……。其执行过程如图 4.8 所示。

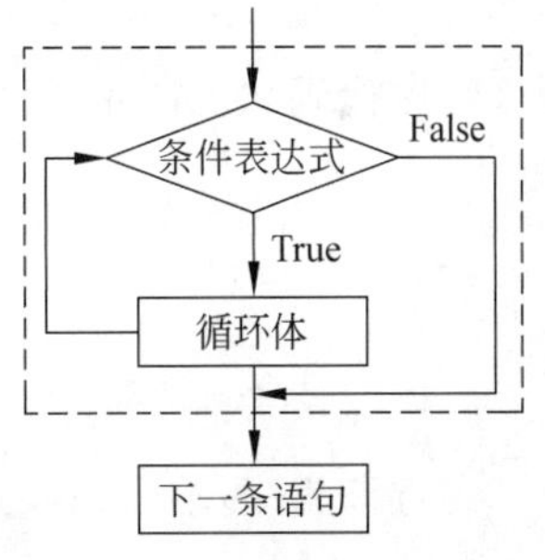

图 4.8　while 循环语句流程图

说明:

① 当程序执行到 while 语句时,首先判断条件表达式的值,如果等于或等同于 False,则不执行循环体语句,直接执行循环体后面的下一条语句;如果等于或等同于 True,则执行循环体语句,执行结束后返回,再次判断条件表达式的值;当条件变为不成立时,该循环终止。

② 使用 while 语句需要注意,while 语句不能像 for 语句那样,在可迭代对象的元素或项目被穷尽之后停下来,如果 while 后面的条件表达式始终等于或等同于 True,循环会一直进行下去,直至 CPU 过热。这种条件永远成立的循环,被称之无限循环(Infinite Loop)或死循环(Endless Loop)。程序运行如果进入死循环,可按 Ctrl+C 组合键终止程序运行。

③ 为避免出现死循环,程序中必须有能够使循环条件变为不成立或让 break 语句(详见 4.5.4 break 和 continue 语句)得以执行的相关代码。程序编写完成后,务必对每个 while 语句进行测试,确保它按预期结束运行。

④ 使循环条件变为不成立的常见方式是:在 while 语句的条件表达式中增加循环变量,在循环体内部通过语句更改循环变量的值,使条件表达式从等于或等同于 True 变为等

于或等同于 False。如果需要循环变量，则必须在 while 语句之前对循环变量进行初始化。

微实例 4.6 求任意两个正整数的最大公约数。

求任意两个正整数的最大公约数可用辗转相除法实现。

求任意两个整数 m 和 n 的最大公约数，采用辗转相除法的步骤是：

① 输入两个整数 m、n；

② 求 m 除以 n 的余数；

③ 若余数不等于 0，则重复步骤④，否则转往步骤⑤；

④ 使得 $m=n$，即用 n 代换 m；使得 $n=$余数，即用余数代换 n；

⑤ 输出 n，此时 n 即 m 和 n 的最大公约数。

程序的执行过程如图 4.9 所示。

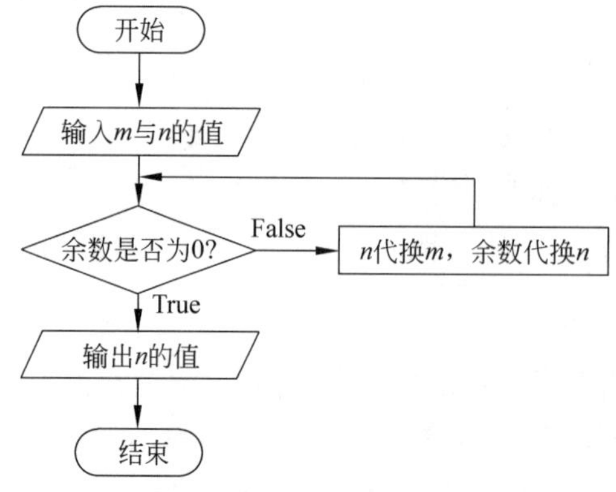

图 4.9 求最大公约数流程图

程序代码如下所示。

```
m, n = eval(input("请输入两个整数,并用逗号分隔:"))
while m % n:                                    #条件等同于 m % n != 0
    m, n = n, m % n
print("两个数的最大公约数是:{}".format(n))
```

运行该程序，输入值及运行结果如下所示。

```
请输入两个整数,并用逗号分隔:36 , 14
两个数的最大公约数是:2
```

上述功能也可以使用以下代码实现。

```
m, n = eval(input("请输入两个整数,并用逗号分隔:"))
while n:                                        #条件等同于 n != 0:
    m, n = n, m % n
print("两个数的最大公约数是:{}".format(m))
```

请思考上述两段代码，哪段代码执行效率更高？

4.5.4 break 和 continue 语句

Python 借鉴自 C 语言，定义了 break 和 continue 两个关键字，可以在循环结构中辅助控制循环执行。

break 用来结束 break 语句所在的最内层的循环。当前程序有多重循环时，每个 break 语句只能跳出当前层次循环，外层的循环仍然继续执行。

continue 用来结束某循环结构当次循环体的执行，即跳过循环体中 continue 语句后面尚未执行的语句，提前结束当次循环，进入下一次循环，该循环结构语句仍然继续执行。看下面两个例子，对比 break 和 continue 语句的不同功能。

```
for s in "中国药科大学":
    if s == "药":
        break
    print(s,  end="")
```

```
for s in "中国药科大学":
    if s == "药":
        continue
    print(s,  end="")
```

两个程序运行后的结果分别如下所示：

```
中国
```

```
中国科大学
```

从以上示例中可以看出，continue 语句和 break 语句的区别是：continue 语句只结束本次循环，忽略 continue 之后的语句，然后回到循环的顶端，提前进入下一次循环，而不是终止整个循环的执行。break 语句则是立刻结束其所在的最内层的整个循环过程，不再判断该循环的执行条件是否成立。

4.5.5　else 扩展语句

Python 中，无论是遍历循环 for 语句还是条件循环 while 语句，其后都可以紧跟一个 else 扩展语句，语法格式如下。

```
for <循环变量> in <可迭代对象> :
    <语句块 1>
else:
    <语句块 2>
```

```
while <条件表达式> :
    <语句块 1>
else:
    <语句块 2>
```

else 扩展语句中的语句块只在一种条件下执行，即循环正常遍历了所有内容(for 循环)或由于条件不成立(while 循环)而结束循环，没有因为 break 或 return(函数返回中使用的关键字)而退出。continue 关键字不影响该循环 else 扩展语句的运行。看下面两个例子：

```
for s in "中国药科大学":
    if s == "药":
        break
    print(s,  end="")
else:
    print("正常执行")
```

```
for s in "中国药科大学":
    if s == "药":
        continue
    print(s,  end="")
else:
    print("正常执行")
```

两个程序执行后的结果分别如下所示：

```
中国
```

```
中国科大学正常执行
```

微实例 4.7 判断一个数是否为素数。

一个数如果只能被 1 和其本身整除，而不能被其他任何数整除，那么这个数就称为素数。要求编写一段程序，实现输入一个整数，判断它是否为素数，比如输入 7，应输出“7 是素数”的提示；输入 24，应输出“24 不是素数”的提示。

算法分析：由素数的定义可知，判断任意一个整数 n 是否为素数的算法是，让 n 分别除以 2 到 $n-1$ 中的每一个数，只要有一个数能被 n 整除，则 n 不是素数；如果 2 到 $n-1$ 中的数都不能被 n 整除，则 n 是素数。

这是一个典型的循环程序，可设一个循环变量为 i，让 i 从 2 变化到 n-1，如果有一个 i 能被 n 整除，说明 n 不是素数，无须继续进行判断，输出该数不是素数的提示后，利用 break 语句退出当前循环。

如果所有的 i 都不能被 n 整除，循环将正常结束，说明 n 是素数。按照上述循环 else 扩展语句语法规则，循环正常退出时，将执行其后紧跟的 else 扩展语句，可以在 else 代码块中输出该数是素数的提示。

程序代码如下所示。

```
n = int(input("请输入一个整数:"))
for i in range(2, n):
    if n % i == 0:
        print("{}不是素数".format(n))
        break
else:
    print("{}是素数".format(n))
```

运行两次该程序。分别输入 7 和 24，运行结果如下所示。

```
请输入一个整数:7
7 是素数
请输入一个整数:24
24 不是素数
```

因为循环的 else 扩展语句是 Python 特有的编写代码的语法结构，所以一些初学者容易产生困惑。简言之，循环的 else 扩展语句提供了一个无须设定条件或检查标志位，就能捕捉循环的“另一条”出路的方法。

4.6 标准库 3：random 库的使用方法

本节包括以下两方面内容。

① random 库概述；

② random 库解析。

4.6.1 random 库

随机数在计算机应用中十分常见，Python 的标准库 random 主要用于产生各种分布的伪随机数序列。random 库采用梅森旋转算法（Mersenne Twister）作为核心生成器。梅森旋转算法是现存广泛测试的随机数发生器之一。它产生 53 位精度浮点数,周期为 $2^{19937}-1$,在这个大周期内生成近均匀分布的数,其在 C 中的底层实现既快,又线程安全。因为其概率是确定的、可预见的,所以被称为“伪随机数”,它完全不适用于加密目的。而真正意义上的随机数是按照实验过程中表现的分布概率随机产生的,其结果是不可预测的。

random 库提供了不同类型的随机数函数,读者可以根据使用场景选择合适的函数,所有函数都是基于最基本的 random.random()函数扩展而来的。

4.6.2　random 库解析

random 库的引用方法与 math 库一样,可以采用下面两种方式实现。

```
import random
```

或者

```
from random import *
```

random 库包含两类函数,常用的有以下 9 个函数。

基本随机函数:random()、seed()。

扩展随机函数:randint()、getrandbits()、uniform()、randrange()、choice()、shuffle()、sample()。

1. 基本随机函数

- random()

random()函数用来在半开放区间 [0.0,1.0) 内生成一个随机浮点数。

- seed(a = None)

每次调用 random()函数都会生成不同的值,并且在一个非常大的周期之后数字才会重复,这对于生成唯一值或变化的值很有用处。不过,有些情况下可能需要提供相同的数据集,从而以不同的方式处理。对此,一种技术是使用一个程序生成随机值,并保存这些随机值,以便在另一个步骤中再做处理。不过,这对于量很大的数据来说可能并不实用,所以 random 库包含了一个 seed(a = None)函数,可以用来初始化伪随机数生成器,使它能生成一个期望的值集。

种子(seed)值会控制由公式生成的第一个值,该公式可用来生成伪随机数。当兼容的播种机被赋予相同的种子时,由于公式是相同的,因此生成器的 random()方法将产生相同的序列。seed(a = None)函数的参数可以是任意的可散列对象(不可变对象和用户自定义对象)。如果 a 缺省或为 None,则使用操作系统提供的随机源,但如果没有这样一个随机源,则使用当前系统时间。例如:

```
>>>from random import *
>>>seed(10)
>>>random()
0.5714025946899135
>>>random()
0.4288890546751146
```

```
#再次设置相同的种子,则后续产生的随机数相同
>>>seed(10)
>>>random()
0.5714025946899135
>>>random()
0.4288890546751146
```

2. 扩展随机函数

random 库常用的 7 个扩展随机函数如表 4.5 所示。

表 4.5 random 库常用的 7 个扩展随机函数

函　数	功能描述
randint(a, b)	生成一个[a, b]的整数
getrandbits(k)	生成一个 k 位长度的随机整数
randrange(start, stop[, step])	生成一个[start, stop)以 step 为步数的随机整数
uniform(a, b)	生成一个[a, b]的随机小数
choice(seq)	从序列类型对象(如列表)中随机返回一个元素
shuffle(seq)	将序列类型对象中的元素随机排列,返回打乱后的序列
sample(seq, k)	从序列类型对象中随机选取 k 个元素并随机排列,以列表类型返回

表 4.5 中的部分扩展随机函数使用例子如下,请读者注意,这些语句每次执行后的结果不一定相同。

```
>>> from random import *
>>> random()
0.8233234439229584
>>> randint(1, 10)
7
>>> uniform(1, 20)
15.277691394792562
>>> #从 0 开始到 99 以 4 为步长取得的元素中随机取 1 个
>>> randrange(0, 100, 4)
40
>>> choice(range(100))
75
>>> ls=[0, 1, 2, 3, 4, 5, 6, 7, 8, 9]
>>> #将序列类型中的元素随机排列
>>> shuffle(ls)
>>> ls
[5, 1, 2, 9, 3, 0, 7, 8, 4, 6]
```

4.7　案例 8：蒙特卡罗方法求 π 的值

通常，编写程序，实现应用蒙特卡罗方法求解 π 值需要完成以下 3 项工作。

① 了解蒙特卡罗方法的基本思想；

② 分析蒙特卡罗方法求 π 值的算法；

③ 编写应用蒙特卡罗方法求解 π 值的程序。

4.7.1　蒙特卡罗方法

蒙特卡罗方法(Monte Carlo Method)，也称统计模拟方法，是一种以概率统计理论为基础的数值计算方法，常用于特定条件下的概率计算问题。蒙特卡罗是摩纳哥的著名赌城，该方法为表明其随机抽样的本质而命名。

蒙特卡罗方法的基本思想是：当所要求解的问题是某种事件出现的概率，或者是某个随机变量的期望值时，可以通过"试验"的方法得到这种事件出现的比例，或者这个随机变量的平均值，并用这个比例或均值代替概率和期望值作为问题的解。例如，抛一枚硬币，假设一开始不知道正面朝上的概率是多少，却有大量的时间将硬币抛一万次，无须考虑硬币在空中停留多长时间，也无须考虑抛出力度、硬币大小、空气阻力、风速等问题，在一万次试验后，会发现正面朝上的次数接近一半。当然，抛的次数越多，概率越接近 50%。

蒙特卡罗方法是大数定律在实际应用问题上的体现。其优点十分明显，基本可以绕开问题本身的"黑盒"，不必考虑问题内部的结构而只关注问题的输入与输出，利用输出的结果分析问题，适用于对离散系统进行计算仿真试验。

4.7.2　蒙特卡罗方法求 π 值的算法

采用蒙特卡罗法求 π 值，首先在如图 4.10 所示的正方形区域内随机生成若干个均匀分布的点，随后判断哪些点在正方形的内切圆范围内。

如果点的数量足够多，那么图 4.10 右上角灰色区域圆内点的数量与点的总数量的比值，即 1/4 圆的面积与灰色区域正方形面积之比，就是 π/4 值。进而得出圆周率 π 的近似值。

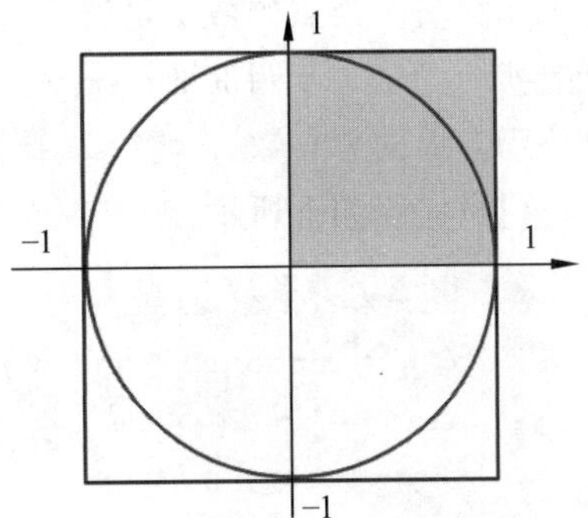

图 4.10　计算 π 使用的正方形和圆结构

4.7.3　蒙特卡罗方法求 π 值的程序

1. 程序说明/readme

应用蒙特卡罗方法求解 π 值的基本步骤如下。

① 引入 math 库、random 库和 time 库，调用 sqrt()、random()和 process_time()函数，具体代码如下。

```
from random import random
from math import sqrt
from time import process_time
```

② 定义一个计时变量 start，通过两次调用 time.process_time() 函数记录当前进程执行 CPU 的时间总和(不包含睡眠时间，如需包含整个系统的睡眠时间，可以调用 time.perf_counter()函数)。定义一个变量 hits，记录圆内点的数量，再定义一个变量 DARTS，记录当前区域的撒点数量，本例设置该变量初始值为一百万，具体代码如下。

```
start = process_time()
DARTS = 1000000
hits = 0
```

③ 随机向单位正方形和圆结构生成若干个均匀分布的点，如图 4.11 所示。

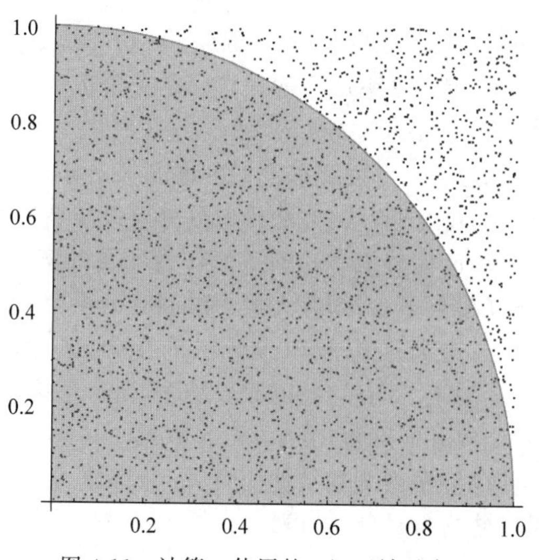

图 4.11　计算 π 使用的 1/4 区域示意图

计算每个点到圆心(0,0)的距离$\sqrt{x^2+y^2}$，如果该距离不超过 1.0，就可以判断该点落在 1/4 圆内。当点的数量足够多时，点的总数约等于单位正方形的面积 1，落入 1/4 圆内的点数就约等于 1/4 圆的面积 π/4。两个图形的面积比 π/4：1 就约等于落入 1/4 圆的点数：单位正方形的总点数，π 就约等于落入 1/4 圆的点数÷总点数×4。

程序代码如下所示。

```
for i in range(1, DARTS+1):
    x, y = random(), random()
    dist = sqrt(x ** 2 + y ** 2)
    if dist <= 1.0:
        hits = hits + 1
pi = 4 * (hits / DARTS)
```

④ 编写输出代码，分别输出 π 值和程序的运行时间(以秒为单位)，具体代码如下。

```
print("Pi 值是{}. " . format(pi))
print("运行时间是: {:5.5}s" . format(process_time() - start))
```

实际上，这个方法的思想是利用离散点值表示图形的面积，通过面积比求解 π 值。

2. 源程序

采用蒙特卡罗方法求解 π 值的 Python 程序如下。

```
from random import random
from math import sqrt
from time import process_time
#返回当前进程执行 CPU 的时间总和,不包含睡眠时间
start = process_time()
#总点数设为一百万
DARTS = 1000000
#落入圆内的点数用变量 hits 记录
hits = 0
for i in range(1, DARTS+1):
    #模拟撒点
    x, y = random(), random()
    #计算点到圆心的距离
    dist = sqrt(x ** 2 + y ** 2)
    #如果落入 1/4 圆内就计数
    if dist <= 1.0:
        hits = hits + 1
#落入 1/4 圆的点数/总点数 * 4 得到 pi
pi = 4 * (hits / DARTS)
print("Pi 值是{}." . format(pi))
print("运行时间是: {:5.5}s" . format(process_time() - start))
```

3. 运行示例

编写程序并保存,之后运行该程序,输出结果如下所示。

```
Pi 值是 3.14184.
运行时间是: 2.3594s
```

计算得到的 π 值为 3.14184,与大家熟知的 3.14159 相差较远,原因是 DARTS 点数量较少,无法更精确地刻画面积的比例关系。该方法中,随机点数量越大,越充分覆盖整个图形,计算得到的 π 值越精确。表 4.6 列出了不同 DARTS 值情况下该程序的运行情况。

表 4.6　不同随机点数产生的精度和运行时间

随机点数 DARTS	π 近似值	程序运行时间
2^{10}	3.234375	0.0s
2^{12}	3.15625	0.015625s
2^{14}	3.1240234375	0.03125s
2^{16}	3.15069580078125	0.15625s
2^{18}	3.1437835693359375	0.640625s
2^{20}	3.143566131591797	2.625s

续表

随机点数 DARTS	π 近似值	程序运行时间
2^{22}	3.142449378967285	9.953125s
2^{25}	3.1414215564727783	82.671875s

可以看到，随着 DARTS 数量的增加，当达到一定数量级时，π 的值就相对准确了。进一步增加 DARTS 数量，能够增加 π 值的精度。

4.8 程序的异常处理

本节包括以下 3 个内容。

① 异常简介；

② 捕获并处理异常：try…except…结构；

③ try…except…结构高级用法。

4.8.1 异常简介

在实际工作中，程序员遇到的情况不可能非常完美。例如，写的某个模块，用户输入不一定符合当初设计的要求；程序要打开某个文件，这个文件可能不存在或者文件格式不对；需要读取数据库的数据，但数据可能是空的；程序仍然在运行，但是内存溢出或硬盘空间已满等。

程序运行过程中出现的非正常现象，例如用户输入错误、除数为零、需要处理的文件不存在、下标越界等，被称为异常（Exception）。一般情况下，在 Python 无法正常处理程序时就会发生一个异常。

以 4.5.2 节的"甲流病人初筛"小程序为例，程序运行后，需要输入前来挂号就诊的病人数量，当用户输入数字时，程序正常往下执行，如果用户输入的不是数字，例如，输入"a5"，Python 解释器将返回异常信息，并退出程序。返回的异常信息中各部分含义如图 4.12 所示。

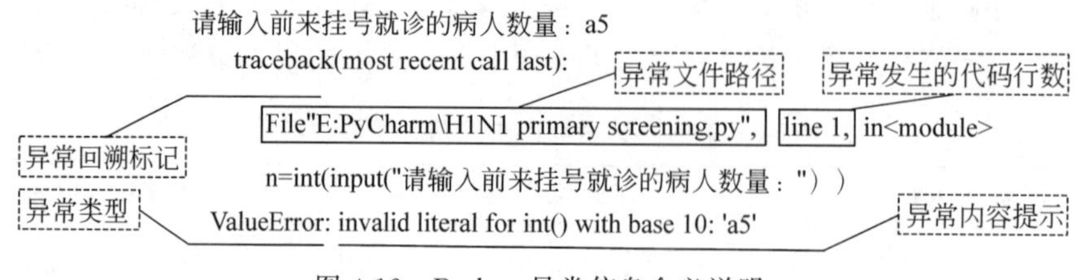

图 4.12 Python 异常信息含义说明

异常信息中的关键信息有以下两部分。

- 异常定位：当发生异常时，Python 解释器会提示相关的错误，并会在控制台打印出相关错误信息。程序员只按照从上到下的顺序即可追溯（trackback）错误发生的过程，最终定位引起错误的那一行代码。

- 异常类型：Python 内置了很多用来描述和处理异常的类，这些类称为异常类。Python 中内置异常类的层次结构如图 4.13 所示。异常类定义中包含了该类异常的信息和对异常进行处理的方法，可向用户准确反馈出错原因，是程序处理异常的依据。

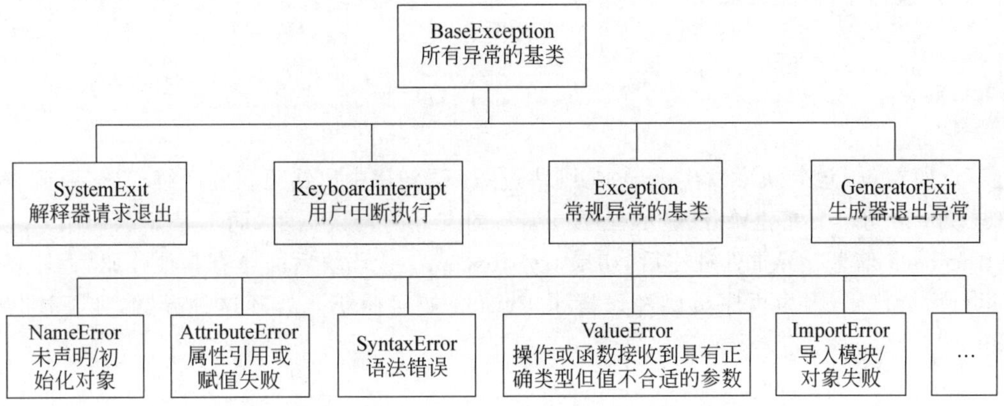

图 4.13 Python 中内置异常类的层次结构

4.8.2 捕获并处理异常：try…except…结构

Python 中一切皆对象，当发生异常时，也采用对象的方式处理。处理过程如下。

① 抛出异常：创建一个代表该异常的对象，停止当前执行路径，并把异常对象提交给 Python 解释器。

② 捕获异常：解释器得到该异常后，会层层向上传递，寻找相应的代码处理该异常。如果程序员编写了处理该异常的代码，程序将按程序员设置的捕捉机制处理；如果程序员未对异常进行处理，将终止程序，并显示如图 4.12 所示的 traceback 信息。

Python 的异常捕获常用 try…except…结构，把可能发生错误的语句放在 try 语句块中，用 except 语句块处理异常，每一个 try 都必须至少对应一个 except。其语法格式如下。

```
try:
    <被监控的可能引发异常的语句块>
except [<异常类型>]:
    <异常处理语句块>
```

说明：

① try 语句块包含可能引发异常的代码，except 语句块则用来捕捉和处理发生的异常。

② 程序执行的时候，如果 try 语句块中没有引发异常，正常执行完 try 语句块后，则跳过 except 语句块，继续执行 try…except…代码块后面的代码，如下述代码所示。

```
try:
    print("step1")
    a = 3 / 2
    print("step2")
except ZeroDivisionError:
```

```
    print("step3")
    print("异常提示:除数不能为 0")

print("step4")
```

运行该程序,输出结果如下所示。

```
step1
step2
step4
```

③ 如果 try 语句块中发生了异常,则跳过 try 语句块中出错语句的后续代码,跳到相应的 except 语句块中处理异常;显示程序员编写的友好的错误提示,而不是显示令用户迷惑的 traceback 信息。异常处理完后,如果 try…except…代码块后面还有其他代码,程序将接着运行后续代码,因为程序员已经设置了 Python 如何捕获并处理这种异常,如下述代码所示。

```
try:
    print("step1")
    a = 3 / 0
    print("step2")
except ZeroDivisionError:
    print("step3")
    print("异常提示:除数不能为 0")
print("step4")
```

运行该程序,输出结果如下所示。

```
step1
step3
异常提示:除数不能为 0
step4
```

④ try…except…结构还可以同时捕获多个异常,捕获顺序不区分优先级。其语法格式如下。

```
try :
    <被监控的可能引发异常的语句块>
except [(<异常类型 1>, <异常类型 2>, …)] :
    <异常处理语句块>
```

为减少代码量,Python 允许将需要捕获的多个异常类型放到一个元组中,然后使用一个 except 子句同时捕捉多种异常,并且共用同一段异常处理代码,如下述代码所示。

```
try:
    a = float(input("请输入被除数:"))
    b = float(input("请输入除数:"))
    result = a / b
    print("计算结果为:", result)
```

```
except (ZeroDivisionError, ValueError):     #将多个异常类型放到一个元组中
    print("请检查输入数值是否有误!")
```

运行该程序两次,输入值及运行结果分别如下所示。

```
请输入被除数:5
请输入除数:0
请检查输入数值是否有误!
```

```
请输入被除数:a3
请检查输入数值是否有误!
```

4.8.3　try…except…结构的高级用法

Python 异常处理除了基本的 try…except…结构,还有一些略微高级的其他常用方法。

1. try…多个 except 结构

try…except…结构可以支持多个 except 语句,其语法格式如下。

```
try :
    <被监控的可能引发异常的语句块>
except <异常类型 1> :
    <处理 Exception1 的语句块>
except <异常类型 2> :
    <处理 Exception2 的语句块>
...
except [BaseException as e] :
    <处理可能遗漏的其他所有异常的语句块>
```

与使用 try…except…结构同时捕获多个异常不同,try…后有多个 except 的结构捕捉和处理多异常时是区分优先级的,通常按照先子类后父类的顺序,分别针对性地写出异常处理代码,其执行步骤如下。

执行 try 语句块,如果 try 语句块中发生了异常,则跳过 try 语句块中出错语句的后续代码,跳到第一个 except 语句块。

如果第一个 except 语句块中定义的异常与引发的异常匹配,则执行该 except 语句块中的语句。

如果 try 语句块引发的异常与第一个 except 语句块中定义的异常不匹配,则搜索第二个 except 语句块,允许编写的 except 数量没有限制。

为了避免遗漏可能出现的异常,最后一个 except 语句块可以不指定任何类型,也可以指定为 BaseException,因为 BaseException 是所有异常的基类,所以此处会捕获所有的异常。如果 try…except…结构该语句块下方还有其他捕获异常的语句块,则不会被执行。变量 e 是用于创建 BaseException 类的实例,在对应的异常处理语句块中,可以使用 print(e) 等语句输出捕获的异常信息,此处也可以使用 Exception as e。该结构的执行过程与多分支结构 if…elif…else…语句的执行过程类似,如下述代码所示。

```
try:
    a = float(input("请输入被除数:"))
    b = float(input("请输入除数:"))
```

```
    result = a / b
    print("计算结果为:", result)
except ZeroDivisionError:
    print("除数不能为 0!")
except ValueError:
    print("被除数和除数应为数值类型!")
except BaseException as e:
    print(e)
```

运行该程序,输入值及运行结果分别如下所示。

```
请输入被除数:4
请输入除数:2c
被除数和除数应为数值类型!
```

2. try…except…else…结构

try…except…结构还有一个可选的 else 扩展语句块,如要使用 else 扩展语句块,必须将其放在所有 except 语句块之后。else 扩展语句块将在 try 语句块没有发生任何异常时执行,其语法格式如下。

```
try :
    <被监控的可能引发异常的语句块>
except [<异常类型>] :
    <异常处理语句块>
else :
    <语句块>
```

说明:

① 如果 try 语句块中抛出异常,则执行 except 语句块,不再执行 else 语句块。

② try…except…else…结构的工作原理大致如下:Python 尝试执行 try 语句块中的代码,只有可能引发异常的代码才需要放在 try 语句块中。有时,有一些仅在 try 代码块成功执行时才需要运行的代码,这些代码应放在 else 语句块中。except 语句块告诉 Python 解释器,如果它尝试运行 try 语句块中的代码时引发了指定的异常,该如何处理,如下述代码所示。

```
while True:
    try:
        a = float(input("请输入被除数:"))
        b = float(input("请输入除数:"))
        c = a / b
    except BaseException as e:
        print(type(e), e, sep='\n')
    #如果 try 语句块没有引发异常,则执行下方的 else 语句块
    else:
        print("除的结果是:", c)
        break
```

运行该程序,输入值及运行结果分别如下所示。

```
请输入被除数:3
请输入除数:0
<class 'ZeroDivisionError'>
float division by zero
请输入被除数:3
请输入除数:2
除的结果是: 1.5
```

微实例 4.8　猜数字游戏。

要求：编写一个"猜数字游戏"的程序,在 1～1000 随机产生一个数,然后请用户循环猜测这个数字,对于每个答案,只回答"猜大了"或"猜小了",直到猜测准确为止,回答"猜对了",并输出用户的猜测次数。输入数字的格式有误时,提示错误,且不计入猜测次数。

功能分析：

① 为了产生随机数,需要使用 Python 语言的随机数标准库 random。

② 根据程序需求,需要考虑不断地让用户循环输入猜测值,并根据猜测值和目标值之间的比较决定程序逻辑。

③ 由于需要使用 eval(input())方式获得用户输入,如果用户输入非数字产生运行错误,程序将会退出。为增加程序鲁棒性,需要添加异常处理机制。

该实例的程序代码如下所示。

```
import random
target = random.randint(1, 1000)
count = 0
while True:
    try:
        guess = eval(input("请输入一个猜测的整数(1~1000):"))
    except:
        print("输入有误,请重试,不计入猜测次数哦!")
        continue
    else:
        count = count + 1
        if guess > target:
            print("猜大了")
        elif guess < target:
            print("猜小了")
        else:
            print("猜对了")
            break
print("此轮的猜测次数是:", count)
```

运行该程序,输入值及运行结果分别如下所示。

```
请输入一个猜测的整数(1~1000):50a
输入有误,请重试,不计入猜测次数哦!
```

```
请输入一个猜测的整数(1~1000):500
猜大了
请输入一个猜测的整数(1~1000):250
猜大了
请输入一个猜测的整数(1~1000):125
猜大了
请输入一个猜测的整数(1~1000):62
猜大了
请输入一个猜测的整数(1~1000):46
猜对了
此轮的猜测次数是:5
```

3. try…except…else…finally…结构

Python 还引入了 finally 扩展语句块，程序执行时，无论是否捕获到异常，finally 语句块都会被执行。实际应用中，try…except…else…finally…结构通常用来释放 try 语句块中申请的资源（如关闭文件），其语法格式如下。

```
try :
    <被监控的可能引发异常的语句块>
except [<异常类型>] :
    <异常处理语句块>
else :
    <语句块>
finally :
    <语句块>
```

说明：

① 在上述异常处理结构中，必须以 try→except→else→finally 的顺序出现，即所有的 except 语句块必须在 else 语句块和 finally 语句块之前，else 语句块必须在 finally 语句块之前，否则会提示语法错误。

② else 语句块和 finally 语句块均可缺省。

③ else 语句块和 finally 语句块也可能发生异常。若发生异常，则程序终止，不再继续往下执行。

微实例 4.9 文件读写操作

将 3.3.5 案例 4 中处理的化合物 ID 及水溶性数据写入文件，从文件中读取数据并输出。该实例的程序代码如下所示。

```
try:
    f = open(r"d:\a.txt", 'w+')
    solubilityTxt = "SN,IdentityNo,Solubility\n01,LT-615-348,  0.019714\n\
                02,LT-771-215,0.03072346\n03,LT-771-216,0.03174257\n\
                04,LT-323-560,0.06074634\n05,LT-619-512,0.10491267"
    f. write(solubilityTxt)
except BaseException as e:
    print(e)
```

```
else:
    f.seek(0)
    content = f.readlines()
    for line in content:
        line = line.replace("\n", "")
        ls = line.split(",")
        lns = "\t".join(ls)
        print(lns)
finally:
    f.close()
```

运行该程序,结果如下所示。

```
SN    IdentityNo    Solubility
01    LT-615-348      0.019714
02    LT-771-215    0.03072346
03    LT-771-216    0.03174257
04    LT-323-560    0.06074634
05    LT-619-512    0.10491267
```

该实例中,try 语句块通过内置的 open()函数打开文件后,无论 try 语句块是否引发异常,finally 语句块都会被执行,从而保证关闭文件资源。

Python 程序运行发生异常时,如果没有处理该异常的代码,解释器将终止程序,并显示 traceback。其实让用户看到 traceback 并不是好主意,因为不懂技术的用户会被它们搞糊涂。在什么情况下该向用户提示错误?在什么情况下又应该在出现异常时一声不吭继续往下执行呢?如果用户知道要分析哪些文件,用户可能希望在有文件没有分析结果时出现一条消息,将其中的原因告诉用户。如果用户只想看到结果,而并不知道要分析哪些文件,可能就无须在有些文件不存在时告知用户。向用户显示其不想看到的信息可能会降低程序的可用性。Python 的异常处理结构让程序员能够细致地控制与用户分享错误信息的程度,要分享多少信息由程序员决定。

另外,如果用户怀有恶意,其可以通过 traceback 获悉程序员不希望其知道的信息。例如,用户将知道程序文件的名称,还将看到部分不能正确运行的代码。有时候,训练有素的攻击者可根据这些信息判断出可对代码发起什么样的攻击。因此,凭借经验判断该在程序的什么地方包含异常处理结构,可编写健壮的程序,在出现错误时向用户提供合适的相关提示信息,保证程序能够继续运行,从而抵御无意的用户错误和恶意的攻击。

4.9 本章小结

本章重点从概念、运行过程和使用方法 3 个方面,依次阐述了 Python 的顺序结构、分支结构、循环结构和异常处理结构,并通过两大应用案例强化程序控制结构的认知,为开展结构化程序设计与编程奠定基础。本章同时还介绍了一个用于产生各种伪随机数序列的标准库——random 库。

第5章　函　　数

本章学习目标

- 理解函数的概念及分类
- 掌握函数的定义和调用方法
- 掌握函数传参的2种方式和3类形参的用法
- 理解变量的4级作用域，掌握作用域规则
- 理解递归函数的概念及用法
- 掌握常用的内置函数的调用方法
- 掌握datetime库的常用类datetime的用法

本章主要介绍Python函数概述、函数的基本操作、函数的参数和变量的作用域4个内容，同时介绍递归函数和常用的Python内置函数的用法，穿插讲解一个标准库——datetime库的知识。

5.1　函数概述

本节包括以下两方面内容。

① 函数的基本概念；

② 使用函数编程的目的。

5.1.1　函数的基本概念

函数是具有特定书写格式、可重复使用的，用来实现单一，或相关联功能的代码段，是可以用来构建更大程序的一小部分。该代码段用函数名表示并通过函数名进行功能调用。可以在需要的地方调用执行，不需要在每个执行的地方重复编写这些语句。每次使用函数可以提供不同的参数作为输入，以实现对不同数据的处理；函数执行后，可以反馈相应的处理结果。

Python中的函数，通常分为以下四大类。

1. 内置函数

Python提供了许多内置函数，比如前面章节使用的str()、list()、print()、range()函数等。它们是Python官方已经为程序开发人员设计好的模块化的代码段，可以被反复使用(调用)。程序开发人员不需要了解函数的实现代码，只要了解函数的功能、参数和调用语法即可直接使用。

2. 标准库函数

Python标准库是用Python和C语言预先编写的模块，提供了系统管理、网络通信、文本处理、数据库接口、图形系统、XML处理等额外的功能，如random(随机数)、math(数学

运算）、datetime（时间处理）、file（文件处理）、os（和操作系统交互）、sys（和解释器交互）等。这些模块随着 Python 解释器一起自动安装，程序员可以通过 import 语句导入对应功能的库，然后使用其中定义的函数。

3. 第三方库函数

除了内置函数和标准库函数，还可以获取和安装一些第三方库函数。第三方库函数很多是对标准库函数的优化和再封装，如 NumPy、Django 等。PyPI（Python Package Index）是 Python 官方第三方库的仓库，所有人都可以下载第三方库或上传自己开发的库到 PyPI。世界各地的程序员通过该开源社区贡献了十几万个第三方函数库，功能覆盖我们能想象到的所有领域，如科学计算、Web 开发、大数据、人工智能、图形系统等。与标准库不同，Python 的第三方库需要下载后安装到 Python 的安装目录下，第三方库的获取和安装将在后续章节介绍。安装完成后，再通过 import 语句导入，然后才可以使用这些第三方库函数。

4. 用户自定义函数

用户自定义函数，是开发中为适应用户自身需求而定义的函数，也是本章介绍的重点内容。

5.1.2　使用函数编程的目的

使用函数主要有以下 4 个目的。

1. 降低代码的复杂性

程序员的目标之一是，编写简单的代码来完成任务，而函数有助于实现这样的目标。函数是一种功能抽象，利用它可以将一个复杂的大问题分解成一系列简单的小问题，然后将小问题继续划分成更小的问题，当问题细化到足够简单时，就可以分而治之。为了实现这种分而治之的设想，就要通过编写函数，将各个小问题逐个击破，为每个小问题编写程序，再集合起来，解决大的问题。

2. 实现代码复用

在编程的过程中，比较忌讳同样一段代码不断重复。所以，可以定义一个函数，在程序的多个位置使用，也可以将其用于多个程序。需要运行函数中的代码时，只需编写一行函数调用代码，就可让函数完成其工作。当然，还可以把功能相近的函数放到一个模块中供其他程序员使用。也可以使用其他程序员定义的函数，这就避免了重复劳动，提高了工作效率。

3. 降低代码维护的工作量

修改函数的功能时，只需要在函数中修改一次，所有调用位置的功能都将得到更新。函数式程序的测试和调试相对来说更容易。调试很简单是因为函数通常都很小，而且清晰、明确。当程序无法工作的时候，每个函数都是一个可以检查数据是否正确的接入点。程序员可以通过查看中间输入和输出迅速找到出错的函数。测试更容易是因为每个函数都是单元测试的潜在目标。在执行测试前，函数并不依赖于需要重现的系统状态；相反，程序员只需要给出正确的输入，然后检查输出是否和期望的结果一致。

4. 增加程序的易读性

使用函数让程序更容易阅读，而良好的函数名概述了程序各个部分的作用。相对于阅读一系列的代码块，阅读一系列函数调用能够让使用者更快地明白程序的作用。

5.2 函数的基本操作

本节包括以下 4 个内容。

① 函数的定义；

② 函数的返回值；

③ 函数的调用；

④ lambda 表达式和匿名函数。

5.2.1 函数的定义

Python 定义函数的语法形式如下。

```
def <函数名>([形式参数列表]) :
    '''文档字符串'''
    <函数体>
    [return [返回值列表]]
```

说明：

① def 是定义函数的关键字，这个简写来自英文单词 define。Python 执行 def 时，会创建一个函数对象，并绑定到函数名变量上。函数名可以是任何有效的 Python 标识符。函数名通常使用小写字母，如果想提高可读性，可以用下画线分隔。大小写混合仅在兼容原来主要以大小写混合风格的情况下使用，为了保持向后兼容性。

② 函数的形式参数列表用于接收调用该函数时传递给它的值，放在一对圆括号中。参数的个数可以有零个、一个或多个，多个参数之间用逗号间隔，这种参数称为形式参数，简称为“形参”。函数形参无须声明类型，完全由调用者传递的实参类型以及 Python 解释器的理解和推断决定。即使该函数无须接收任何参数，也必须保留一对空的圆括号。

③ 括号后面以冒号结束，冒号必须使用英文输入法输入，否则会提示 SyntaxError 异常。

④ 冒号后面所有的缩进行构成了函数体。函数体是函数每次被调用时执行的代码，由一行或多行语句组成。函数体相对于 def 关键字必须保持一定的缩进。

⑤ 程序的可读性非常重要，一般建议在函数体开始的部分附上函数定义说明，即文档字符串(docstring)，又称为“函数注释”。通过 3 个单引号或者 3 个双引号界定，中间可以加入多行文字进行说明，描述函数的功能或用途。Python 使用它们生成有关程序中函数的文档。需要注意的是，Python PEP8 编码规范中约定，对于单行的文档说明，尾部的三引号应该和文档在同一行。多行文档说明使用的结尾三引号应该自成一行。

⑥ 当需要返回值时，使用关键字 return 和返回值列表，执行 return 语句会结束对函数的调用，并带回返回值。否则，函数可以没有 return 语句，在函数体结束位置将控制权返回给调用者。例如，4.5.3 节的**微实例 4.6** 讲述了如何用辗转相除法求任意两个整数的最大公约数。为了实现代码复用，可以将该功能定义成 gcd() 函数，需要时直接调用该函数，即可实现求任意两个正整数的最大公约数，程序代码如下所示。

```
>>> def gcd(m, n):
        '''求任意两个正整数的最大公约数'''
        while m % n:
            m, n = n, m % n
        return n
>>> print(gcd.__doc__)
求任意两个正整数的最大公约数
>>> x, y = 12, 16
>>> print("两个数的最大公约数是:{}".format(gcd(x, y)))
两个数的最大公约数是:4
>>> print(type(gcd), type(gcd(x, y)))
<class 'function'> <class 'int'>
```

5.2.2 节将会详细讲述 return 语句的相关语法。

⑦ 定义函数时只检测语法,不执行函数体代码。定义好的函数只有被调用的时候才会执行函数体代码。

⑧ Python 允许嵌套定义函数,即在一个函数的定义中再定义另一个函数,该操作称为“闭包”。除非特别必要,一般不建议过多使用嵌套定义函数,因为每次调用外部函数时,都会重新定义内层函数,程序运行效率较低,如下述代码所示。

```
def f1():
    print('f1 running...')
    def f2():
        print('f2 running...')
    f2()
f1()
```

运行该程序,结果如下所示。

```
f1 running...
f2 running...
```

在函数的内部嵌套定义函数时,内部函数的定义和调用都要在该函数的内部完成。上例中,函数 f2()定义在函数 f1()内部,函数 f2()的定义和调用都必须在函数 f1()内部。如果在函数 f1()外部调用函数 f2(),则会提示 NameError 异常,如下述代码所示。

```
def f1():
    print('f1 running...')
    def f2():
        print('f2 running...')
f2()
```

运行该程序,结果如下所示。

```
NameError: name 'f2' is not defined
```

5.2.2　函数的返回值

Python 中，用 def 关键字定义函数时，函数并非总是直接显示输出，相反，它可以处理一些数据，并返回一个或一组值。函数返回的值被称为返回值。在函数中，可使用 return 语句将值返回到函数调用处。通过返回值，能够实现将程序的大部分繁重工作转移至函数中完成，从而简化主程序。return 语句的语法形式如下。

```
return [返回值列表]
```

说明：

① 返回值可以是任意类型，return 语句在同一函数中可以出现多次，但只要有一个 return 语句执行，就会直接结束当前函数的执行。

② 一条 return 语句也可以同时带回一个或多个返回值，多个值以元组方式返回，如下述代码所示。

```
>>> def median ( * data):
        data = sorted(data)
        number = len(data)
        if number % 2 == 0:
            return data[number // 2 - 1], data[number // 2]        #带回多个返回值
        else:
            return data[number // 2]                               #带回一个返回值

>>> median(1, 8, 5, 4, 9)
5
>>> median(1000, 100, 10, 1)
(10, 100)
```

③ 对于以下 3 种情况，Python 将认为该函数以 return None 语句结束，即返回空值。

- 若函数内没有 return 语句，Python 解释器将默认为函数体最后添加了一条 return None 语句。

本书实例经常使用 print() 函数输出数据，其实该函数的返回值就是 None。因为它的功能是在屏幕上显示文本，根本不需要返回任何值，所以 print() 函数就返回 None，如下述代码所示。

```
>>> demon = print("China Pharmaceutical University")
China Pharmaceutical University
>>> demon == None
True
```

- 函数内有 return 语句，但是没有执行到。
- 函数内有 return 语句，也执行到了，但 return 语句后面的表达式列表省略，即当前代码行只有 return 关键字本身。

需要特别说明的是，None(N 必须大写)是 Python 中一个特殊的常量，和 False 不同，它

既不表示 0，也不表示空字符串，而表示没有值，也就是空值。None 有自己的数据类型，读者可以在 IDLE 中使用 type() 函数查看它的类型，执行代码如下。

```
>>> type(None)
<class 'NoneType'>
```

可以看到，它属于 NoneType 类型。NoneType 是 Python 的特殊类型，它只有一个取值 None。可以将 None 赋值给任何变量。但它不支持任何运算，也没有任何内建方法，和其他的数据类型比较是否相等时永远返回 False。通常，如果希望变量中存储的内容不与其他值混淆，就可以使用 None。

5.2.3 函数的调用

函数创建成功后，可以在当前文件中调用，也可以在其他模块中调用。Python 在实际调用函数的过程中非常灵活，不必为不同类型的参数定义多个函数，在处理不同类型的数据时可以调用相同的函数。函数调用或执行的一般形式如下。

```
<函数名> (<实际参数列表>)
```

说明：

① 函数的调用采用函数名加一对圆括号的方式，圆括号内的参数列表是调用函数时，用来将列表中的参数分别赋值给函数中对应形参的。这类参数称为实际参数，简称为"实参"。实参和形参的绑定关系在函数调用时生效，在函数调用结束后解除绑定关系（释放内存空间）。

② 函数应该先定义、后调用。如果函数定义在调用该函数的语句之后，执行时将提示异常。

微实例 5.1 计算血药的浓度。

某药品口服后，1 小时测定，口服剂量与血药浓度的关系是线性关系，其计算方程为 $y=0.8x+3.25$，其中，x 表示口服剂量（单位：片），y 表示血药浓度（单位：mg/L）。

要求：两个患者分别摄入该药品 2 片和 3 片，请分别计算血药的浓度。

程序代码如下所示。

```
#定义函数
def linearregression(x):
    '''计算一小时后的血药浓度'''
    return 0.8 * x + 3.25
dosage1 = 2
dosage2 = 3
#调用函数计算 1 号患者的血药浓度
concentration1 = linearregression(dosage1)
#再次调用函数计算 2 号患者血液中的浓度
concentration2 = linearregression(dosage2)
print("1 号患者口服剂量为:", dosage1, ",一小时后的血药浓度为:", concentration1)
print("2 号患者口服剂量为:", dosage2, ",一小时后的血药浓度为:", concentration2)
```

运行该程序,结果如下所示。

```
1 号患者口服剂量为: 2 ,一小时后的血药浓度为: 4.85
2 号患者口服剂量为: 3 ,一小时后的血药浓度为: 5.65
```

本例在函数 linearregression() 的定义中,圆括号中的变量 x 是一个形参。形参是在定义函数时使用的,用来获得函数完成其工作所需的数据。主程序中两次调用函数 linearregression() 计算患者的血药浓度,在函数调用语句中,dosage1 和 dosage2 为实参,即分别将实参 dosage1 和 dosage2 中的数据传递给形参 x,函数返回值被分别存储在变量 concentration1 和 concentration2 中。

微实例 5.2 输出某区间内的所有素数。

4.5.5 节的**微实例 4.7** 讲述了如何判断一个数是否为素数。本例将定义一个 isPrime() 函数,用来判断一个数是否为素数。

要求:输出 101～199 的所有素数,每一行最多输出 5 个数字。

程序代码如下所示。

```
def isPrime(x):
    for i in range(2, x):
        if x % i == 0:
            return False
    return True
k = 0
for j in range(101, 200):
    if isPrime(j):
        print(j, end="")
        k += 1
        if k % 5 == 0:
            print()
```

运行该程序,结果如下所示。

```
101 103 107 109 113
127 131 137 139 149
151 157 163 167 173
179 181 191 193 197
199
```

5.2.4 lambda 表达式和匿名函数

Python 还提供了一个关键字 lambda,用于定义一种特殊的函数——匿名函数。匿名函数并非没有名字,而是将函数名作为函数结果返回,其语法格式如下。

```
<函数名> = lambda <形参列表> : <表达式>
```

匿名函数等价于下面的函数定义。

```
def <函数名> (<形参列表>):
```

```
return <表达式>
```

匿名函数是一种简单的、在同一行中定义函数的方法。lambda 表达式实际生成了一个函数对象。lambda 表达式只允许包含一个表达式，不能包含复杂语句，该表达式的计算结果就是函数的返回值。例如：

```
>>> f = lambda x, y : x + y
>>> type(f)
<class 'function'>
>>> f(20, 16)
36
```

本例使用语句 f = lambda x, y : x + y 定义了一个函数，赋值给变量 f，因此变量 f 成为一个函数的函数名，可以将 f(实参列表）的形式用于需要调用该函数对象的场景。该匿名函数等价于下面的函数定义。

```
>>> def f(x, y):
        return x + y
```

5.2.3 节的**微实例 5.1** 中实现计算血药浓度的函数也可以使用匿名函数定义，程序代码如下所示。

```
linearregression = lambda x : 0.8 * x + 3.25
```

5.3　函数的参数

本节包括以下两方面内容。

① 参数传递的方式；

② 函数形参的分类。

5.3.1　参数传递的方式

前面讲述了函数的定义和调用，顺便简要介绍了函数定义时的“形参”和调用函数时的“实参”，本节将介绍与参数相关的细节——参数传递的方式。

1. 位置传递

调用函数时需要将实参传递给被调用函数的形参，默认的传递形式就是位置传递，实参默认按位置顺序传递给形参，因此，采用位置传递时实参和形参的顺序必须严格一致，如下述代码所示。

```
>>> def demo(a, b, c):
        print(a, b, c)

>>> #按位置传递参数
>>> demo(3, 4, 5)
```

```
3 4 5
>>> #实参与形参数量必须相同
>>> demo(1, 2, 3, 4)
TypeError: demo() takes 3 positional arguments but 4 were given
```

上例中,第一次调用函数时,实参和形参数量相同,第一个实参"3"传递给第一个形参"a",第二个实参"4"传递给第二个形参"b",第三个实参"5"传递给第三个形参"c"。第二次调用函数,因为实参和形参数量不同,Python 解释器将提示 TypeError 异常。

2. 关键字传递

在规模稍大的程序中,函数定义可能在函数库中,也可能与函数调用处相距较远。尤其当参数很多时,如果仅看实际调用而不看函数定义,很难理解这些输入参数的含义,从而导致程序的可读性较差。为了解决上述问题,Python 提供了关键字传递的方式。

在调用函数时,实参可以是"形参名 = value"的形式,这种以形参名称作为一一对应的参数传入方式被称作关键字传递。采用关键字传递的方式传递参数时,实参顺序可以和形参顺序不一致,但不影响传递结果,避免了用户需要牢记形参列表顺序的麻烦,如下述代码所示。

```
>>> def demo(a, b, c):
        print(a, b, c)

>>> #按位置传递参数
>>> demo(3, 4, 5)
3 4 5
>>> #后两个参数指定形参名称传递参数
>>> demo(7, c = 3, b = 6)
7 6 3
>>> #所有参数均按关键字传递方式传递
>>> demo(c = 7, a = 9, b = 8)
9 8 7
```

传递参数时,实参中一旦启用关键字传递,后续参数必须都按关键字传递方式传递参数,否则 Python 解释器将提示 SyntaxError 异常,如下述代码所示。

```
>>> def demo(a, b, c):
        print(a, b, c)

>>> demo(c = 3, 4, a = 6)
SyntaxError: positional argument follows keyword argument
```

无论采用何种方式传递参数,都不能给某个形参重复传递参数,即同一形参不能被匹配两次,否则 Python 解释器将提示 TypeError 异常,如下述代码所示。

```
>>> def demo(a, b, c):
        print(a, b, c)
```

```
>>> demo(3, 4, a = 5)
TypeError: demo() got multiple values for argument 'a'
```

5.3.2　函数形参的分类

5.2.3 节讲述到 Python 在实际调用函数的过程中非常灵活。例如，在调用某些函数时，可以向其传递实参，也可以不传递；传递给函数的实参的数量不确定，可能是一个，也可能是几个，甚至几十个；传递给函数的实参数据类型各不相同，等等。但函数依然可以被正确调用。

上述功能的实现，主要依靠程序员定义函数时，对不同类型的形参及其组合的选择和使用，本节将介绍以下 3 种类型的形参。

1. 默认值参数

对于一些函数，程序员可能希望它的一些参数是可选的，如果用户不想为这些参数提供值，这些参数就使用默认值。这个功能借助函数的默认值参数完成。默认值参数又称可选参数或默认参数，可以在函数定义的形参名后加上赋值运算符(=)和默认值，从而给形参指定默认参数值。这些设置过默认值的参数在传递时是可选的，具有很大的灵活性。调用带有默认值参数的函数时，如果未传递对应的实参值，则用默认值，如实参传递了新的值，则用新的值覆盖默认值，如下述代码所示。

```
>>> def demo(a, b, c = 10 , d = 20):
        print(a, b, c, d)

>>> demo(8, 9)                  #第 3 个和第 4 个形参采用默认值
8 9 10 20
>>> demo(8, 9, 19)              #第 3 个形参用新的值覆盖默认值,第 4 个形参采用默认值
8 9 19 20
>>> demo(8, 9, 19, 29)          #第 3 个和第 4 个形参均用新的值覆盖默认值
8 9 19 29
>>> demo(8, 9, d = 29)          #第 3 个形参采用默认值,第 4 个形参用新的值覆盖默认值
8 9 10 29
>>> #使用"函数名.__defaults__"查看函数默认值参数的当前值
>>> demo.__defaults__           #返回值是一个元组
(10, 20)
```

如果定义某一函数时，其形参列表中既包含非默认值参数，又包含默认值参数，那么，在声明函数的形参时，必须先声明非默认值参数，后声明默认值参数，如下述代码所示。

```
>>> def demo2(a = 5, b, c = 20):
        print(a, b, c )

SyntaxError: non-default argument follows default argument
```

以上错误提示说明：在定义函数 demo2() 时，形参列表中，默认值参数后面有非默认值参数。

为参数设置默认值时，建议使用不可变对象，如整数、浮点数、字符串、True、False、None 或以上类型组成的元组等，因为默认值只会在函数定义时被设定一次，如果是可变对象，一旦在函数内部被原地修改，效果会保留至以后每次的函数调用，不会被重新初始化。如果非要使用某个可变对象作为默认值，比如列表，或者要设定依赖于其他参数的默认值，建议设成 None，如下述代码所示。

```
>>> def join(lst, sep = None):
        return (sep or ' ').join(lst)

>>> aList = ['a', 'b', 'c']
>>> join(aList)
'a b c'
>>> join(aList, ', ')
'a,b,c'
```

上例定义的函数 join()的功能是使用指定分隔符将列表中的所有字符串元素连接成一个新的字符串。等第 6 章学习完毕，读者对这个知识点会有更高层次的认识。

2. 可变数量参数

在使用函数的过程中，时常存在传递给函数的实参数量不确定的情况。这种情况下，应该如何定义形参呢？Python 利用可变数量参数解决实参个数不确定的问题。此处内容涉及元组和字典相关概念，建议学完第 6 章，再阅读此处内容。

可变数量参数又称可变参数，主要有两种形式。

① *args(一个星号)，将多个参数收集到一个“元组”对象中，如下述代码所示。

```
>>> def f1( * a):
      print(a)

>>> f1(1 , 2 , 3)
(1, 2, 3)
>>> def f2(a , b , * c):
      print(a , b , c)

>>> f2(8, 9, 19, 20)
8 9 (19, 20)
```

通常将单星号可变参数放到按位置传递的必选参数的后面，如果单星号可变参数的后面增加新的非可变参数，必须在调用的时候强制使用关键字传递。因此，将可变参数后面的非可变参数称为强制命名参数。如果调用函数时没有传递对应实参给单星号可变参数，则默认值为空元组，如下述代码所示。

```
>>> def f3(*a , b , c):
        print(a , b , c)

>>> f3(2, 3, 4)   #由于 a 是可变参数,因此会将 2,3 和 4 全部收集,造成 b 和 c 未被赋值
TypeError: f3() missing 2 required keyword-only arguments: 'b' and 'c'
>>> f3(2, b=3, c=4)
(2,) 3 4
>>> f3(b=3, c=4)
() 3 4
```

② **kwargs(两个星号),将多个参数收集到一个“字典”对象中。字典作为函数的不定长参数时,key 不必加引号。另外,key 有空格,或者使用字典定义的冒号形式作为参数均会提示异常,如下述代码所示。

```
>>> def f4(a , b , **c):
        print(a , b , c)

>>> f4(8, 9, name = 'LXY', age = 28)
8 9 {'name': 'LXY', 'age': 28}
>>> f4(8, 9, 'name' = 'LXY', 'age' = 28)
SyntaxError: expression cannot contain assignment, perhaps you meant "=="?
>>> f4(8, 9, 'name' : 'LXY', 'age' : 28)
SyntaxError: invalid syntax
```

函数形参中不能出现两个及两个以上的同种形式的可变参数,即单星号可变参数或双星号可变参数最多只能各有一个,且单星号可变参数必须在双星号可变参数的前面。双星号可变参数只能位于整个形参列表的最后。两种形式的可变参数均不能设定默认值(可以理解为它们的默认值就是空元组和空字典),如下述代码所示。

```
>>> def f5(a , b , *c , **d):
        print(a , b , c , d)

>>> f5(8, 9, 20, 30, name='LXY', age=28)
8 9 (20, 30) {'name': 'LXY', 'age': 18}
```

自己定义函数时,如果涉及多种类型的形式参数,形参列表从左至右,通常按以下顺序依次设置:按位置传递的必选参数、带默认值的可选参数、单星号可变参数、按关键字传递的参数(含强制命名参数)、双星号可变参数。

3. 特殊参数

默认情况下,函数的参数传递形式可以是位置传递或是关键字传递。为了确保程序的可读性和运行效率,从 Python 3.8 开始,允许限制参数传递形式。这样开发者只查看函数定义即可确定参数项是仅按位置传递、按位置或按关键字传递,还是仅按关键字传递。限制允许的参数传递形式如图 5.1 所示。

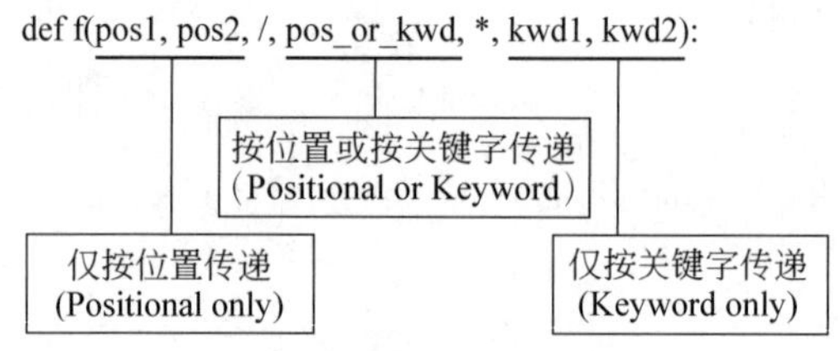

图 5.1　限制允许的参数传递形式

图 5.1 中的/和 * 是可选的。如果函数定义中未使用/和 *，则参数可以按位置或按关键字传递给函数。/和 * 分别用来标识 Python 3.8 新增的两种特殊参数：仅限位置参数和仅限关键字参数。

① 仅限位置参数(positional-only)。

限定位置参数只能按位置传递方式接收实参，它们必须放在形参列表的最前面，并在后面使用斜杠"/"(独占一个参数位)与普通参数分隔，如下述代码所示。

```
>>> def func_1(a, b, c, /, d):
        print(a, b, c, d)

>>> func_1(2, 3, 4, d = 5)   #形参 a, b, c 只能按位置传递方式接收实参
2 3 4 5
>>> func_1(2, 3, c = 4, d = 5)
TypeError: func _1 ( ) got some positional - only arguments passed as keyword
arguments: 'c'
```

② 仅限关键字参数(keyword-only)。

仅限关键字参数只能按关键字传递方式接收实参，需要放在形参列表的后面，并在第一个仅限关键字参数前面使用星号"*"(独占一个参数位)与其他参数分隔，如下述代码所示。

```
>>> #参数 kw1、kw2 在函数调用时必须按关键字传递
>>> def func_2(a, b, c, *, kw1, kw2):
        print(a, b, c, kw1, kw2)

>>> func_2(2, 3, 4, kw1 = 5, kw2 = 6)
2 3 4 5 6
>>> func_2(2, 3, 4, 5, kw2 = 6)
TypeError: func_2() takes 3 positional arguments but 4 positional arguments (and
1 keyword-only argument) were given
```

仅限关键字形参，当然就是为了限制后面几个参数只能按关键字传递，这往往是因为后面几个形参名具有十分明显的含义，显式写出有利于可读性；或者后面几个形参随着版本更迭很可能发生变化，强制关键字传递的方式有利于保证跨版本兼容性。

5.4　变量的作用域

本节包括以下 5 个内容。

① 作用域基础；

② 全局变量；

③ 局部变量；

④ 闭包变量；

⑤ 作用域规则。

5.4.1　作用域基础

要想准确实现函数内外变量的引用，就必须了解 Python 中变量名的含义。当程序员在一个程序中使用变量名时，Python 创建、改变或查找变量名都是在所谓的命名空间（一个保存变量名的地方）中进行的。在搜索变量名对应代码值的时候，作用域这个术语指的就是命名空间。

所有变量，包括作用域的定义在内，都是在 Python 赋值的时候生成的。Python 中的变量在第一次赋值时创建，并且必须经过赋值后才能够使用。由于变量名最初没有声明，因此 Python 将一个变量名被赋值的地点关联为（绑定给）一个特定的命名空间。换句话说，在代码中给一个变量赋值的地方决定了这个变量将存在于哪个命名空间，也就是它可见的范围。

默认情况下，一个函数的所有变量都是与函数的命名空间相关联的。这就意味着：

① 一个在函数内定义的变量能够被函数内的代码使用，但不能被函数的外部引用。

② 不同作用域内的变量之间，哪怕是名称相同，也互不影响。

例如，一个在函数外被赋值（在另外一个函数中或者在该模块文件的顶部）的变量 bmi 与在这个函数内的赋值的变量 bmi 是两个完全不同的变量。

在任何情况下，一个变量的作用域（它所起作用的范围）总是由在代码中被赋值的地方所决定，并且与函数调用完全没有关系。变量可以在 3 个不同的地方分配，分别对应 3 种不同的作用域变量：全局变量、局部变量和闭包变量。

5.4.2　全局变量

全局变量指在函数和类定义之外声明的变量，作用域为定义的模块，即从定义位置开始直到程序运行结束都有效。全局变量有以下 4 个注意事项。

① 函数外已声明的全局变量，如果在函数内需要为该变量赋值，并要将这个赋值结果反映到函数外，可以在函数内使用关键字 global 声明该变量为全局变量。一个 global 关键字可以同时声明多个全局变量，例如 global x, y, z，如下述代码所示。

```
#定义全局变量 a
a = 100
def f1():
    global a                    #如果要在函数内改变全局变量的值，可增加 global 关键字声明
    print(a)                    #打印全局变量 a 的值
```

```
    a = 300                    #为全局变量 a 重新赋值
f1()
print(a)
```

运行该程序，结果如下所示。

```
100
300
```

② 函数外已声明的全局变量，如果在函数内不对该变量执行赋值操作，则无须在函数内使用关键字 global 声明，如下述代码所示。

```
ls = ["F", "f"]            #通过使用[]创建一个全局列表变量 ls
def func(a):
    ls.append(a)
    return
func("C")
print(ls)
```

运行该程序，结果如下所示。

```
['F', 'f', 'C']
```

上述代码中，func() 函数的 ls.append(a)语句执行时需要一个真实创建过的列表，此时 func() 函数专属的命名空间中没有已经创建过且名称为 ls 的列表，因此，func() 函数进一步寻找全局命名空间，自动关联全局列表变量 ls，并修改其内容。当 func() 函数退出后，全局列表变量 ls 中的内容被修改。

③ 如果一个变量在函数外没有定义，在函数内部也可以使用 global 直接将一个变量定义为全局变量，如下述代码所示。

```
def f2():
    global a               #在 f2() 函数内部直接定义一个全局变量
    a = 5
    print(a)               #打印全局变量 a 的值
    a = 300                #为全局变量 a 重新赋值
f2()
print(a)
```

运行该程序，结果如下所示。

```
5
300
```

④ 读者通过以上说明，已知 Python 允许通过 global 声明，使用定义在函数外的变量的值。实际应用时，应该尽量避免此类操作。因为关键字 global 只能表明该变量是在函数外部定义的，但读者不清楚这个变量到底是在哪里定义的。所以，全局变量会降低函数的通用性和可读性，应尽量避免全局变量的使用。

5.4.3　局部变量

局部变量指在函数内部创建的变量，仅在函数被调用执行期间有效，调用结束后就被销毁。局部变量有以下 4 个注意事项。

① 形式参数以及在函数体中声明的变量均是该函数的局部变量。

② 局部变量的查询和访问速度比全局变量快，在特别强调效率的地方或者在循环次数较多的地方，优先考虑使用局部变量。

③ 局部变量是函数内部的占位符，与全局变量可能重名，但它们是完全不同的两个对象。如果局部变量和全局变量同名，则在函数内隐藏全局变量，只使用同名的局部变量，如下述代码所示。

```
a = 100                     #定义全局变量 a
def f1():
    a = 5                   #定义同名的局部变量 a
    print(a)                #打印局部变量 a 的值
    a = 300                 #为局部变量 a 重新赋值
#函数调用结束后，局部变量 a 将被销毁
f1()
print(a)                    #打印全局变量 a 的值
```

运行该程序，结果如下所示。

```
5
100
```

④ 在没有使用 global、nonlocal 关键字声明的前提下，函数中如果有赋值操作，就会在当前作用域中声明一个新的变量，并将该变量绑定到某个内存对象，同时屏蔽外层作用域中的同名变量，如下述代码所示。

```
ls = ["F", "f"]             #通过使用[]创建一个全局列表变量 ls
def func(a):
    ls = []                 #此处 ls 通过[]真实创建，因此 ls 是局部列表变量
    ls. append(a)
    return
#函数调用结束后，局部列表变量 ls 将被销毁
func("C")                   #调用函数修改的是局部列表变量 ls
print(ls)
```

运行该程序，结果如下所示。

```
['F', 'f']
```

上述代码中，func()函数内部存在变量 ls 被方括号([]，无论是否为空)赋值的语句，此时将在当前的局部作用域内声明一个新的名称同样为 ls 的变量，并将该变量绑定到创建变量操作符右侧的列表对象。因为局部变量和全局变量同名的情况下，在函数内屏蔽全局变量，只使用同名的局部变量，所以，func()函数内对列表 ls 的操作都是针对局部列表变量。

5.4.4 闭包变量

除全局变量和局部变量，Python 还支持使用 nonlocal 关键字定义一种介于它们二者的变量，即闭包变量。

nonlocal 是 global 的近亲，语法格式也和 global 相同。与 global 的不同之处在于，nonlocal 应用于一个嵌套的函数的作用域中的变量，即在内部函数中使用外部函数的局部变量。而不是所有函数之外的全局模块作用域，而且在使用 nonlocal 声明闭包作用域变量时，要求声明的变量必须已经存在，否则 Python 解释器将会提示 SyntaxError 异常。因为关键字 nonlocal 无法创建新的变量，如下述代码所示。

```
def outer():
    str1 = "outer"
    def inner():
        nonlocal str1
        print(str1)
        str1 = "inner"
    inner()
    print(str1)
outer()
```

运行该程序，结果如下所示。

```
outer
inner
```

如果内部函数想使用函数最外层的全局变量，就应该使用 global 声明变量。如果内部函数使用的是闭包变量，即内部函数的外层，外部函数的局部变量，那么应该使用 nonlocal 声明。

5.4.5 作用域规则

Python 的变量名解析机制有时称为 LEGB 法则，这也是由作用域的命名而来的。当在函数中使用未认证的变量名时，Python 会依次搜索以下 4 个作用域。

```
Local ==> Enclosed ==> Global ==> Built in
```

① Local：本地作用域，指的是函数内部或者类的方法内部。

② Enclosed：闭包作用域，指的是该函数上一层结构中函数的本地作用域，该作用域只有在函数中嵌套函数(闭包)时才需要考虑。

③ Global：全局作用域，指的是模块中的全局变量。

④ Built in：内置作用域，指的是 Python 为自己保留的特殊名称。

如果某个变量名映射在局部(Local)命名空间中没有找到，接下来就会在闭包作用域(Enclosed)进行搜索，如果在闭包作用域也没有找到，Python 就会到全局(Global)命名空间中进行查找，最后会在内置(Built-in)命名空间搜索。第一个能够完成查找的就算成功，变量在代码中被赋值的位置通常决定了它的作用域。如果一个变量在所有空间中都没有定义，就会提示 NameError 异常，如下述代码所示。

```
str = "global"
def outer():
    str = "outer"
    def inner():
        str = "inner"
        print(str)
    inner()
outer()
```

建议读者从内向外依次注释 str，观察控制台打印的内容，体会 Python 的 LEGB 的搜索顺序。

5.5　标准库 4：datetime 库的使用方法

本节包括以下两方面内容。

① datetime 库概述；

② datetime 库解析。

5.5.1　datetime 库简介

以不同格式显示日期和时间是程序中最常用的功能。Python 提供了一个处理时间的标准函数库 datetime，它定义了一系列简单和复杂的操作日期和时间的类。在支持日期和时间算法的同时，实现的重点是对输出格式和操作进行有效的属性提取。

datetime 库以格林尼治时间为基础，每天由 3600×24 秒精准定义。该库包括两个常量：datetime.MINYEAR 与 datetime.MAXYEAR，分别表示 datetime 所能表示的最小、最大年份，值分别为 1 与 9999。

datetime 库中主要的类及其功能如下。

① datetime.date：日期表示类，可以表示年、月、日等。

② datetime.time：时间表示类，假设每天有 24×60×60 秒(这里没有“闰秒”的概念)，可以表示小时、分钟、秒、毫秒等。

③ datetime.datetime：日期和时间表示的类，功能覆盖 date 和 time 类。

④ datetime.timedelta：表示两个 date 对象或者 time 对象，或者 datetime 对象之间的时间间隔，精确到微秒。

⑤ datetime.tzinfo：描述时区信息对象的抽象基类，用来给 datetime 和 time 类提供自定义的时间调整概念(例如处理时区和/或夏令时)。

⑥ datetime.timezone：实现 tzinfo 抽象基类的子类，用于表示相对于世界标准时间(UTC)的偏移量。

由于 datetime.datetime 类的表达形式最丰富，因此这里主要介绍这个类的使用。使用 datetime 类需要用 import 关键字。引用 datetime 类的方式如下。

```
from datetime import datetime
```

5.5.2 datetime 库解析

datetime.datetime 类(以下简称为 datetime 类)的使用方式是：首先创建一个 datetime 对象，然后通过对象的方法和属性显示时间。创建 datetime 对象有 3 种方法：datetime.now()、datetime.utcnow() 和 datetime.datetime()。

① 使用 datetime 类的 now() 方法，建立一个当前日期和时间的对象，使用方法如下。

```
datetime.now()
```

作用：返回一个 datetime 类的对象，表示当前的日期和时间，精确到微秒。

调用该函数，结果如下所示。

```
>>> #从 datetime 库导入 datetime 类
>>> from datetime import datetime
>>> today = datetime.now()
>>> today
datetime.datetime(2022, 1, 6, 15, 59, 36, 912733)
```

② 使用 datetime 类的 utcnow() 方法获得当前日期和时间对应的 UTC 时间对象，使用方法如下。

```
datetime.utcnow()
```

作用：返回一个 datetime 类型，表示当前日期和时间的 UTC 表示，精确到微秒。

调用该函数，结果如下所示。

```
>>> today = datetime.utcnow()
>>> today
datetime.datetime(2022, 1, 6, 8, 1, 16, 748319)
```

③ datetime.now() 和 datetime.utcnow() 都返回一个 datetime 类型的对象，也可以直接使用 datetime() 构造一个日期和时间对象，使用方法如下。

```
datetime(year, month, day, hour = 0, minute = 0, second = 0, microsecond = 0)
```

作用：返回一个 datetime 类型，表示指定的日期和时间，可以精确到微秒。

参数如下。

year：指定的年份，MINYEAR <= year <= MAXYEAR。

month：指定的月份，1 <= month <= 12。

day：指定的日期，1 <= day <=月份所对应的日期上限。

hour：指定的小时，0 <= hour < 24。

minute：指定的分钟数，0 <= minute < 60。

second：指定的秒数，0 <= second < 60。

microsecond：指定的微秒数，0 <= microsecond <1000000。

其中，hour、minute、second、microsecond 参数可以全部或部分省略。参数值不可以是

“01”此类格式的整数。

调用 datetime() 函数直接创建一个 datetime 对象，表示 2021 年 7 月 1 日 11：22，33 秒 100 微秒，结果如下所示。

```
>>> sometime = datetime(2021, 7, 1, 11, 22, 33, 100)
>>> sometime
datetime.datetime(2021, 7, 1, 11, 22, 33, 100)
```

创建好 datetime 对象后，可以进一步利用这个对象的属性显示时间，为了区别 datetime 库名，采用上例中的 sometime 代替生成的 datetime 对象，常用属性如表 5.1 所示。

表 5.1　datetime 类的常用属性(共 9 个)

属　性	描　述
sometime.min	固定返回 datetime 的最小时间对象，datetime(1，1，1，0，0)
sometime.max	固定返回 datetime 的最大时间对象，datetime(9999，12，31，23，59，59，999999)
sometime.year	返回 sometime 包含的年份
sometime.month	返回 sometime 包含的月份
sometime.day	返回 sometime 包含的日期
sometime.hour	返回 sometime 包含的小时
sometime.minute	返回 sometime 包含的分钟
sometime.second	返回 sometime 包含的秒
sometime.microsecond	返回 sometime 包含的微秒

datetime 对象有 3 个常用的时间格式化方法，如表 5.2 所示。

表 5.2　datetime 类常用的时间格式化方法(共 3 个)

属　性	描　述
sometime.isoformat()	采用 ISO 8601 标准显示时间
sometime.isoweekday()	根据日期计算星期后返回 1～7，对应星期一～星期日
sometime.strftime(format)	根据格式化字符串 format 得到对应格式的数字字符

sometime.isoformat()和 sometime.isoweekday()方法的使用如下述代码所示。

```
>>> sometime = datetime(2021, 7, 1, 11, 22, 33, 100)
>>> sometime. isoformat()
'2021-07-1T11:22:33.000100'
>>> sometime. isoweekday()
4
```

sometime.strftime() 方法是时间格式化最有效的方法，几乎可以以任何通用格式输出时间。如下例所示,用该方法输出特定格式时间。

```
>>> sometime.strftime("%Y-%m-%d %H:%M:%S")
'2021-07-1 11:22:33'
```

表 5.3 给出了 sometime.strftime() 方法的格式化控制符。

表 5.3　sometime.strftime() 方法的格式化控制符

格式化字符串	日期/时间	值范围和实例
%Y	年份	0001～9999,例如: 1900
%m	月份	01～12,例如: 10
%B	月名	January～December,例如: April
%b	月名缩写	Jan～Dec,例如: Apr
%d	日期	01 ～ 31,例如: 25
%A	星期	Monday～Sunday,例如: Wednesday
%a	星期缩写	Mon～Sun,例如: Wed
%H	小时(24h 制)	00 ～ 23,例如: 12
%I	小时(12h 制)	01 ～ 12,例如: 7
%p	上/下午	AM, PM,例如: PM
%M	分钟	00 ～ 59,例如: 26
%S	秒	00 ～ 59,例如: 26

sometime.strftime() 格式化字符串的数字左侧会自动补零,上述格式也可以与 print() 函数的格式化 str.format()方法一起使用,例如:

```
>>> from datetime import datetime
>>> now = datetime.now()
>>> now. strftime("%Y-%m-%d")
'2022-01-06'
>>> now. strftime("%A, %d. %B %Y %I:%M%p")
'Thursday, 06. January 2022 04:42PM'
>>> print("今天是{0:%Y}年{0:%m}月{0:%d}日". format(now))
今天是 2022 年 01 月 06 日
```

datetime 库主要用于表示时间,从格式化角度掌握 strftime()函数已经能够处理很多问题了。建议读者在遇到需要处理时间的问题时采用 datetime 库做日期和时间的管理与转换。

5.6　递归函数

本节包括以下 3 个内容。

① 递归函数的概念;

② 斐波那契数列；

③ 递归与循环的比较。

5.6.1 递归函数的概念

前面讲述的自定义函数，它们可以通过一种严格的层次化方式相互调用。但解决某些问题时，有必要让函数调用自身。如果一个函数的函数体中有直接或间接调用函数自身的语句，该函数就称为递归函数。递归是推理和求解问题的一种重要方法，很多问题采用递归结构描述算法比非递归结构显得更加简洁易懂，可读性更好。

现实生活中有很多递归场景。例如，在文艺复兴时期，艺术家利用镜子塑造自我形象，就像马克·格特勒 1930 年的一幅画像，如图 5.2 所示。一个画家坐在镜子前画画，画的就是自己对着镜子画画的场景，这就是递归场景。还有，可以通过名为 Mathmap 的数学软件制作具有德罗斯特效应(Droste Effect)的图片。德罗斯特效应就是递归的一种视觉形式，即一张图片中的某部分与整张图片相同，如此产生无限循环，如图 5.3 所示。具有德罗斯特效应的图片是递归的图像定义。

图 5.2 Portrait of Kotelianski(画像局部)

图 5.3 神奇的德罗斯特效应图片

递归还有故事类型的定义，这个故事很多读者小时候都听过：从前有座山，山里有座庙，庙里有个老和尚正在给小和尚讲故事。故事是什么呢？“从前有座山，山里有座庙，庙里有个老和尚正在给小和尚讲故事。故事是什么呢？‘从前有座山，山里有座庙，庙里有个老和尚正在给小和尚讲故事。故事是什么呢？……’”。在这个故事中，不断重复这个故事自身。

递归函数的定义包括两部分。一部分是递归出口，存在一种或多种基本情形，又称为基例，可以直接得出该情形下的结果，无须继续递归。一般来说，根据解决问题的需要，可以设置任意多种基本情形。另一部分是递归情形，又称归纳情形，定义了该问题在其他情形下的结果，其中会调用函数自身。递归函数的执行过程分为以下两个阶段。

第一阶段，因为函数“递归情形”中包含调用函数自身的语句，所以当函数被调用时，可能造成更多的函数自我调用，每次函数调用自己的一个新副本时，会将其他情形的规模逐渐缩小，转化成同等问题的子问题。要想终止递归，不断变小的问题必须会聚成一个基本情形，即回到递归出口，这一阶段称为“递推”。

第二阶段,第一阶段完成后,此时函数能识别出基本情形,并将结果从最后一级开始,逐级返回前一个函数副本,返回结果通常使用关键字 return,直到将最终结果返回该函数的初始调用处,这一阶段称为“回归”。

“递推”和“回归”这两个阶段合并在一起,即递归逐层调用完毕后,再按照相反的顺序逐层返回。这样一个完整的调用过程称为“递归调用”(Recursive Call),也称为“递归步骤”(Recursion Step)。

递归调用同前面介绍的各种传统问题的解决方法相比,这个过程看起来似乎有点复杂。为解释这些概念的实际运用,下面以阶乘计算为例进行说明,对非负整数 n 来说,它的阶乘写作 $n!$,计算公式如下。

$$n! = n \times (n-1) \times (n-2) \times \cdots \times 1 \tag{5.1}$$

1! 或 0! 等于 1,如果不采用递归,而采用迭代法,可以采用以下两种代码返回非负整数 n 的阶乘值。

```
def factI(n):
    '''n 是正整数,返回 n!'''
    result = 1
    while n > 1:
        result *= n
        n -= 1
    return result
```

```
def factI(n):
    '''n 是正整数,返回 n!'''
    result = 1
    for i in range(n, 0 ,-1):
        result *= i
    return result
```

观察一下关系,例如,5! 显然等于 5×4!,如下所示。

$$\begin{aligned} 5! &= 5\times4\times3\times2\times1 \\ &= 5\times(4\times3\times2\times1) \\ &= 5\times4! \end{aligned}$$

从这个关系可以得出阶乘的递归定义,如式(5.2)所示。

$$n! = \begin{cases} 1, & n=0 \text{ 或 } n=1 \\ n(n-1)!, & n>1 \end{cases} \tag{5.2}$$

上方等式定义了基本情形;下方等式在前一个数的阶乘的基础上定义了除基本情形外所有自然数的阶乘。

微实例 5.3 阶乘的递归算法。

程序代码如下。

```
def factR(n):
    '''n 是正整数,返回 n!'''
    if n == 0 or n == 1:
        return 1
    else:
        return n * factR(n-1)

num = int(input("请输入一个正整数:"))
print("{}的阶乘值为:{}".format(num, factR(num)))
```

运行该程序，输出结果如下所示。

```
请输入一个正整数:5
5 的阶乘值为:120
```

通过在 factR() 函数体内调用 factR() 函数自身实现计算阶乘的功能，这看上去像作弊，但这种实现是有效的。计算 5! 的递归调用过程如图 5.4 所示。图 5.4(a)展示了逐层调用的"递推"过程，直到 1! 的结果为 1，此时会终止递推；图 5.4(b)展示了逐层返回值的"回归"过程，直到计算并返回终值。

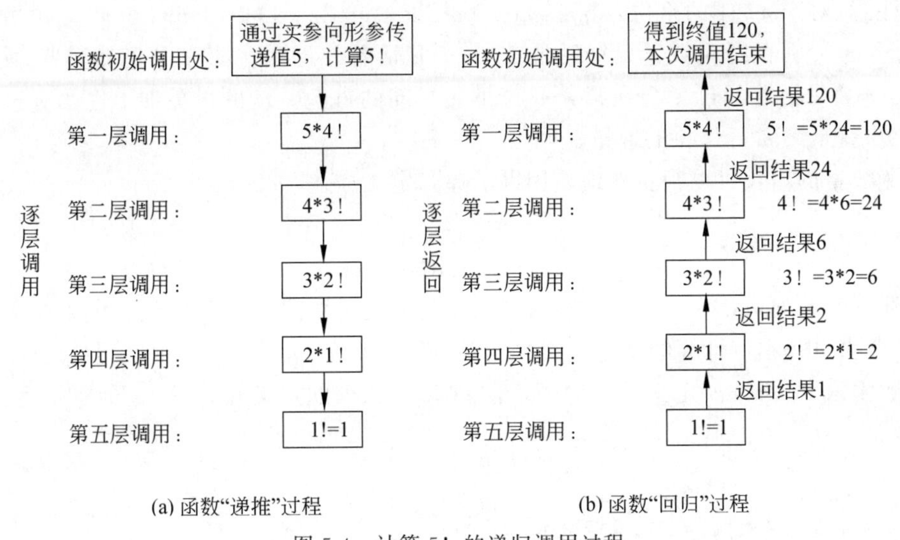

图 5.4　计算 5! 的递归调用过程

在定义递归函数时，如遗漏基本情形(基例)，就会造成始终无法汇聚于递归出口，从而产生无穷递归，最终导致耗尽内存。这类似于非递归方案中的死循环问题。

5.6.2　斐波那契数列

斐波那契数列是另一个经常使用递归方式定义的常用数学函数。"它们像兔子一样繁殖"经常用来形容人口增长过快。1202 年，意大利数学家比萨的列奥纳多(也称为斐波那契)得出一个公式，用来计算兔子的繁殖情况。尽管在很多人看来，他的假设有些不太现实。

首先假设一对新生的兔子被放到兔笼中，一只是公兔，另一只是母兔。然后假设兔子在一个月时就可以交配，并有一个月的妊娠期。最后，假设这些兔子永远不死，并且母兔从第二个月之后每月都能产下一对小兔(一公一母)。那么 6 个月后，会有多少只母兔?

第一个月的最后一天(称为第 0 月)，只有 1 只母兔(准备在下个月的第一天怀孕)。第二个月的最后一天，还是只有 1 只母兔(因为不到下个月的第一天，它不会分娩)。第三个月的第一天，会有 2 只母兔(一只怀孕，另一只没怀孕)。以此类推，如表 5.4 所示。

表 5.4 母兔数量的增长

月 份	母 兔 数 量	月 份	母 兔 数 量
0	1	4	5
1	1	5	8
2	2	6	13
3	3		

请注意，对于 $n>1$ 的月份，fibonacci(n)=fibonacci($n-1$)+fibonacci($n-2$)，fibonacci(n)表示第 n 个月的母兔数量。每只在第 $n-1$ 月活着的母兔在第 n 月仍然活着，而且，每只在第 $n-2$ 月活着的母兔会在第 n 月产下一只新的母兔。新的母兔加上在第 $n-1$ 月活着的母兔，就是第 n 月母兔的数量。

母兔数量的增长可以很自然地使用以下递归定义描述，如式(5.3)所示。

$$\text{fibonacci}(n)=\begin{cases}1, & n=0 \text{ 或 } n=1\\ \text{fibonacci}(n-1)+\text{fibonacci}(n-2), & n\geqslant 2\end{cases} \tag{5.3}$$

上述计算数列被称为“斐波那契数列”。斐波那契对欧洲数学界的突出贡献体现在其著作《算盘全书》中，本例计算的斐波那契数列对应斐波那契《算盘全书》中使用的定义。不同于梵语数学家 Pingala 所定义的“斐波那契数列”，该数列的定义开始于 0，不是 1。程序代码如下。

```
def fib(n):
    '''n 是正整数,返回第 n 个斐波那契数'''
    if n == 0 or n == 1:
        return 1
    else:
        return fib(n - 1) + fib(n - 2)
n = eval(input("请输入 n 的值: "))
print("斐波那契数列第{}项的值为:{}".format(n, fib(n)))
```

运行该程序，输出结果如下所示。

```
请输入 n 的值: 6
斐波那契数列第 6 项的值为:13
```

需要注意的是，fib() 函数的定义与阶乘的递归定义有些不同。在递归情形中有两个递归调用，而不是一个。每次调用与某个基本情形($n=0$ 或 $n=1$)不符的 fib()函数，都会另行生成两个对 fib()函数的调用，这一系列调用很快就会失控。对上述程序稍做修改，便可统计并计算斐波那契数列某一项值的递归过程中 fib()函数被调用的次数，程序代码如下。

```
i = 0
def fib(n):
    '''n 是正整数,返回第 n 个斐波那契数'''
    global i
    i += 1
```

```
    if n == 0 or n == 1:
        return 1
    else:
        return fib(n - 1) + fib(n - 2)
n = eval(input("请输入 n 的值: "))
print("斐波那契数列第{}项的值为:{}".format(n, fib(n)))
print("本次递归过程中,fib() 函数被调用{}次!".format(i))
```

先后 4 次运行该程序，依次输入 20、30、31 和 32，输出结果分别如下所示。

```
请输入 n 的值: 20
斐波那契数列第 20 项的值为:10946
本次递归过程中,fib() 函数被调用 21891 次!
请输入 n 的值: 30
斐波那契数列第 30 项的值为:1346269
本次递归过程中,fib() 函数被调用 2692537 次!
请输入 n 的值: 31
斐波那契数列第 31 项的值为:2178309
本次递归过程中,fib() 函数被调用 4356617 次!
请输入 n 的值: 32
斐波那契数列第 32 项的值为:3524578
本次递归过程中,fib() 函数被调用 7049155 次!
```

如上方程序输出结果所示，计算较大的斐波那契值时，每两个连续的斐波那契数值都会导致计算时间和调用次数显著增加。31 的斐波那契值需要 4 356 617 次调用，32 的斐波那契值则需要 7 049 155 次调用，调用次数会急剧增加，仅从 31 变为 32，调用次数就增加了 2 692 538 次。计算机科学家将这个问题称为“指数复杂性”。因此，一般不要编写会造成调用次数以指数级增加的“斐波那契”式递归程序。这类问题使用简单迭代实现会更好。函数定义代码如下所示。

```
def fib(n):
    a, b = 1, 1
    for i in range(n):
        a, b = b, a+b
    return a
```

最后需要说明的是，这个模型并不适用于描述野生兔子数量的增长。1859 年，澳大利亚农场主托马斯·奥斯汀从英格兰进口了 24 只兔子作为狩猎目标。10 年后，澳大利亚每年大约有 2 000 000 只兔子被射杀或被捕获，但对整体数量还是没有明显的影响。兔子太多了，远远超过第 120 个斐波那契数。尽管斐波那契数列确实不是一个能够精确预测兔子数量增长的模型，但它仍然具有很多有趣的数学特性。

5.6.3　递归与循环的比较

读者通过前面的学习，知道函数可以通过递归或循环方式实现。本节要比较这两种方式，并进一步探讨在挑选具体方式时，主要应该考虑哪些因素。

递归与循环都建立在一个控制结构上。循环使用的是遍历循环 for 语句和条件循环 while 语句;递归则使用分支结构,比如 if…else…语句和 if…elif…else…语句。无论循环还是递归,都会涉及重复性操作。区别在于,循环是显式地使用一个循环结构,递归则是进行重复的函数调用。下面以 5.6.1 节**微实例 5.3** 所述的定义求阶乘值函数为例,代码对比如下。

```
#采用迭代法,利用循环结构
def factI(n):
    result = 1
    while n > 1:
        result *= n
        n -= 1
    return result
```

```
#采用递归法,利用分支结构
def factR(n):
    if n == 0 or n == 1:
        return 1
    else:
        return n * factR(n - 1)
```

由计数器控制的循环和递归都要进行终止测试:循环会不断修改计数器的值,直到计数器的值使循环条件变为不成立时终止;递归则不断对原始问题进行简化,直到抵达基本情形(基例)时停止重复调用。循环和递归都可能无休止地进行:如果循环的继续条件永远成立,则会发生无限循环;如果递归调用永远不能将问题简化并抵达基本情形,则会发生无穷递归。

递归有很多缺点。它采用重复调用机制,不断产生函数调用开销,这会浪费处理器处理时间。每次递归调用都会导致创建另一个函数副本,这会占用大量内存。循环通常在函数内部发生,所以能忽略重复函数调用和额外内存分配的开销。采用递归方式能解决的任何问题均可采用循环方式(非递归方式)解决。既然如此,为什么还要学习递归呢?

第一,如果递归方式能够更自然地反映问题,并使程序易于理解和调试,通常应该首选递归方式。往往只需几行代码即可实现一个递归方式。循环方式则往往需要大量代码来实现。第二,循环方案也许不是很直观。第三,采用清晰的、层次清楚的方式对程序进行“函数化”,有助于保证良好的软件工程。

使用递归方式,往往性能上要付出一定代价,因此,应避免在对性能要求较高的时候使用递归。实际应用中,对程序进行函数化时需要综合考虑,尽量保证能同时兼顾良好的性能和软件工程特性。

5.7 Python 内置函数

本节包括以下两方面内容。

① 69 个内置函数;

② 部分常用函数说明。

5.7.1 69 个内置函数

Python 解释器内置了很多函数和类型,Python 3.8 共提供了 69 个内置函数,如表 5.5 所示。

表 5.5　Python 3.8 的 69 个内置函数

abs()	delattr()	hash()	memoryview()	set()
all()	dict()	help()	min()	setattr()
any()	dir()	hex()	next()	slice()
ascii()	divmod()	id()	object()	sorted()
bin()	enumerate()	input()	oct()	staticmethod()
bool()	eval()	int()	open()	str()
breakpoint()	exec()	isinstance()	ord()	sum()
bytearray()	filter()	issubclass()	pow()	super()
bytes()	float()	iter()	print()	tuple()
callable()	format()	len()	property()	type()
chr()	frozenset()	list()	range()	vars()
classmethod()	getattr()	locals()	repr()	zip()
compile()	globals()	map()	reversed()	__import__()
complex()	hasattr()	max()	round()	

5.7.2　部分常用函数说明

表 5.5 所列函数，部分已经或将在本书出现，需要读者掌握。现说明部分常用函数如下，其他部分函数将在后续章节中介绍并使用。

① all()函数。

语法：all(iterable)

功能：常用于组合数据类型，如果某可迭代对象 iterable 的所有元素均为真值或该对象为空，则返回 True，等价于

```
def all(iterable):
    for element in iterable:
        if not element:
            return False
    return True
```

② any()函数。

语法：any(iterable)

功能：any()函数的功能与 all()函数的功能相反，如果某可迭代对象 iterable 的任一元素为真值，则返回 True；如果可迭代对象为空，则返回 False，等价于

```
def any(iterable):
    for element in iterable:
        if element:
            return True
    return False
```

③ filter()函数。

语法：filter(function, iterable)

功能：用于过滤某可迭代对象 iterable 中不符合条件的元素。该函数接收两个参数：第一个为函数；第二个为序列，序列的每个元素作为参数传递给函数进行判断，然后返回 True 或 False，最后将返回 True 的元素放到一个新的迭代器对象中返回，如果要转换为列表，可以使用 list()函数转换。

参数：

- function——函数
- iterable——可以是一个序列、一个支持迭代的容器或一个迭代器

例如，运用 filter() 函数过滤出列表中的所有奇数，如下述代码所示。

```
def is_odd(n):
    return n % 2 == 1
tmplist = filter(is_odd, [1, 2, 3, 4, 5, 6, 7, 8, 9, 10])
newlist = list(tmplist)
print(newlist)
```

运行该程序，结果如下所示。

```
[1, 3, 5, 7, 9]
```

④ hash()函数。

语法：hash(object)

功能：返回某对象的哈希值(如果对象有该值)。哈希值是整数，它们在字典查找元素时用来快速比较字典的键。相同大小的数字变量有相同的哈希值(即使它们类型不同，如 1 和 1.0)。

⑤ id()函数。

语法：id(object)

功能：返回对象的“标识值”。该值是一个整数，在此对象的生命周期中保证是唯一且恒定的。两个生命期不重叠的对象可能具有相同的 id()值。

⑥ map()函数。

语法：map(function, iterable, …)

功能：返回一个将 function 应用于 iterable 中每一项并输出其结果的迭代器。

参数：

- function——函数
- iterable——一个或多个序列

使用该函数的例子如下。

```
>>> #定义一个函数,用来计算平方数
>>> def square(x) :
        return x ** 2

>>> #使用 map() 函数将列表元素逐个映射给 square() 函数
>>> map(square, [1,2,3,4,5])            #返回一个 map 类型的迭代器
```

```
<map object at 0x100d3d550>
>>> #使用 list() 函数取出迭代器中的元素,并返回由这些元素组成的列表
>>> list(map(square, [1,2,3,4,5]))
[1, 4, 9, 16, 25]
```

上条语句的功能,也可以使用 lambda 匿名函数实现,如下述代码所示。

```
>>> list(map(lambda x: x ** 2, [1, 2, 3, 4, 5]))
[1, 4, 9, 16, 25]
```

⑦ sorted() 函数。

语法:sorted(iterable, key=None, reverse=False)

功能:对所有可迭代的对象进行排序操作,并返回重新排序的新列表。

参数:

- iterable——可迭代对象
- key——指定接收一个参数的函数,函数的参数就是取自可迭代对象中,用于从可迭代对象每个元素中提取一个用于比较的关键字,默认值为 None
- reverse——排序规则,reverse = True 降序,reverse = False 升序(默认)

函数应用的例子如下。

```
>>> als = [5, 7, 6, 3, 4, 1, 2]
>>> bls = sorted(als)   #sorted() 函数返回一个新的列表,不改变原列表的值
>>> als
[5, 7, 6, 3, 4, 1, 2]
>>> bls
[1, 2, 3, 4, 5, 6, 7]
>>> cls=[('b' , 2), ('a' , 1), ('c' , 3), ('d' , 4)]
>>> #可以利用 key 提取用于比较的关键字
>>> sorted(cls, key=lambda x : x[1])
[('a', 1), ('b', 2), ('c', 3), ('d', 4)]
>>> students = [('john', 'A', 15), ('jane', 'B', 12), ('dave', 'B', 10)]
>>> sorted(students, key=lambda s : s[2])                  #按年龄升序排序
[('dave', 'B', 10), ('jane', 'B', 12), ('john', 'A', 15)]
>>> sorted(students, key=lambda s : s[2], reverse=True)    #按年龄降序排列
[('john', 'A', 15), ('jane', 'B', 12), ('dave', 'B', 10)]
```

5.8　本章小结

本章首先介绍了函数的基本概念和函数的基本操作,包括函数的定义和调用、lambda 表达式和匿名函数;然后介绍了参数传递的 2 种方式和 3 类形参的用法;为了帮助读者准确实现函数内外变量的引用,本章接着介绍了变量的作用域知识;同时,本章还讲解了如何定义和使用递归函数,介绍了标准库 datetime 库的用法;最后介绍了部分 Python 常用内置函数的调用方法。学好本章内容,可以为读者灵活使用函数进行编程奠定基础。

第 6 章　组合数据类型

本章学习目标

- 理解元组、列表、集合和字典相关的概念
- 掌握生成元组、列表、集合和字典的方法
- 掌握元组、列表、集合和字典的运算操作符、内置函数和内置方法

本章主要介绍组合数据类型概述、序列类型及其操作、集合类型及其操作和字典类型及其操作。期间，穿插讲解一个第三方库——jieba 库的使用方法和 4 个组合数据类型应用的案例。

6.1　组合数据类型概述

本节包括以下两方面内容。

① 组合数据类型的概念；

② 组合数据类型的分类。

第 3 章介绍了数字类型，包括整数类型、浮点数类型和复数类型，这些类型仅能表示一个数据，这种表示单一数据的类型称为基本数据类型。然而，实际计算中却存在大量同时处理多个数据的情况，这就需要将多个数据有效组织起来并统一表示，这种能够表示多个数据的类型称为组合数据类型。

6.1.1　组合数据类型的概念

在使用计算机进行数据处理的情景下，经常需要对一组数据进行批量处理，例如：

① 给定一组单词'python''data''function''list''loop'，计算这批单词各自的长度。

② 给定一个学院学生的信息，统计其中男女生的比例。

③ 一次实验产生了很多组数据，对这些数据进行组内和组间分析等。

组合数据类型就是将多个相同类型或不同类型的数据组织起来，通过单一的表示使得数据操作变得更有序、更容易。

6.1.2　组合数据类型的分类

根据数据之间的关系，组合数据类型可以分为序列类型、集合类型和映射类型 3 种类型。在 Python 中，每一种组合数据类型都对应一个或多个具体的数据类型，结合本书章节内容的安排，组合数据类型的分类如图 6.1 所示。

组合数据类型可以将多个数据有效组织起来并统一表示。使用组合数据类型可以极大地提高程序的运行效率。

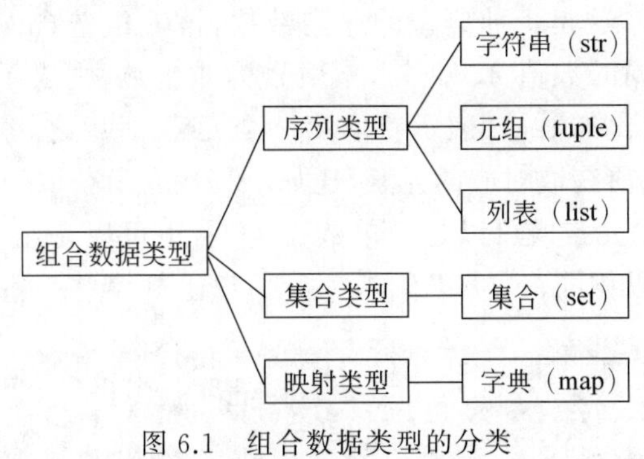

图6.1　组合数据类型的分类

6.2　序列类型及其操作

本节包括以下5个内容。

① 序列的概念；

② 序列共有的操作；

③ 元组及其个性化的操作；

④ 列表及其个性化的操作。

简单来说，序列是一种最基本的数据结构，可以理解为一块用来存放多个值的内存空间。序列中每个元素都有一个与位置相关的序号，称为索引号。Python程序几乎都应用了序列，通过使用序列可以实现栈、队列、树、图等较为复杂的数据结构并模拟其基本操作。

6.2.1　序列的概念

序列的基本思想和表示方式均来源于数学概念。在数学中，经常给每个序列一个名字，例如，n个数的序列S如式(6.1)所示。

$$S=S_0,S_1,S_2,\cdots,S_{n-1} \tag{6.1}$$

序列是一维向量，元素之间存在先后关系，当需要访问序列中某个特定元素时，可以通过其索引号(index)访问。序列所有类型的索引号体系都和字符串一样，既支持正向递增索引号，也支持反向递减索引号。由于元素之间存在顺序关系，所以序列中可以存在相同数值但位置不同的元素，例如：

```
>>> tp = (1, 2, 5, 2)
>>> tp[0]
1
>>> tp[1]
2
>>> tp[-1]
2
>>> tp[-2]
5
```

其中,tp 是一个元组,这是一种典型的序列数据,该元组包含 4 个元素,其中第 2 个元素和第 4 个元素具有相同的数值 2。此外,索引号为非负数,则表示正向递增索引号,即从前往后获取对应的元素,比如 tp[1]表示获取第 2 个元素 2;反之,索引号为负数,则表示反向递减索引号,即从后往前获取对应的元素,比如 tp[-1]表示获取倒数第 1 个元素 2。

另外,Python 序列的元素既可以是简单数据类型,也可以是组合数据类型。序列中的各个元素的数据类型可以相同,也可以不同。但是,以上规律并不适用于字符串类型,例如:

```
>>> tp = ((1, 2), 3, 4, [5, 6, 7], 'abc')
>>> ls = ['abc', [1, 2], (3, 4, 5), True, {6, 7, 8}]
>>> type(tp); type(ls)
<class 'tuple'>
<class 'list'>
```

在这个例子中,tp 是元组,ls 是列表,它们都是序列。元组 tp 包含了 4 个不同数据类型的元素,分别是元组、数字类型、列表和字符串。列表 ls 包含了 5 个不同数据类型的元素,分别是字符串、列表、元组、逻辑类型和集合。

6.2.2 序列共有的操作

序列共有的操作,主要包括使用操作符进行运算、调用内置函数、调用内置方法和遍历序列等。

1. 操作符

指令系统的每一条指令都有一个对应的操作符,它表示该指令应进行什么性质的操作。不同的指令用操作符这个字段的不同编码表示,每一种编码代表一种指令。序列的共有操作符如表 6.1 所示。

表 6.1 序列的共有操作符

操 作 符	描 述
s + t	连接两个序列 s 与 t,返回一个新序列
s * n 或 n * s	复制 n 次序列 s,返回一个新序列
seq[i]	按索引号取元素,返回索引号为 i 的元素
seq[start: end [: step]]	序列切片,返回子序列
x in seq	如果 x 是 seq 的元素,则返回 True,否则返回 False
x not in seq	如果 x 不是 seq 的元素,则返回 True,否则返回 False
<=、<、>、>=、==、!=	比较运算符
is、is not	身份运算符(id()函数返回值是否相等)
not、and、or	逻辑运算符

2. 内置函数

内置函数是编程语言中预先定义的函数,通常是嵌入主调函数中的函数,又称内嵌函数。序列的内置函数如表 6.2 所示。

表 6.2　序列的内置函数

函　　数	描　　述
len(s)	返回序列 s 的元素个数(长度)
min(s)	返回序列 s 中的最小元素
max(s)	返回序列 s 中的最大元素

3. 内置方法

内置方法一般定义在类的内部,会在某种情况下自动触发执行,可以用来定制需要的类或对象。序列类型的内置方法如表 6.3 所示。

表 6.3　序列的内置方法

方　　法	描　　述
s.index(x[, i [, j]])	返回切片 s[i: j]中第一次出现元素 x 的索引号,找不到时结束程序运行并报错
s.count(x)	返回序列 s 中 x 出现的总次数

4. 遍历序列

遍历序列是沿着某条搜索路线,依次对序列中每个元素均做一次且仅做一次访问。访问元素所做的操作依赖于具体的应用问题。遍历序列在数据结构的树和图搜索中经常用到。

- 基于元素遍历序列

在 Python 中,for each in 循环结构实现的是对序列的元素进行顺序读取操作,这里的 each 表示序列的每个元素,例如:

```
>>> ls = ['abc', [1, 2], (3, 4, 5), True ,{6, 7, 8}]
>>> for each in ls:
    print(each)

abc
[1, 2]
(3, 4, 5)
True
{8, 6, 7}
```

在上例中,列表 ls 包含了 5 个不同数据类型的元素,采用 for each in 循环语句即可将 5 个元素按照顺序从前往后依次获取并在屏幕上打印输出元素的值。

- 基于索引号遍历序列

在 Python 中,for i in range 循环结构实现的是按照序列元素的索引号进行顺序读取操作,这里的 i 表示序列每个元素的索引号,例如:

```
>>> ls = ['abc', [1, 2], (3, 4, 5), True ,{6, 7, 8}]
>>> for i in range(len(ls)):
    print(ls[i])
```

```
abc
[1, 2]
(3, 4, 5)
True
{8, 6, 7}
```

在上例中，列表 ls 同样包含了 5 个不同数据类型的元素，len(ls)可以获取列表的长度 5，range(5)表示索引号 i 的取值范围是 0～4，采用 for i in range 循环语句即可将这 5 个元素从前往后依次获取并在屏幕上打印输出元素的值。

• 枚举遍历序列

enumerate 枚举函数是 Python 的内置函数，用于遍历序列中的元素以及它们的索引号，多用于在 for 循环中得到计数，enumerate 参数为可遍历的变量，如字符串、列表等。这个 for 循环遍历了序列的所有元素，并通过增加从零开始的计数器变量为每个元素生成索引号，例如：

```
>>> ls = "麻黄 9g、炙甘草 6g、杏仁 9g、生石膏 15~30g(先煎)、桂枝 9g、泽泻 9g、猪苓 9g、白术 9g、茯苓 15g、柴胡 16g".split("、")
>>> for index, herb in enumerate(ls):
    print(index, herb)

0 麻黄 9g
1 炙甘草 6g
2 杏仁 9g
3 生石膏 15~30g(先煎)
4 桂枝 9g
5 泽泻 9g
6 猪苓 9g
7 白术 9g
8 茯苓 15g
9 柴胡 16g
```

在上例中，字符串使用 split()函数以顿号作为分隔符进行切分操作，将切分后的子字符串存入列表 ls。再通过 enumerate 枚举函数遍历列表 ls 的元素及其索引号，参数 index 表示元素的索引号，参数 herb 表示元素本身。这个 for 循环遍历了列表 ls 的所有元素，在屏幕上打印输出了每个元素和它的索引号。

• 多变量遍历序列

序列的元素也可以是序列类型，如果所有元素序列都等长，还可以使用多个循环控制变量遍历序列，例如：

```
>>> for d1, d2, d3, d4 in ["上下左右", "北南西东"]:
    print(d1, d2, d3, d4)

上 下 左 右
北 南 西 东
```

从上例中可以看到，列表中有 2 个字符串类型的元素，每个字符串的长度都是 4。由于字符串也属于序列类型，因此在 for 循环语句中，d1、d2、d3、d4 这 4 个循环控制变量就分别代表了 2 个字符串中的 4 个元素，通过 4 个变量遍历列表，即可在屏幕上依次打印输出列表中 2 个字符串的全部元素。

6.2.3　元组及其个性化的操作

元组属于不可变序列，它的访问和处理速度比列表更快。如果定义了一系列常量值，主要用途仅是对它们进行遍历或其他类似操作，不需要对其元素进行任何修改，那么使用元组更为适合。元组对不需要修改的数据进行了“写保护”，从而使得代码更为安全。

1. 元组的概念及特点

元组（tuple）是包含 0 个或多个对象引用的序列。元组用一对圆括号作为数据定界符，在不会引起语义混淆的情况下，圆括号可以不写，例如：

```
>>> xTuple = (1, 2, 3)
>>> yTuple = 1, 2, 3
>>> xTuple == yTuple
True
```

在上例中，元组 xTuple 使用逗号和圆括号表示，元组 yTuple 仅使用逗号表示，它们二者在元组类型的表示上是等价的，因此二者进行关系比较运算的结果为 True。

元组生成后，其元素是固定不变的，不可以增加、删除元素，也不可以按索引号修改对应的元素，或者修改元组的切片，否则程序会报运行错误信息，例如：

```
>>> xTuple = (1, 2, 3)
>>> #修改元组的元素,程序报错
>>> xTuple[0] = 10
TypeError: 'tuple' object does not support item assignment
>>> #修改元组的切片,程序报错
>>> xTuple[0: 2] = (10, 20)
TypeError: 'tuple' object does not support item assignment
```

元组的元素如果是可变数据类型，那么元素的值是可以被改变的，但不建议通过这种方式使用元组，例如：

```
>>> varTuple = ([1, 2, 3], [4, 5, 6])
>>> varTuple[0][0: 2] = [10, 20]
>>> varTuple
([10, 20, 3], [4, 5, 6])
```

在上例中，元组 varTuple 包含 2 个列表类型的元素。由于列表是可变数据类型，元组 varTuple[0][0：2]表示其包含的第一个列表中的第 1 个元素和第 2 个元素的值由原来的 1 和 2，修改为 10 和 20。

2. 生成元组的方法

元组除用于表达固定数据项外，还用于接受一个函数的多个返回值、多变量同步赋值、循环遍历 3 种情况，例如：

```
>>> #函数 divmod(5, 3)的两个返回值 1 和 2 被赋值给元组变量 x
>>> x = divmod(5, 3)
>>> type(x)
<class 'tuple'>
>>> x[0]
1
>>> x[1]
2
>>> #函数 divmod(5, 3)的两个返回值 1 和 2 分别被赋值给变量 quotient 和 remainder,实现多变量同步赋值
>>> quotient, remainder = divmod(5, 3)
>>> quotient
1
>>> remainder
2
>>> #通过 input()函数将输入的数值赋值给元组变量 tp1
>>> tp1 = eval(input("请输入 3 个整数,用逗号分隔:"))
请输入 3 个整数,用逗号分隔:1, 2, 3
>>> tp1
(1, 2, 3)
>>> #通过 input()函数将输入的数值分别赋值给变量 x、y、z
>>> x, y, z = eval(input("请输入 3 个整数,用逗号分隔:"))
请输入 3 个整数,用逗号分隔:1, 2, 3
>>> x
1
>>> y
2
>>> z
3
```

6.2.4 列表及其个性化的操作

列表是 Python 的内置可变序列，是包含若干元素的有序连续内存空间。序列类型共有的操作也适用于列表，但列表是可变的容器对象，在使用上更加灵活。

1. 列表的概念及特点

列表(list)是包含 0 个或多个对象引用的有序序列，以一对中括号为定界符，中括号不可以省略。列表的长度和内容都是可变的，可自由对列表中的元素进行增加、删除或替换操作。列表没有长度限制，可以包括所有类型的数据。同一个列表的元素类型也可以不同，使用非常灵活。

2. 生成列表的方法

• 中括号生成法

将一组类型相同或不同的数据对象放在一对中括号“[ ]”中，再将这组数据对象赋值给一个变量，即可得到一个列表变量，例如：

```
>>> #使用中括号生成法，生成列表 ls
>>> ls = [425, 'BIT', [10, 'CS'], 425]
>>> ls
[425, 'BIT', [10, 'CS'], 425]
>>> #通过索引号 2 输出列表的第 3 个元素
>>> ls[2]
[10, 'CS']
```

• 函数/方法返回值生成法

一些函数或方法的返回值也是列表类型，如 sorted()函数、字符串的 split()方法等，例如：

```
>>> #使用 sortd()函数产生一个列表，该列表中的元素升序排列
>>> sorted('13254')
['1', '2', '3', '4', '5']
>>> #使用 split()函数以顿号为分隔符切分字符串 s，切分后的子字符串组成列表 ls
>>> s = "麻黄、炙甘草、杏仁、生石膏、桂枝、泽泻、猪苓"
>>> ls = s.split("、")
>>> ls
['麻黄', '炙甘草', '杏仁', '生石膏', '桂枝', '泽泻', '猪苓']
```

• list()函数生成法

list()函数可以将很多函数的返回值，如对象、元组、字符串等数据转换为列表。直接使用 list()函数会返回一个空列表，例如：

```
>>> lsZip = list(zip([1, 2, 3], ('a', 'b', 'c')))
>>> lsZip
[(1, 'a'), (2, 'b'), (3, 'c')]
>>> lsRange = list(range(0, 20, 2))
>>> lsRange
[0, 2, 4, 6, 8, 10, 12, 14, 16, 18]
>>> #使用 list()函数将字符串转换为列表
>>> lsStr = list('Python')
>>> lsStr
['P', 'y', 't', 'h', 'o', 'n']
>>> #直接使用 list()函数产生空列表
>>> lsNull = list()
>>> lsNull
[]
```

zip()函数是 Python 的内置函数之一，它可以将多个序列（列表、元组、字典、集合、字符

串以及 range()区间构成的列表)“压缩”成一个 zip 对象。所谓“压缩”,其实就是将这些序列中对应位置的元素重新组合,生成若干个新的元组。

在上例中,zip()函数先将列表[1, 2, 3]和元组('a', 'b', 'c')转换为 3 个元组(1, 'a'),(2, 'b')和(3, 'c'),再通过 list()函数将 3 个元组作为元素存入列表 lsZip。函数 range(0, 20, 2)会生成 0~19 范围内且步长为 2 的一组整数,即 0、2、4、6、8、10、12、14、16、18,再通过 list()函数将这些整数作为元素存入列表 lsRange。

- map()函数映射生成法

通过配合使用 map()函数可以映射生成特定格式的列表,例如:

```
>>> s = "麻黄、炙甘草、杏仁、生石膏、桂枝、泽泻、猪苓"
>>> ls = s.split("、")
>>> ls
['麻黄', '炙甘草', '杏仁', '生石膏', '桂枝', '泽泻', '猪苓']
>>> lsMap = list(map(lambda x: x[0], ls))
>>> lsMap
['麻', '炙', '杏', '生', '桂', '泽', '猪']
>>> lsNum = [1, -2, 3, -4, 5]
>>> list(map(str, lsNum))
['1', '-2', '3', '-4', '5']
>>> list(map(abs, lsNum))
[1, 2, 3, 4, 5]
```

map()函数是 Python 内置的高阶函数,会根据提供的函数对指定序列做映射,具体语法如下:map(function, iterable)。

map()函数以参数序列 iterable 中的每一个元素调用 function()函数,返回包含每次 function()函数返回值的新列表。

在上例中,第一个 map()函数的作用是获取列表 ls 中每个字符串元素的第一个字符,再将这些取出的字符重新赋值给列表变量 lsMap。第二个 map()函数的作用是将列表 lsNum 中的每个数值元素通过 str()方法转换为字符串,再将这些字符串通过 list()函数返回到一个新列表中。第三个 map()函数的作用是将列表 lsNum 中的每个数值元素通过 abs()方法转换为绝对值,再将这些绝对值通过 list()函数返回到一个新列表中。

- 列表生成式法

列表生成式也叫列表推导式或列表解析式,是 Python 内置的简单且强大的生成列表的方法。列表生成式的结构是在一个中括号里包含 3 个部分,分别是循环次数、想插入的值、判断是否插入的条件,返回结果将是一个新的列表,例如:

```
>>> ls1 = [x ** 2 for x in range(10)]
>>> ls1
[0, 1, 4, 9, 16, 25, 36, 49, 64, 81]
>>> ls2 = [str(x) for x in ls1]
>>> ls2
['0', '1', '4', '9', '16', '25', '36', '49', '64', '81']
```

```
>>> mulStr = '\n'.join([" ".join(["{} * {} = {: 2}".format(j, i, j * i) for j in range(1, i + 1)]) for i in range(1, 10)])
>>> print(mulStr)
1*1= 1
1*2= 2 2*2= 4
1*3= 3 2*3= 6 3*3= 9
1*4= 4 2*4= 8 3*4=12 4*4=16
1*5= 5 2*5=10 3*5=15 4*5=20 5*5=25
1*6= 6 2*6=12 3*6=18 4*6=24 5*6=30 6*6=36
1*7= 7 2*7=14 3*7=21 4*7=28 5*7=35 6*7=42 7*7=49
1*8= 8 2*8=16 3*8=24 4*8=32 5*8=40 6*8=48 7*8=56 8*8=64
1*9= 9 2*9=18 3*9=27 4*9=36 5*9=45 6*9=54 7*9=63 8*9=72 9*9=81
```

在上例中,使用列表生成式分别生成了列表 ls1 和 ls2。列表 ls1 的元素是 0～9 范围内的整数的平方数。列表 ls1 中的元素转换为字符串后再赋值给列表变量 ls2。最后使用 join()函数和 format()函数对数据进行格式化操作,完成九九乘法表的打印输出。

注意:通过等号将一个列表变量赋值给另一个列表变量,结果是两个变量同为一个列表数据的标签,之后一个变量的列表元素被改变,另一个变量的值自然也会被改变,例如:

```
>>> ls1 = [1, 'China', 'Beijin']
>>> ls2 = ls1
>>> ls1[2] = "Beijing"
>>> ls1
[1, 'China', 'Beijing']
>>> ls2
[1, 'China', 'Beijing']
```

如上例所示,先通过中括号法生成列表 ls1,直接将列表变量 ls1 赋值给列表变量 ls2 仅能产生对列表 ls1 的一个新的引用,此时,ls2 和 ls1 变量都是实际数据[1, 'China', 'Beijing']的表示或引用,真实数据只存储一份。因此,如果列表 ls1 发生了变化,则列表 ls2 也会随之发生相应的变化。

3. 列表特有的操作

列表作为一种序列类型,序列适用的共有操作也都适用于列表操作,包括标准型运算符。但列表使用更为灵活,也有其特有的操作,具体表现形式主要包括操作符、内置函数、内置方法和遍历列表等。

- 操作符

列表类型通常有 4 个特有的操作符,如表 6.4 所示。

表 6.4　列表的操作符

操　作　符	描　　述
ls += lt	将列表 lt 的元素增加到列表 ls 中
ls *= n	更新列表 ls,其元素重复 n 次

续表

操　作　符	描　　述
ls[i] = x	将列表 ls 中索引号为 i 的元素赋值为 x
ls[i: j: k] = lt	把列表中切片 ls[i: j: k]对应的元素用列表 lt 的元素进行赋值

如下代码演示了列表相关操作符的使用，例如：

```
>>> ls = list(range(10))
>>> ls
[0, 1, 2, 3, 4, 5, 6, 7, 8, 9]
>>> #对不连续的切片进行赋值操作，元素个数必须相等，否则程序报错
>>> ls[: 5: 2] = [10, 20, 40, 60]
ValueError: attempt to assign sequence of size 4 to extended slice of size 3
>>> #对不连续的切片进行赋值操作，元素个数必须相等
>>> ls[: 5: 2] = [10, 20, 40]
>>> ls
[10, 1, 20, 3, 40, 5, 6, 7, 8, 9]
>>> #对连续的切片进行赋值操作，元素个数多少都可以
>>> ls[: 5] = [0, 1, 2, 3, 4, 50]
>>> ls
[0, 1, 2, 3, 4, 50, 5, 6, 7, 8, 9]
>>> #索引赋值不要和切片赋值混淆，将索引号为 5 的元素修改为空列表
>>> ls[5] = []
>>> ls
[0, 1, 2, 3, 4, [], 5, 6, 7, 8, 9]
```

• 内置函数/命令

列表类型通常有两个特有的内置函数/命令，如表 6.5 所示。

表 6.5　列表的内置函数/命令

函数/命令	描　　述
del(ls[i: j: k]) del ls[i: j: k]	删除列表中切片 ls[i: j: k]对应的元素
del(ls[i]) del ls[i]	删除列表中索引号为 i 的元素

如下代码演示了列表相关内置函数/命令的使用，例如：

```
>>> ls = list(range(10))
>>> ls
[0, 1, 2, 3, 4, 5, 6, 7, 8, 9]
>>> ls[: 5] = [0, 1, 2, 3, 4, 50]
>>> ls
[0, 1, 2, 3, 4, 50, 5, 6, 7, 8, 9]
```

```
>>> ls[5] = []
>>> ls
[0, 1, 2, 3, 4, [], 5, 6, 7, 8, 9]
>>> #删除列表 ls 中索引号为 5 的元素
>>> del(ls[5])
>>> ls
[0, 1, 2, 3, 4, 5, 6, 7, 8, 9]
>>> #删除列表 ls 区间索引号在 1~9,步长值为 2 的元素
>>> del(ls[1: 10: 2])
>>> ls
[0, 2, 4, 6, 8]
```

- 内置方法

列表的内置方法如表 6.6 所示。

表 6.6　列表的内置方法

函数或方法	描　　述
ls.extend(lt)	将列表 lt 元素增加到列表 ls 中
ls.append(x)	在列表 ls 最后增加一个元素 x
ls.clear()	删除 ls 中的所有元素
ls.copy()	生成一个新列表,复制 ls 中的所有元素
ls.insert(i, x)	在列表 ls 中索引号为 i 的位置插入元素 x
ls.pop(i)	返回 ls 中索引号为 i 的元素并删除该元素
ls.remove(x)	将列表中出现的第一个元素 x 删除
ls.reverse()	将列表 ls 中元素的顺序颠倒
ls.sort(key = None, reverse = False)	以 key 的设置为排序依据,按照 reverse 的设置顺序排序 ls 中的元素

如下代码演示了列表相关内置方法的使用,例如:

```
>>> #使用列表生成式产生列表 ls
>>> ls = [i for i in range(10)]
>>> ls
[0, 1, 2, 3, 4, 5, 6, 7, 8, 9]
>>> #删除列表 ls 区间的元素
>>> del(ls[1: 10: 2])
>>> ls
[0, 2, 4, 6, 8]
>>> #在列表 ls 中索引号为 1 的位置插入新元素 1
>>> ls.insert(1, 1)
>>> ls
[0, 1, 2, 4, 6, 8]
```

```
>>> #在列表 ls 的最后增加一个元素 3
>>> ls.append(3)
>>> ls
[0, 1, 2, 4, 6, 8, 3]
>>> #将列表 ls 中元素的顺序颠倒
>>> ls.reverse()
>>> ls
[3, 8, 6, 4, 2, 1, 0]
>>> #reversed()函数将列表 ls 中元素的顺序颠倒,返回一个反转的迭代器
>>> reversed(ls)
<list_reverseiterator object at 0x00000263CE630848>
>>> #list()函数将反转的迭代器转换为列表
>>> list(reversed(ls))
[0, 1, 2, 4, 6, 8, 3]
>>> #将列表 ls 中的元素进行降序排列
>>> ls.sort(reverse = True)
>>> ls
[8, 6, 4, 3, 2, 1, 0]
>>> #以列表 ls 中元素的负数为排序标准,根据负数的升序排序对元素进行排序
>>> ls.sort(key = lambda x: -x, reverse = False)
>>> ls
[8, 6, 4, 3, 2, 1, 0]
>>> #生成一个新列表 lt,复制 ls 中的所有元素
>>> lt = ls.copy()
>>> #在列表 lt 最后增加一个元素 10
>>> lt.append(10)
>>> #列表 ls 和 lt 是两个独立的列表,lt 元素的变化不会影响 ls
>>> ls
[8, 6, 4, 3, 2, 1, 0]
>>> lt
[8, 6, 4, 3, 2, 1, 0, 10]
```

- 遍历列表

由于列表是可变数据类型,如果在遍历列表的同时删除列表元素,就会使遍历循环的运行过程复杂化,循环控制变量的取值难以推算。如果确实需要在遍历的同时删除列表元素,应使用逆序遍历。

例如:生成一个列表,列表元素为 10 个[1, 100]范围内的随机整数,然后删除列表中值为奇数的元素。

```
from random import randint
#使用列表生成式法生成列表 ls
ls = [randint(1, 100) for i in range(10)]
print("生成列表为:", ls)
#逆序遍历列表 ls,删除奇数元素
for i in range(len(ls) - 1, -1, -1):
```

```
    if ls[i] % 2 != 0:
        del ls[i]
print("删除奇数后列表为:", ls)
```

程序运行后，屏幕输出如下信息。

```
生成列表为: [38, 17, 17, 70, 10, 19, 56, 20, 56, 35]
删除奇数后列表为: [38, 70, 10, 56, 20, 56]
```

4. 列表的切片操作

在 Python 里，列表像字符串一样，也支持切片操作。切片操作所具有的强大功能远超人们的想象。

• 切片的特殊设置

Python 的风格是在切片和区间操作里不包含区间范围的最后一个元素，这符合 Python、C 和其他语言里以 0 作为起始索引号的传统和习惯，这样做会带来不少好处。

当省略起始位置信息，只有终止位置信息时，可以快速看出切片和区间里元素的个数，比如 range(5)和 ls[：5]都返回 5 个元素。

当起始位置信息和终止位置信息都可见时，可以快速计算出切片和区间的长度，即用最后一个数减去第一个索引号，比如 range(1：3)的长度是 2，ls[2：5]的长度是 3。

这样操作可以利用任意一个索引号把列表分割成不重叠的两部分，只要写成 ls[：x]和 ls[x：]就可以了，例如：

```
>>> ls = [1, 2, 3, 4, 5, 6]
>>> #在索引号为 2 的位置分割列表 ls
>>> ls[: 2]
[1, 2]
>>> ls[2: ]
[3, 4, 5, 6]
>>> #在索引号为 3 的位置分割列表 ls
>>> ls[: 3]
[1, 2, 3]
>>> ls[3: ]
[4, 5, 6]
```

• 切片的基本操作

要生成切片，可指定要使用的第一个元素和最后一个元素的索引号。与函数 range()一样，Python 在到达最后一个元素之前的元素后停止。要输出列表中的前 3 个元素，需要指定索引号为 0～3，这将返回索引号为 0、1 和 2 的元素。

下面的示例处理的是一个中药方剂的列表，例如：

```
>>> ls = ["麻黄", "炙甘草", "杏仁", "生石膏", "桂枝", "泽泻", "猪苓"]
>>> ls[0: 3]
['麻黄', '炙甘草', '杏仁']
```

以上代码输出该中药方剂列表的一个切片，其中只包含三味中药。输出的切片也是一个列表,其中包含前三味中药。

也可以通过切片生成列表的任意子集。比如,要提取中药方剂列表的第二、第三和第四味中药,可将起始索引号指定为 1,并将终止索引号指定为 4。此时,切片起始于'炙甘草',终止于'生石膏',例如:

```
>>> ls = ["麻黄", "炙甘草", "杏仁", "生石膏", "桂枝", "泽泻", "猪苓"]
>>> ls[1: 4]
['炙甘草', '杏仁', '生石膏']
```

如果切片时没有指定第一个索引号,Python 将自动从列表的开头开始进行元素的提取。如下述代码,由于没有指定起始索引号,因此将提取中药方剂列表中的第一、第二、第三和第四味中药,例如:

```
>>> ls = ["麻黄", "炙甘草", "杏仁", "生石膏", "桂枝", "泽泻", "猪苓"]
>>> ls[: 4]
['麻黄', '炙甘草', '杏仁', '生石膏']
```

如果要让切片终止于列表末尾,也可以使用类似的做法。比如,要从列表中提取从第三个元素到列表末尾的所有元素,可以将起始索引号指定为 2,并省略终止索引号。如下述代码,Python 将返回中药方剂列表中从第三味中药到列表末尾的所有中药,例如:

```
>>> ls = ["麻黄", "炙甘草", "杏仁", "生石膏", "桂枝", "泽泻", "猪苓"]
>>> ls[2: ]
['杏仁', '生石膏', '桂枝', '泽泻', '猪苓']
```

无论列表的长度是多少,通过上述切片方式都可以得到从特定位置到列表末尾的所有元素。根据之前学习的内容,可以知道负数索引号会返回距离列表末尾相应距离的元素,因此可以输出从列表末尾逆向的任意切片。比如,要输出中药方剂列表的最后三味中药,可以使用 ls[−3:]。即使列表的长度和内容发生变化,此种表达始终返回列表的最后三个元素,例如:

```
>>> ls = ["麻黄", "炙甘草", "杏仁", "生石膏", "桂枝", "泽泻", "猪苓"]
>>> ls[-3: ]
['桂枝', '泽泻', '猪苓']
```

此外,切片时除了要设定起始索引号和终止索引号外,还可以设定第三个参数,即步长值,该值可以设置遍历列表元素时的跨度,实现跨元素遍历。比如,要从中药方剂列表的第二味中药开始,间隔一味中药进行遍历,直到第四味中药截止,则可以尝试使用下面的切片方式进行设置,例如:

```
>>> ls = ["麻黄", "炙甘草", "杏仁", "生石膏", "桂枝", "泽泻", "猪苓"]
>>> ls[1: 4: 2]
['炙甘草', '生石膏']
```

最后，除了以上关于序列类型切片中的起始索引号、终止索引号和步长值相关设置外，还有一种特殊的设置方式，即省略起始索引号和终止索引号，步长值设置为−1，这样就能将原来列表中的元素进行逆序输出。比如，要把中药方剂列表中的中药按照逆序反向输出，则可以尝试采用下面的切片方式进行设置，例如：

```
>>> ls = ["麻黄", "炙甘草", "杏仁", "生石膏", "桂枝", "泽泻", "猪苓"]
>>> ls[: : -1]
['猪苓', '泽泻', '桂枝', '生石膏', '杏仁', '炙甘草', '麻黄']
```

• 遍历切片

如果要遍历列表的一部分元素，可以通过在 for 循环语句中使用切片操作实现。在下面的示例代码中，结果将遍历中药方剂列表中的前三味中药，并打印输出，例如：

```
>>> ls = ["麻黄", "炙甘草", "杏仁", "生石膏", "桂枝", "泽泻", "猪苓"]
>>> for i in ls[: 3]:
        print(i)


麻黄
炙甘草
杏仁
```

列表的切片操作在许多应用场景下都发挥着重要的作用。比如，在处理数据时，可以使用切片进行批量处理；在编写 Web 网页或应用程序时，可以通过使用切片实现分页显示信息，并在每页显示数量恰当的信息。

• 复制列表

前面已经介绍了几种常见的生成列表的方法，如中括号生成法、函数/方法返回值生成法、list()函数生成法、map()函数映射生成法和列表生成法等。除此之外，还有一种特殊的方法可以通过原有的列表生成新的列表，即复制列表。只有深入理解复制列表的工作原理，并熟练掌握其常用的使用情景，使用复制列表的方法时才能游刃有余。

复制列表的过程通常是先生成一个包含原有列表全部元素的切片，其方法是在进行切片操作时将起始索引号和终止索引号同时省略，即为 ls[:]。通过这种方式，Python 可以生成起始于第一个元素，终止于最后一个元素的切片，即原有列表的副本。接着，再通过赋值语句将原有列表的副本赋值给新的列表变量，此时新列表中将包含原有列表中的全部元素，从而达到复制列表的目的。

例如，现在有一个中药方剂的列表，里面含有七味中药，如果此时需要在当前中药方剂的基础上再添加几味中药组成一个新的中药方剂，可以先通过复制列表的方式生成一个全新的列表，然后再在新列表中添加新的中药即可。

首先，生成一个中药方剂的列表，命名为 ls。接着创建一个列表变量，命名为 ls2。然后，在不设置任何索引号的情况下从列表 ls 中提取一个切片，从而生成这个列表的副本，再将该副本赋值给列表变量 ls2。从屏幕打印输出的结果可以看出，这两个列表包含的元素完全相同，即获取了相同的中药方剂，例如：

```
>>> ls = ["麻黄", "炙甘草", "杏仁", "生石膏", "桂枝", "泽泻", "猪苓"]
>>> ls2 = ls[:]
>>> print("旧的中药方剂为:", ls)
旧的中药方剂为: ['麻黄', '炙甘草', '杏仁', '生石膏', '桂枝', '泽泻', '猪苓']
>>> print("新的中药方剂为:", ls2)
新的中药方剂为: ['麻黄', '炙甘草', '杏仁', '生石膏', '桂枝', '泽泻', '猪苓']
```

为了证实这确实是两个不同的列表，接下来在每个列表中各新增一味中药，并通过屏幕打印输出记录相应的结果，例如：

```
>>> ls = ["麻黄", "炙甘草", "杏仁", "生石膏", "桂枝", "泽泻", "猪苓"]
>>> ls2 = ls[:]
>>> ls.append("人参")
>>> ls2.append("黄芩")
>>> print("旧的中药方剂为:", ls)
旧的中药方剂为: ['麻黄', '炙甘草', '杏仁', '生石膏', '桂枝', '泽泻', '猪苓', '人参']
>>> print("新的中药方剂为:", ls2)
新的中药方剂为: ['麻黄', '炙甘草', '杏仁', '生石膏', '桂枝', '泽泻', '猪苓', '黄芩']
```

最后的输出表明，旧的中药方剂列表 ls 中新增了一味中药“人参”，而新的中药方剂列表 ls2 中新增了一味中药“黄芩”，两个列表中各新增了一味中药。

但是，初学者在刚刚接触到列表的复制问题时，常常会进入一个误区。比如，如果只是直接将旧的中药方剂列表 ls 变量赋值给新的中药方剂列表变量 ls2，而不是通过使用切片的方式进行列表的复制，就不能获得两个不同的列表，例如：

```
>>> ls = ["麻黄", "炙甘草", "杏仁", "生石膏", "桂枝", "泽泻", "猪苓"]
>>> ls2 = ls
>>> ls.append("人参")
>>> ls2.append("黄芩")
>>> print("旧的中药方剂为:", ls)
旧的中药方剂为: ['麻黄', '炙甘草', '杏仁', '生石膏', '桂枝', '泽泻', '猪苓', '人参',
'黄芩']
>>> print("新的中药方剂为:", ls2)
新的中药方剂为: ['麻黄', '炙甘草', '杏仁', '生石膏', '桂枝', '泽泻', '猪苓', '人参',
'黄芩']
```

最后的输出结果表明，如果直接将旧的中药方剂列表 ls 变量赋值给新的中药方剂列表 ls2 变量，而不是通过使用切片的方式将生成的列表 ls 的副本赋值给列表 ls2 变量，这样的赋值方式实际上是将新列表 ls2 直接关联到原有旧的列表 ls，因此两个列表都指向同一个存储空间。因此，当在旧的中药方剂列表 ls 中新增一味中药“人参”后，新的中药方剂列表 ls2 也会新增这味中药。接着，当在新的中药方剂列表 ls2 中新增一味中药“黄芩”后，旧的中药方剂列表 ls 也会新增这味中药。两个列表中的元素始终保持相同。

当初学者需要进行复制列表的操作时，建议使用切片的方法生成目标列表的副本，再将列表副本赋值给新列表变量。

6.3　案例 9：药品销售数据清理

案例 9：本节包括以下两方面内容。

① 药品销售数据清理方法；

② 药品销售数据清理程序。

现实世界的数据常常是不完整的、有噪声的、不一致的。数据清理是数据科学或者机器学习工作流程的第一步。如果数据没有清理干净，将很难在探索中看到实际重要的部分，机器学习模型也将更加难以训练。在数据科学和机器学习的环境中，数据清理意味着过滤和修改数据，使数据更容易探索、理解和建模。

6.3.1　药品销售数据清理方法

数据清理的过程是对数据进行重新审查和校验的过程，目的在于删除重复信息、纠正存在的错误，并保证数据的完整性、唯一性和一致性。

在本案例中，drugSale.csv 数据文件存有某药店半年的药品销售数据，需要查看并清理其中的数据，具体要求如下。

① 查看药品销售数据的概貌。

② 药品销售数据的缺失值检测与处理，即删除有缺失值的记录。

③ 药品销售数据的异常数据检测与处理，即删除小于 0 的数值对应的记录。

④ 药品销售数据的重复数据处理，即数据去重。

⑤ 药品销售数据的数据类型转换，即销售时间转换为日期时间类型，销售数量、应收金额、实收金额转换为数字类型。

⑥ 药品销售数据的排序处理，即数据按日期排序。

⑦ 药品销售数据的展示，即在屏幕中显示药品销售数据的前 5 条记录，要求一行显示一次交易的信息。

6.3.2　药品销售数据清理程序

1. 源程序及其说明

```
#一、从文件读入药品销售数据，查看数据概貌
#导入外部 printData 模块，输出药品销售数据概貌
from printData import *
txt = open("drugSale.csv").read()
#调用 printData()函数输出药品销售数据
printData(txt)
#二、缺失值检测与处理
#按行切分数据，从而得到每次交易信息字符串的列表
ls1 = txt.split("\n")
#将每次交易信息字符串切分为具体交易信息的列表，并去掉标题行
ls = [item.split(",") for item in ls1][1: ]
```

```
delNullList = []
#逐条循环遍历销售数据,如果数据非空,则保留数据
for each in ls:
    if all(each):
        delNullList.append(each)
print("删除缺失值后记录数为:", len(delNullList))
#除了上面的方法,还可以用倒序遍历结合 del()函数的方法
num = len(ls)
#逐条循环遍历销售数据,如果数据非空,则保留数据
for i in range(num - 1, -1, -1):
    if not all(ls[i]):
        del(ls[i])
print("删除缺失值后记录数为:", len(ls))
#三、异常数据检测与处理:删除小于 0 的数值对应的记录
delNullOutliersList = []
#逐条循环遍历去除缺失值的销售数据,如果数据非零,则保留数据
for each in delNullList:
     if float(each[4]) >= 0 and float(each[5]) >= 0 and float(each[6]) >= 0:
         delNullOutliersList.append(each)
print("剔除异常值后记录数为:", len(delNullOutliersList))
#四、数据去重
cleanedLs = []
#逐条循环遍历去除异常值的销售数据,如果是非重复数据,则保留数据
for each in delNullOutliersList:
    if each not in cleanedLs:
                cleanedLs.append(each)
print("去重后记录数为:", len(cleanedLs))
#五、数据类型转换
'''
销售时间转换为日期时间类型,销售数量、应收金额、实收金额转换为数字类型
'''
from datetime import date
transLs = []
#逐条循环遍历去除异常值的销售数据,将各单项数据依次进行数据类型转换
for each in cleanedLs:
    try:
        #获取销售日期
        tmp = each[0][0: 10].split("-")
        year = int(tmp[0])
        month = int(tmp[1])
        day = int(tmp[2])
        #转换销售日期
        each[0] = date(year, month, day)
        #转换销售数量
        each[4] = eval(each[4])
```

```
        #转换应收金额
        each[5] = eval(each[5])
        #转换实收金额
        each[6] = eval(each[6])
        transLs.append(each)
    except:
#过滤掉无法转换类型的错误数据
        continue
print("转换后记录数为:", len(transLs))
#六、药品销售数据按日期排序
#使用 sort()方法对药品销售数据进行排序
transLs.sort(key = lambda x: x[0])
#七、展示结果数据
'''
展示结果数据的前 5 条记录:要求一行展示一次交易的信息
'''
print("清理后数据的前 5 条记录如下:")
#逐条循环遍历前 5 行药品销售数据并在屏幕中输出
for i in range(5):
    print(transLs[i])
```

2. 运行示例

程序运行后,屏幕输出如下信息。

```
前 5 行数据如下:
购药时间,社保卡号,商品编码,商品名称,销售数量,应收金额,实收金额
2018-01-01 星期五,1616528,236701,强力 VC 银翘片,6,82.8,69
2018-01-02 星期六,1616528,236701,清热解毒口服液,1,28,24.64
2018-01-06 星期三,12602828,236701,感康,2,16.8,15
2018-01-11 星期一,10070343428,236701,三九感冒灵,1,28,28
后 5 行数据如下:
,,,,,,
2018-04-27 星期三,10087865628,2367011,高特灵,2,11.2,9.86
2018-04-27 星期三,13406628,2367011,高特灵,1,5.6,5
2018-04-28 星期四,11926928,2367011,高特灵,2,11.2,10
数据总行数是:6580
没有空值的数据的总行数是: 6576
删除缺失值后记录数为: 6575
删除缺失值后记录数为: 6575
剔除异常值后记录数为: 6559
去重后记录数为: 6559
转换后记录数为: 6536
```

清理后数据的前 5 条记录如下:

```
[datetime.date(2018, 1, 1), '1616528', '236701', '强力 VC 银翘片', 6, 82.8, 69]
[datetime.date(2018, 1, 1), '101470528', '236709', '心痛定', 4, 179.2, 159.2]
```

```
[datetime.date(2018, 1, 1), '10072612028', '2367011', '开博通', 1, 28, 25]
[datetime.date(2018, 1, 1), '10074599128', '2367011', '开博通', 5, 140, 125]
[datetime.date(2018, 1, 1), '11743428', '861405', '苯磺酸氨氯地平片(络活喜)', 1, 34.
5, 31]
```

从程序运行结果可以看出，该数据集的第一行是标题行，一共有 6579 条交易记录。每条交易记录有 7 项数据，包括购药时间、社保卡号、商品编码、商品名称、销售数量、应收金额和实收金额。药品销售数据中的缺失值、非零值、重复值等异常数据经过相应处理后，即得到清理干净的数据，为后续的数据统计分析打下了坚实的基础。

6.4　集合类型及其操作

本节包括以下 3 个内容。

① 集合的概念；

② 生成集合；

③ 集合的操作。

对于一个包含重复元素的对象，如果要删除重复项，很多程序设计语言常常会采用先排序再比较删除重复项的方法，但在 Python 中可以用集合简单地解决这样的问题。集合是无序可变的容器对象，集合中每个元素都是唯一的。

6.4.1　集合的概念

集合类型与数学中集合的概念一致，即包含 0 个或多个数据项的无序组合。Python 中用大括号将这些数据括起来，就形成了集合，例如：

```
>>> #使用大括号生成集合 a
>>> a = {1, 2, 3}
>>> a
{1, 2, 3}
>>> #使用 type()函数获取集合 a 的数据类型
>>> type(a)
<class 'set'>
```

由于集合中的元素不可重复，因此使用集合类型就能过滤掉重复的元素，例如：

```
>>> #生成集合 a 并添加重复元素 1 和 2
>>> a = {1, 1, 2, 2, 3}
>>> #集合 a 自动过滤重复元素
>>> a
{1, 2, 3}
```

微实例 6.1　定义一个函数 judgeDup(ls)，接受列表作为参数，功能为判断列表中有无重复出现的元素，若无，则返回 False；若有，则返回 True 和重复元素的个数。

```
def judgeDup(ls):
```

```
    #判断列表 ls 经过 set()函数去重后的长度是否和原列表 ls 的长度相同
    if len(set(ls)) == len(ls):
        #若两者长度相同,则说明列表 ls 没有重复元素,返回 False
        return False
    else:
        #若两者长度不同,则说明列表 ls 有重复元素,返回 True 和长度差值保存到元组
        return True, len(ls)-len(set(ls))
ls = eval(input("请输入一个列表:"))
#调用 judgeDup()函数判断列表 ls 是否有重复元素
result = judgeDup(ls)
#根据 judgeDup()函数的返回值类型分别进行打印输出
if type(result) == tuple:
    print("判读完毕,重复元素有{}个".format(result[1]))
else:
    print("判断完毕,没有重复元素")
```

程序运行后,屏幕输出如下信息。

```
请输入一个列表:[1, 1, 2, 2, 3, 3]
判读完毕,重复元素有 3 个
请输入一个列表:[1, 2, 3]
判断完毕,没有重复元素
```

集合的元素只能是固定数据类型,具体包括:

① 数字类型、字符串类型和逻辑类型;

② 元组的元素是固定数据类型时,也可以作为集合的元素;

③ 列表、集合和字典是可变数据类型,不能作为集合的元素。

例如:

```
>>> s = {1, 3.4, 'bit', (1, 2)}
>>> type(s)
<class 'set'>
>>> #列表是可变数据类型,不能作为集合的元素,程序报错
>>> s = {1, 3.4, 'bit', [1, 2]}
TypeError: unhashable type: 'list'
>>> hash((1, 2, 3))
2528502973977326415
>>> #列表是可变数据类型,不使用哈希值进行索引,程序报错
>>> ls = [1, 2, 3]
>>> hash(ls)
TypeError: unhashable type: 'list'
```

6.4.2 生成集合

通常可以使用大括号"{ }"生成集合,直接将集合赋值给变量即可创建一个集合变量,例如:

```
>>> #使用大括号生成集合 a
>>> a = {1, 2, 3}
>>> a
{1, 2, 3}
>>> #使用 type()函数获取集合 a 的数据类型
>>> type(a)
<class 'set'>
```

也可以使用 set()函数生成集合,直接将集合赋值给变量即可创建一个集合变量。set()函数生成集合的内容就是不重复的元素集合,集合的这个特点使得集合经常用来进行去重操作,例如:

```
>>> #使用 set()函数将字符串转换为集合,字符串中有重复的字符'p'
>>> a = set('apple')
>>> #集合 a 自动过滤重复元素
>>> a
{'l', 'a', 'p', 'e'}
```

6.4.3 集合的操作

集合是无序组合,它没有索引和位置的概念,不能切片,但有其特有的操作,具体表现形式主要包括操作符、内置函数命令、内置方法和遍历集合等。

1. 操作符

Python 中的集合也具有一些数学上集合的用法。集合的操作符如表 6.7 所示。

表 6.7 集合的操作符

操　作　符	描　　述
x in S	如果 x 是 S 的元素,则返回 True,否则返回 False
x not in S	如果 x 不是 S 的元素,则返回 True,否则返回 False
S- T 或 S.difference(T)	返回一个新集合,包括在集合 S 中但不在集合 T 中的元素
S -= T 或 S.difference_update(T)	更新集合 S,包括在集合 S 中但不在集合 T 中的元素
S & T 或 S.intersection(T)	返回一个新集合,包括同时在集合 S 和 T 中的元素
S &= T 或 S.intersection_update(T)	更新集合 S,包括同时在集合 S 和 T 中的元素
S ^ T 或 S.symmetric_difference(T)	返回一个新集合,包括集合 S 和 T 中的元素,但不包括同时在其中的元素
S ^= T 或 S.symmetric_difference_update(T)	更新集合 S,包括集合 S 和 T 中的元素,但不包括同时在其中的元素
S | T 或 S.union(T)	返回一个新集合,包括集合 S 和 T 中的所有元素
S |= T 或 S.update(T)	更新集合 S,包括集合 S 和 T 中的所有元素

续表

操 作 符	描 述
S <= T 或 S.issubset(T)	如果 S 与 T 相同或 S 是 T 的子集，则返回 True，否则返回 False，可以用 S<T 判断 S 是否为 T 的真子集
S >= T 或 S.issuperset(T)	如果 S 与 T 相同或 S 是 T 的超集，则返回 True，否则返回 False，可以用 S>T 判断 S 是否为 T 的真超集

集合的基本操作包括：并集(|)、差集(−)、交集(&)、补集(^)，这些操作的含义与数学中的定义相同，如图 6.2 所示。

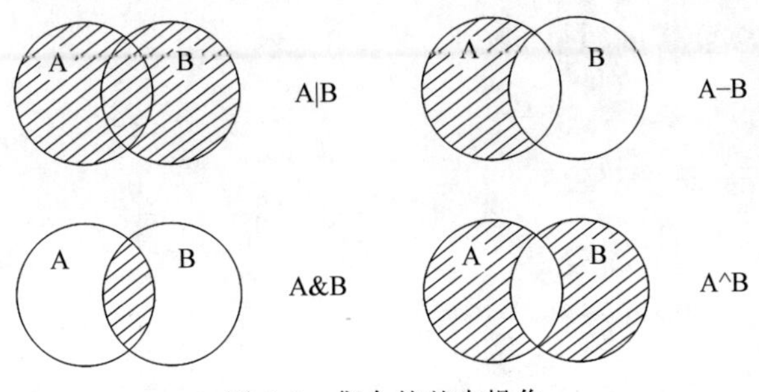

图 6.2　集合的基本操作

2. 内置函数/命令

操作集合的内置函数只有 1 个，即 len()函数，其余为方法，如表 6.8 所示。

表 6.8　集合的内置函数

函　　数	描　　述
len(S)	返回集合 S 中的元素个数

3. 内置方法

集合的内置方法如表 6.9 所示。

表 6.9　集合的内置方法

方　　法	描　　述
S.add(x)	如果数据项 x 不在集合 S 中，就将 x 增加到 S 中
S.clear()	移除 S 中的所有数据项
S.copy()	返回集合 S 的一个副本
S.pop()	随机返回集合 S 中的一个元素，同时删除该元素。如果 S 为空，则产生 KeyError 异常
S.discard(x)	如果 x 在集合 S 中，则移除该元素；如果 x 不在集合 S 中，则不报错
S.remove(x)	如果 x 在集合 S 中，则移除该元素；如果 x 不在集合 S 中，则产生 KeyError 异常
S.isdisjoint(T)	如果集合 S 与 T 没有相同的元素，则返回 True

集合类型主要用于 3 个场景：成员关系测试、元素去重和数据项删除。集合类型与其他类型最大的不同在于，它不包含重复元素，因此，当需要对一维数据进行去重或进行数据

重复处理时，一般通过集合完成。

4. 遍历集合

遍历集合和遍历列表类似，都可以通过 for 循环实现。但需要注意的是，for 循环在遍历集合时，元素的顺序和列表的顺序很可能是不同的，而且不同的机器上运行的结果也可能不同。

微实例 6.2 比较列表和集合的 in 操作的速度，即搜索效率。

```
#比较集合和列表的搜索效率
from random import randint
from time import time
#测试列表，搜索 10000 次，查看损耗时间
def inList(size):
    start = time()
    largeList = list(range(size))
    count = 0
    for i in range(size):
        num = randint(0, size * 2)
        if num in largeList:
            count += 1
    print('列表出现:{}次,耗时:{}'.format(count, time()-start))
#测试集合，搜索 10000 次，查看损耗时间
def inSet(size):
    start = time()
    largetSet = set(range(size))
    count = 0
    for i in range(size):
        num = randint(0, size * 2)
        if num in largetSet:
            count += 1
    print('集合出现:{}次,耗时:{}'.format(count, time()-start))
size = 10000
inList(size)
inSet(size)
```

程序运行后，屏幕输出如下信息。

```
列表出现:4974 次,耗时:0.7540240287780762
集合出现:5015 次,耗时:0.011998176574707031
```

从运行结果可以看出，相比于列表，由于集合的元素存储根据哈希值排序，因此集合在统计次数和损耗时间上都优于列表，搜索效率更高。

6.5 字典类型及其操作

本节包括以下 3 个内容。

① 字典的概念；

② 生成字典；

③ 字典的操作。

对于 Python 中的序列类型对象，可以通过序列中每个元素的索引号进行访问，而在处理实际问题时，经常会有通过名字访问值的应用，如果仅用序列类型处理，则会相当烦琐。Python 提供的一种独特的数据结构——字典，可以建立对象之间的映射关系，处理这些问题非常方便。

6.5.1　字典的概念

字典类型是包含若干"键：值"对的无序可变组合，字典中的每个元素都包含两部分："键"和"值"。例如，要描述形状的特征，可以用键表示属性，值是属性的取值，如图 6.3 所示。

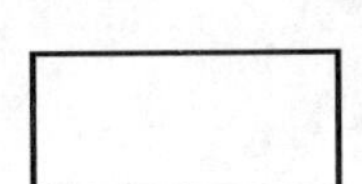
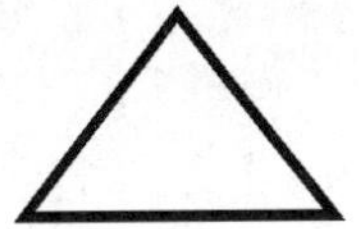

图 6.3　矩形和三角形

上述矩形和三角形的特征信息也可以用字典表示如下。

```
shape1 = {'sClass': 'rectangle', 'lineWidth': '1.5pt'}
shape2 = {"sClass": 'triangle',"lineWidth": '3pt'}
```

此外，药品销售数量统计结果、本书的作者信息，都可以用字典表示，例如：

```
drugNumSta = {"苯磺酸氨氯地平片(安内真)": 1781, "开博通": 1440, "酒石酸美托洛尔片(倍他乐克)": 1140}
teachMaterial = {'title': 'Python', 'authors': ("赵鸿萍", "张艳敏", "古锐", "刘新星", "候凤贞"), 'press': "清华大学出版社"}
```

6.5.2　生成字典

定义字典时，每个元素的"键"和"值"用冒号分隔，相邻元素之间用逗号分隔，所有的元素都放在一对花括号"{ }"中。将一个字典赋值给一个变量即可创建一个字典变量。

生成字典语法：{＜键 1＞：＜值 1＞，＜键 2＞：＜值 2＞，…，＜键 *n*＞：＜值 *n*＞}

这里需要注意以下 3 点：

① 键只可以取固定数据类型，值的数据类型不限；

② 字典和集合类似，元素无序，但键无重复；

③ 语句 dic = {}生成空字典。

例如：

```
>>> #列表是可变数据类型，不能作为字典的键，字典 drugNumSta 生成失败
>>> drugNumSta = {["苯磺酸氨氯地平片(安内真)", "开博通", "酒石酸美托洛尔片(倍他乐克)"]: (1781, 1440, 1140)}
```

```
TypeError: unhashable type: 'list'
>>> #元组是固定数据类型,可以作为字典的键,字典 drugNumSta 生成成功
>>> drugNumSta = {("苯磺酸氨氯地平片(安内真)", "开博通", "酒石酸美托洛尔片(倍他乐克)"): (1781, 1440, 1140)}
>>> #使用 type()函数获取字典 drugNumSta 的数据类型
>>> type(drugNumSta)
<class 'dict'>
>>> #使用花括号和键值对生成字典 drugNumSta
>>> drugNumSta = {"苯磺酸氨氯地平片(安内真)": 1781, "开博通": 1440, "酒石酸美托洛尔片(倍他乐克)": 1140, "开博通": 1540}
>>> drugNumSta
{'苯磺酸氨氯地平片(安内真)': 1781, '开博通': 1540, '酒石酸美托洛尔片(倍他乐克)': 1140}
>>> #生成空字典 dic
>>> dic = {}
>>> type(dic)
<class 'dict'>
>>> #生成空集合 s1
>>> s1 = set()
>>> type(s1)
<class 'set'>
```

6.5.3 字典的操作

字典有若干基本操作,包括检索字典、更新字典、添加字典元素等。此外,字典还具有其特有的内置函数、内置方法和遍历方法等。

1. 基本操作

- 检索字典

字典和序列不一样,不能通过索引号找到某个元素的内容,在字典中需要通过键确定对应的值,若指定的键不存在,则抛出异常。

检索字典的语法结构:<字典变量>[<键>] 返回该键对应的值,例如:

```
>>> drugNumSta = {"苯磺酸氨氯地平片(安内真)": 1781, "开博通": 1440, "酒石酸美托洛尔片(倍他乐克)": 1140}
>>> drugNumSta
{'苯磺酸氨氯地平片(安内真)': 1781, '开博通': 1440, '酒石酸美托洛尔片(倍他乐克)': 1140}
>>> for each in drugNumSta:
	if each == "开博通":
		print("{}的销售数量为:{}".format(each, drugNumSta[each]))

开博通的销售数量为:1440
```

如上例所示,通过 for each in 循环遍历字典 drugNumSta 时,each 表示字典中每个"键:

值"对的键,当键设定为"开博通"时,此时 drugNumSta[each]将返回键"开博通"对应的值 1440。

• 字典成员运算

要判断某个元素是否在字典中,可以通过字典成员运算实现。

字典成员运算的语法结构：<键> in <字典变量>,例如：

```
>>> if "开博通" in drugNumSta:
        print(drugNumSta["开博通"])

1440
```

如上例所示,通过 in 语句对字典 drugNumSta 进行成员运算时,如果字典包含键"开博通",则 drugNumSta["开博通"]将返回键"开博通"对应的值 1440。

• 添加字典元素

与列表类似,字典也可以通过对一个新的字典的键进行赋值操作,以达到添加字典元素的目的。

添加字典元素的语法结构：<字典变量>[<键>] = 值,例如：

```
>>> drugNumSta = {"苯磺酸氨氯地平片(安内真)": 1781, "开博通": 1440, "酒石酸美托洛尔片(倍他乐克)": 1140}
>>> #"阿莫西林"是字典的新键,向字典添加一个新的"键:值"对元素
>>> drugNumSta["阿莫西林"] = 166
>>> drugNumSta
{'苯磺酸氨氯地平片(安内真)': 1781, '开博通': 1440, '酒石酸美托洛尔片(倍他乐克)': 1140, '阿莫西林': 166}
```

• 更新字典

当通过已经存在的字典的键进行赋值操作时,可以修改该键对应的值,达到更新字典的目的。

更新字典的语法结构：<字典变量>[<键>] = 值,例如：

```
>>> #"苯磺酸氨氯地平片"是字典已存在的键,赋值操作将会修改该键对应的值
>>> drugNumSta["苯磺酸氨氯地平片(安内真)"] = 1800
>>> drugNumSta
{'苯磺酸氨氯地平片(安内真)': 1800, '开博通': 1440, '酒石酸美托洛尔片(倍他乐克)': 1140, '阿莫西林': 166}
```

2. 内置函数/命令

如果需要删除字典中的某个元素,则通过字典的 del()内置函数进行操作。

删除字典元素的语法结构：del(<字典变量>[<键>]),例如：

```
>>> #del()函数通过键"苯磺酸氨氯地平片"删除了该键对应的"键:值"对元素
>>> del(drugNumSta["苯磺酸氨氯地平片(安内真)"])
>>> drugNumSta
{'开博通': 1540, '酒石酸美托洛尔片(倍他乐克)': 1140, '阿莫西林': 166}
```

3. 内置方法

字典在 Python 内部采用面向对象方式实现，因此也有一些对应的方法，如采用<d>.<f>()格式。字典的内置方法如表 6.10 所示。

表 6.10 字典的内置方法

方 法	描 述
<d>.keys()	返回所有的键信息，类型为 dict_keys
<d>.values()	返回所有的值信息，类型为 dict_values
<d>.items()	返回所有的键值对信息，类型为 dict_items
<d>.get(<key>, <default>)	若键存在，则返回该键的 value 值，否则返回 default 值
<d>.pop(<key>, <default>)	若键存在，则返回相应的 value 值，同时删除该键值对，否则返回 default 值
<d>.popitem()	随机从字典中取出一个键值对，以元组(key, value)形式返回
<d>.clear()	从字典中删除所有的键值对

上述方法的一些例子如下，如果希望 keys()、values()和 items()方法返回列表类型，可以采用 list()函数将返回值转换成列表。

```
>>> drugNumSta = {"苯磺酸氨氯地平片(安内真)": 1781, "开博通": 1440, "酒石酸美托洛尔片(倍他乐克)": 1140}
>>> #返回字典 drugNumSta 所有的键信息
>>> drugNumSta.keys()
dict_keys(['苯磺酸氨氯地平片(安内真)', '开博通', '酒石酸美托洛尔片(倍他乐克)'])
>>> #返回字典 drugNumSta 所有的键值对信息
>>> drugNumSta.items()
dict_items([('苯磺酸氨氯地平片(安内真)', 1781), ('开博通', 1440), ('酒石酸美托洛尔片(倍他乐克)', 1140)])
>>> #键"阿莫西林"不存在，返回设置的默认值 0
>>> drugNumSta.get("阿莫西林", 0)
0
>>> #键"开博通"存在，返回该键对应的值
>>> drugNumSta.get("开博通", 0)
1440
```

如果在检索后发现数据库中有 5 笔阿莫西林销售数据：销售数据 amNum = [166, 213, 352, 631, 179]，应该如何将这些数据加入字典 drugNumSta 中？例如：

```
>>> #将 5 笔阿莫西林销售数据的值存储到列表 amNum 中
>>> amNum = [166, 213, 352, 631, 179]
>>> #键"阿莫西林"存在，通过字典元素更新的方式累加 5 笔阿莫西林销售数据
>>> for each in amNum:
        drugNumSta["阿莫西林"] = drugNumSta.get("阿莫西林", 0) + each
```

```
>>> drugNumSta
{'苯磺酸氨氯地平片(安内真)': 1781, '开博通': 1440, '酒石酸美托洛尔片(倍他乐克)': 1140, '阿莫西林': 1541}
```

4. 遍历字典

与其他组合类型一样，字典可以通过 for…in 语句进行遍历，其基本语法结构如下。

```
for  <变量名>  in  <字典名>:
        <语句块>
```

由于“键：值”对中的键相当于索引，因此，for 循环返回的循环变量名是字典的键。如果需要获得键对应的值，可以在语句块中通过 get()方法获得，例如：

```
>>> Dcountry = {"中国": "北京", "法国": "巴黎", "美国": "华盛顿", "日本": "东京"}
>>> for i in Dcountry:
        print("国家:", i)
        print("城市:", Dcountry.get(i))

国家: 中国
城市: 北京
国家: 法国
城市: 巴黎
国家: 美国
城市: 华盛顿
国家: 日本
城市: 东京
```

字典是实现“键：值”对映射的数据结构，它采用固定数据类型的键数据作为索引，使用非常灵活，具有处理任意长度、混合类型“键：值”对的能力。

6.6　案例 10：药品销售数据统计分析

案例 10：本节包括以下两方面内容。

① 药品销售数据统计分析算法；

② 药品销售数据统计分析程序。

数据统计分析是采用适当的统计、分析方法对收集来的大量数据进行分析，将它们加以汇总、理解并消化，以求最大化地开发数据的功能，发挥数据的作用。

6.6.1　药品销售数据统计分析算法

药品销售数据统计分析是为了提取药品销售数据中的有用信息从而形成结论，继而对数据加以详细研究和概括总结的过程。

本案例基于案例 12 清理好的药品销售数据，对该药店半年的销售数据进行统计分析，具体要求如下。

① 计算基本统计量,包括交易总次数、月份数、月均销售药品次数、月均销售药品金额和客单价。

② 统计每日实收金额,生成日期列表及对应的日金额列表。

③ 统计每月实收金额,生成月份列表及对应的月金额列表。

④ 统计销售数量排名前 20 位的药品,生成排名前 20 位的药品名称列表及其对应的销售数量列表。

6.6.2 药品销售数据统计分析程序

1. 源程序及其说明

```
#八、计算基本统计量
#统计总的药品销售记录数量
totalNum = len(transLs)
print("一共售药{}次".format(totalNum))
#统计有药品销售数据的月份
monthLs = [each[0].month for each in transLs]
monthNum = len(set(monthLs))
print("一共交易有{}月".format(monthNum))
#统计月均销售药品次数
print("月均售药{}次".format(totalNum//monthNum))
moneyLs = [each[6] for each in transLs]
#统计药品销售总额
totalMoney = sum(moneyLs)
#统计月均销售金额
print("月均销售金额{:.2f}元".format(totalMoney/monthNum))
#统计客单价
print("客单价为:{:.2f}元".format(totalMoney/totalNum))
#九、统计每日销售金额
dicDayMoney = {}
#逐条循环遍历药品销售数据,统计每日实收金额
for each in transLs:
    dicDayMoney[each[0]] = dicDayMoney.get(each[0], 0)+each[6]
tmp = list(dicDayMoney.items())
tmp.sort(key=lambda x: x[0])
#生成日期列表
dayList = [each[0] for each in tmp]
#生成对应的日金额列表
dayMoneyList = [each[1] for each in tmp]
#十、统计每月销售金额
dicMonthMoney = {}
#逐条循环遍历药品销售数据,统计每月实收金额
for each in transLs:
    dicMonthMoney[each[0].month] = dicMonthMoney.get(each[0].month, 0)+each[6]
```

```
tmp = list(dicMonthMoney.items())
tmp.sort(key=lambda x: x[0])
#生成月份列表
monthList = [each[0] for each in tmp]
#生成对应的月金额列表
monthMoneyList = [each[1] for each in tmp]
#十一、统计销售数量排名前 20 位的药品
dicSaleNum = {}
#逐条循环遍历药品销售数据,统计每个药品的销售数量
for each in transLs:
    dicSaleNum[each[3]] = dicSaleNum.get(each[3], 0)+each[4]
tmp = list(dicSaleNum.items())
#按照销售数量对药品进行降序排序
tmp.sort(key=lambda x: x[1], reverse=True)
#生成排名前 20 位的药品名称列表
topDrugList = [each[0] for each in tmp[:20]]
#生成排名前 20 位的药品对应的销售数量列表
topDrugSaleNum = [each[1] for each in tmp[:20]]
print(topDrugList)
print(topDrugSaleNum)
```

2. 运行示例

程序运行后,屏幕输出如下信息。

```
一共售药 6536 次
一共交易有 7 月
月均售药 933 次
月均销售金额 43433.57 元
客单价为:46.52 元
['苯磺酸氨氯地平片(安内真)', '开博通', '酒石酸美托洛尔片(倍他乐克)', '硝苯地平片(心痛定)', '苯磺酸氨氯地平片(络活喜)', '复方利血平片(复方降压片)', 'G 琥珀酸美托洛尔缓释片(倍他乐克)', '缬沙坦胶囊(代文)', '非洛地平缓释片(波依定)', '高特灵', 'KG 替米沙坦片(欧美宁)(6 盒/疗程)', '厄贝沙坦片(安博维)', '感康', '厄贝沙坦氢氯噻嗪片(安博诺)', '复方利血平氨苯蝶啶片(北京降压 0 号)', '厄贝沙坦片(吉加)', '苯磺酸左旋氨氯地平片(施慧达)', '吲达帕胺片(寿比山)', 'G 苯磺酸氨氯地平片(6 盒/疗程)', '尼莫地平片']
[1781, 1440, 1140, 825, 796, 515, 509, 445, 375, 371, 358, 299, 299, 298, 290, 264, 261, 253, 238, 226]
```

6.7　第三方库 1：jieba 库的使用方法

第三方库 1：本节包括以下两方面内容。

① jieba 库概述；

② jieba 库解析。

分词就是将连续的字序列按照一定的规范重新组合成词序列的过程。通常,在英文的

行文中，单词之间是以空格作为自然分界符的，而中文只是字、句和段能通过明显的分界符简单划界，唯独词没有一个形式上的分界符，虽然英文也同样存在短语的划分问题，不过在词这一层上，中文比英文复杂得多、困难得多。

6.7.1 jieba 库概述

jieba 库是 Python 中一个重要的第三方中文分词函数库，可以非常便捷地对中文文本进行分词操作，使用前需要先安装。

安装方法：在 Windows 的命令行窗口进行，如图 6.4 所示。

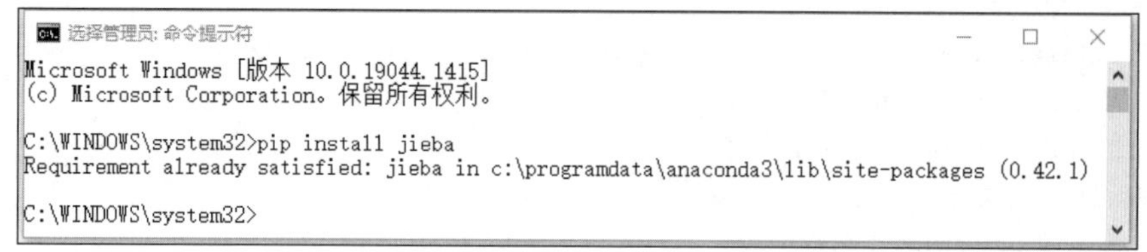

图 6.4　jieba 库的安装

jieba 库的分词原理是利用一个中文词库，将待分词的内容与分词词库进行比对，通过图结构和动态规划方法找到最大概率的词组。jieba 库基于前缀词典实现高效的词图扫描，import 后第一次使用分词功能时需要先生成前缀词典，例如：

```
>>> import jieba
>>> jieba.cut("中国是一个伟大的国家")
>>> jieba.lcut("中国是一个伟大的国家")
Building prefix dict from the default dictionary ...
Dumping model to file cache C:\Users\ AppData\Local\Temp\jieba.cache
Loading model cost 0.813 seconds.
Prefix dict has been built successfully.
['中国', '是', '一个', '伟大', '的', '国家']
```

6.7.2 jieba 库解析

jieba 库支持 3 种分词模式：①精确模式，将句子最精确地切开，适合文本分析；②全模式，把句子中所有可以分成词的词语都扫描出来，速度非常快，但是不能消除歧义；③搜索引擎模式，在精确模式的基础上，对长词再次切分，提高召回率，适合用于搜索引擎分词。jieba 库的内置函数如表 6.11 所示。

表 6.11　jieba 库的内置函数

函　　数	描　　述
jieba.cut(s)	精确模式，返回一个可迭代的数据类型
jieba.cut(s, cut_all = True)	全模式，输出文本 s 中所有可能的单词
jieba.cut_for_search(s)	搜索引擎模式，适合搜索引擎建立索引的分词结果

续表

函　　数	描　　述
jieba.lcut(s)	精确模式，返回一个列表类型，建议使用
jieba.lcut(s, cut_all = True)	全模式，返回一个列表类型，建议使用
jieba.lcut_for_search(s)	搜索引擎模式，返回一个列表类型，建议使用
jieba.add_word(w)	向分词词典中增加新词 w

针对上述 jieba 库的内置函数，举例如下。

```
>>> jieba.lcut("中国药科大学是我的母校")
['中国', '药科', '大学', '是', '我', '的', '母校']
>>> jieba.lcut("中国药科大学是我的母校", cut_all = True)
['中国', '国药', '药科', '科大', '大学', '是', '我', '的', '母校']
```

如上例所示，jieba.lcut()函数返回精确模式，输出的分词能够完整且不多余地组成原始文本；jieba.lcut(, True) 函数返回全模式，输出了原始文本中可能产生的所有分词，冗余性最大。由于列表类型通用且灵活，因此建议读者使用上述两个能够返回列表类型的分词函数。

6.8　文本词频统计

本节包括以下两个内容。

① 案例 11：一篇英文药学文献的词频统计；

② 案例 12：一篇中文药学文献的词频统计。

随着信息技术的飞速发展，特别是大数据和人工智能技术的普及，科技文献数据中关键词汇及相关主题的数据挖掘方法也在不断发展和应用。其中，词频统计分析法是一种文献计量方法，它利用能够揭示或表达文献核心内容的关键词或主题词在某一研究领域文献中出现的频次高低确定该领域研究的关注热点和发展动向。

6.8.1　案例 11：一篇英文药学文献的词频统计

利用词频统计分析法揭示人工智能与医药研究领域的英文科技文献的关键词，并统计分析这些关键词的频次高低，以高频词汇列表为依据，突出显示该领域的国际研究热点。

1. 英文文献词频统计方法

英文文本以空格或标点符号分隔词语，获得单词并统计数量相对容易。

问题分析：

① 文本去噪及归一化；

② 使用字典表达词频。

具体步骤如下。

① 导入需要进行词频统计分析的文本文件；

② 读取文本内容并将其保存为字符串；

③ 去除字符串中的特殊字符，只保留文字内容；

④ 对字符串的英文文本进行分词操作，并将其保存为列表；

⑤ 使用字典统计分析列表中的词频；

⑥ 按照降序的方式显示排名前 10 位的关键词。

2. 英文文献词频统计程序

• 源程序及其说明

```
#英文词频统计
def getText():
    #读取文本内容
    txt = open('articleEng.txt', 'r').read()
    txt = txt.lower()
    #将文本中的特殊字符替换为空格
    for ch in '!"#$%&()*+,-./:;<=>?@[\\]^_'{|}~':
        txt = txt.replace(ch, " ")
    return txt
hamletTxt = getText()
#拆分字符串为词汇列表
words = hamletTxt.split()
counts = {}
#使用字典进行词频统计
for word in words:
    counts[word] = counts.get(word, 0) + 1
items = list(counts.items())
#对词频统计结果进行降序排列
items.sort(key=lambda x: x[1], reverse=True)
#显示排名前 10 位的关键词
for i in range(10):
    word, count = items[i]
    print("{0:<10}{1:>5}".format(word, count))
```

• 运行示例

程序运行后，屏幕输出如下信息。

```
the         251
of          180
and         141
a           126
to           96
in           80
for          72
ai           59
drug         57
is           55
```

• 优化示例

观察上述运行结果发现，目前的词频统计结果中存在多个与文献主题无关的词汇，如 the、of、and、a、to，in，for，is 等。可以通过构建排除词库，将需要排除的词汇进行删除。

优化后的源代码如下。

```
#英文词频统计(优化版)
#构建排除词库
excludes = {'the', 'of', 'and', 'a', 'to', 'in', 'for', 'is', 'are', 'with', 'can',
            'that', 'be', 'by', 'this','an', 'as', 'been', 'based', 'or', 'which',
            'has', 'from', 'these', 'on', 'used'}
def getText():
    #读取文本内容
    txt = open('articleEng.txt', 'r').read()
    txt = txt.lower()
    #将文本中的特殊字符替换为空格
    for ch in '!"#$%&()*+,-./:;<=>?@[\\]^_'{|}~':
        txt = txt.replace(ch, " ")
    return txt
hamletTxt = getText()
#拆分字符串为词汇列表
words = hamletTxt.split()
counts = {}
#使用字典进行词频统计
for word in words:
    counts[word] = counts.get(word, 0) + 1
#删除需要排除的词汇
for word in excludes:
    del(counts[word])
items = list(counts.items())
#对词频统计结果进行降序排列
items.sort(key=lambda x: x[1], reverse=True)
#显示排名前 10 位的关键词
for i in range(10):
    word, count = items[i]
    print("{0:<10}{1:>5}".format(word, count))
```

程序运行后，屏幕输出如下信息。

```
ai           59
drug         57
chemical     23
methods      22
discovery    20
properties   20
protein      18
synthesis    17
```

```
molecular    16
reaction     16
```

如上例所示，经过优化后，词频统计结果中显示的词汇基本都与文献主题相关，通过这些主题关键词可以揭示国际人工智能与医药研究领域的关注热点和发展动向。

6.8.2 案例 12：一篇中文药学文献的词频统计

利用词频统计分析法挖掘人工智能与医药研究领域的中文科技文献的关键词，并统计分析这些关键词的频次高低，以高频词汇列表为依据，突出显示该领域的国内研究热点。

1. 中文文献词频统计方法

中文字符之间没有天然的分隔符，需要对中文文本进行分词才能进行词频统计，这需要用到第三方中文分词库——jieba 库。分词后的词频统计方法与英文词频统计方法类似。

2. 中文文献词频统计程序

- 源程序及其说明

```
#中文词频统计
import jieba
#读取文本内容
txt = open('articleChn.txt', 'r', encoding='utf-8').read()
#使用 jieba 库进行中文分词
words = jieba.lcut(txt)
counts = {}
#排除单个字符的分词结果
for word in words:
    if len(word) == 1:
        continue
    else:
        #使用字典进行词频统计
        counts[word] = counts.get(word, 0) + 1
items = list(counts.items())
#对词频统计结果进行降序排列
items.sort(key=lambda x: x[1], reverse=True)
#显示排名前 15 位的关键词
for i in range(15):
    word, count = items[i]
    print("{0:<10}{1:>5}".format(word, count))
```

- 运行示例

程序运行后，屏幕输出如下信息。

```
药物        82
分子        50
模型        49
学习        41
研发        39
```

```
数据          39
算法          37
应用          33
化合物        33
预测          30
人工智能      29
方法          29
发现          25
深度          25
一个          25
```

- 优化示例

观察上述运行结果发现，目前的词频统计结果中存在多个与文献主题无关的词汇，如“应用”“方法”“发现”“一个”等。可以通过构建排除词库，将需要排除的词汇进行删除。

优化后的源代码如下。

```python
#中文词频统计(优化版)
import jieba
#构建排除词库
excludes = {"应用", "方法", "发现", "一个", "领域", "分类"}
#读取文本内容
txt = open('articleChn.txt', 'r', encoding='utf-8').read()
#使用 jieba 库进行中文分词
words = jieba.lcut(txt)
counts = {}
for word in words:
    #排除单个字符的分词结果
    if len(word) == 1:
        continue
    else:
        #使用字典进行词频统计
        counts[word] = counts.get(word, 0) + 1
#删除需要排除的词汇
for word in excludes:
    del(counts[word])
items = list(counts.items())
#对词频统计结果进行降序排列
items.sort(key=lambda x: x[1], reverse=True)
#显示排名前 15 位的关键词
for i in range(15):
    word, count = items[i]
    print("{0:<10}{1:>5}".format(word, count))
```

程序运行后，屏幕输出如下信息。

```
药物          82
分子          50
```

```
模型        49
学习        41
研发        39
数据        39
算法        37
化合物      33
预测        30
人工智能    29
深度        25
设计        24
靶点        23
决策树      20
筛选        19
```

如上例所示，经过优化后，词频统计结果中显示的词汇基本都与文献主题相关，通过这些主题关键词，可以揭示人工智能与医药研究领域的国内关注热点。

6.9 Python 之禅

本节包括以下两个内容。

① import this；

② this.py。

什么样的程序是好的？如何编写漂亮的代码？这是学习编程时经常提出的问题，但也最难回答。程序设计语言如同自然语言，好的代码就像文学作品，不仅要达意，更要优美。那什么是"好"？什么是"优美"？领悟编程代码优美的过程类似参禅，除了不断练习，也需要理解一些原则。

6.9.1 import this

Python 编译器以函数库的形式内置了一个有趣的文件，该文件被称为"Python 之禅"(The Zen of Python)。当运行如下一行语句后，会出现一段有趣的运行结果。

```
>>> import this
The Zen of Python, by Tim Peters

Beautiful is better than ugly.
Explicit is better than implicit.
Simple is better than complex.
Complex is better than complicated.
Flat is better than nested.
Sparse is better than dense.
Readability counts.
Special cases aren't special enough to break the rules.
Although practicality beats purity.
```

```
Errors should never pass silently.
Unless explicitly silenced.
In the face of ambiguity, refuse the temptation to guess.
There should be one-- and preferably only one --obvious way to do it.
Although that way may not be obvious at first unless you're Dutch.
Now is better than never.
Although never is often better than *right* now.
If the implementation is hard to explain, it's a bad idea.
If the implementation is easy to explain, it may be a good idea.
Namespaces are one honking great idea -- let's do more of those!
```

这是一篇由 Tim Peters 撰写的文章，介绍了编写优美的 Python 程序所需要关注的一些重要原则。这里给出了作者对 Python 之禅的一个参考翻译及一些编程体会，供读者参考，如表 6.12 所示。

表 6.12　Python 之禅

Python 之禅　　作者：Tim Peters	译者心得
优美胜于丑陋	以编写优美代码为目标，不多解释
明了胜于隐晦	优美代码应该清晰明了，规范统一
简洁胜于复杂	优美代码应该逻辑简洁，避免复杂逻辑
复杂胜于凌乱	如果必须采用复杂逻辑，接口关系也要清晰
扁平胜于嵌套	优美代码应该是扁平的，避免太多层次嵌套
间隔胜于紧凑	优美代码间隔要适当，每行代码解决适度问题
可读性很重要	优美代码必须是可读且易读的
即便假借特例的实用性之名，也不要违背上述规则	上述规则是至高无上的
除非你确定需要，任何错误都应该有应对	捕获异常，不让程序有因错误退出的可能
当存在多种可能时，不要尝试猜测	不要试图给出多种方案，找到一种方案并实现它，几乎所有人都没有 Guido 那么牛
只要你不是 Guido，对于问题，尽量找一种高效的、便于实现的解决方案	
做也许好过不做，但不假思索就动手还不如不做	编程之前要思考
如果你无法向人描述你的实现方案，那肯定不是一个好方案	能说清楚的往往才是对的
如果实现方案容易解释，那它可能是一个好方案	适合复杂程序编程
命名空间是绝妙的理念，要多运用	

好的程序代码不仅具有一定的功能，也是一件艺术作品。对于从事编程工作的人员来说，大多数时间在阅读并修改代码，好的代码可读性能将这种阅读变成一种享受。

6.9.2 this.py

除 Python 之禅所表达的 Python 设计理念,该程序还有另一种魅力。请打开 Python 安装目录中的 Lib\this.py 文件,其程序代码如下。

```
s = """Gur Mra bs Clguba, ol Gvz Crgref
Ornhgvshy vf orggre guna htyl.
Rkcyvpvg vf orggre guna vzcyvpvg.
Fvzcyr vf orggre guna pbzcyrk.
Pbzcyrk vf orggre guna pbzcyvpngrq.
Syng vf orggre guna arfgrq.
Fcnefr vf orggre guna qrafr.
Ernqnovyvgl pbhagf.
Fcrpvny pnfrf nera'g fcrpvny rabhtu gb oernx gur ehyrf.
Nygubhtu cenpgvpnyvgl orngf chevgl.
Reebef fubhyq arire cnff fvyragyl.
Hayrff rkcyvpvgyl fvyraprq.
Va gur snpr bs nzovthvgl, ershfr gur grzcgngvba gb thrff.
Gurer fubhyq or bar-- naq cersrenoyl bayl bar --boivbhf jnl gb qb vg.
Nygubhtu gung jnl znl abg or boivbhf ng svefg hayrff lbh'er Qhgpu.
Abj vf orggre guna arire.
Nygubhtu arire vf bsgra orggre guna *evtug* abj.
Vs gur vzcyrzragngvba vf uneq gb rkcynva, vg'f n onq vqrn.
Vs gur vzcyrzragngvba vf rnfl gb rkcynva, vg znl or n tbbq vqrn.
Anzrfcnprf ner bar ubaxvat terng vqrn -- yrg'f qb zber bs gubfr!"""
#定义一个空字典,通过逐个增加"字符密文:原文"键值对的方法建立字典
d = {}
#字母'A'和'a'的 unicode 编码分别是 65 和 97
for c in (65, 97):
    #从字母'A'和'a'开始,循环移动 13 个位置,逐个增加键值对
    for i in range(26):
        d[chr(i + c)] = chr((i + 13) % 26 + c)
#逐个取出 Python 之禅中的密文字符,对应字典 d 的键
#按键取出对应的值,即可实现密文到原文的转换
print("".join([d.get(c, c) for c in s]))
```

从上例中可以看出,this.py 实质上是一段密文,而获得原文(解密)的方式,就是将文本字符循环移动 13 个位置,具体对应关系如下所示。

密文:A B C D E F G H I J K L M N O P Q R S T U V W X Y Z

原文:N O P Q R S T U V W X Y Z A B C D E F G H I J K L M

密文:a b c d e f g h i j k l m n o p q r s t u v w x y z

原文:n o p q r s t u v w x y z a b c d e f g h i j k l m

6.10　本章小结

合理使用组合数据类型是编写高质量程序的基础之一。本章主要从概念、生成方法和操作三大方面，依次介绍了组合数据类型中的序列（包括字符串、元组和列表）、集合和字典的知识；同时，讲解了4个应用组合数据类型的案例和1个第三方库——jieba库的使用方法；最后，通过Python之禅的案例一方面实战组合数据类型的应用，另一方面阐释高质量程序的编写原则，引导程序员培养工匠精神。

第7章 文　　件

本章学习目标

- 理解文件的概念、分类和打开文件的两种方式
- 掌握文件操作的基本知识
- 掌握一、二维数据的文件操作
- 理解高维数据的文件操作

本章依次介绍文件概述，文件操作，一、二维数据的文件操作和高维数据的文件操作，期间穿插讲解一个二维数据文件操作的案例。

7.1 文件概述

本节包括以下3个内容。

① 文件的概念；

② 文件的分类；

③ 文件的打开方式。

为了长期保存数据以便重复使用、修改和共享，必须将数据以文件的形式存储到外部存储介质（如磁盘、U盘、光盘等）或云盘中。管理信息系统是使用数据库存储数据的，而数据库最终还是以文件的形式存储，应用程序的配置信息往往也是使用文件存储，图形、图像、音频、可执行文件等也是以文件的形式存储的。因此，文件操作在各类应用软件的开发中均占有重要的地位。

7.1.1 文件的概念

文件是一个存储在辅助存储器上的数据序列，可以包含任何数据内容。从概念上讲，文件是数据的集合和抽象。同样，函数也是程序的集合和抽象。用文件形式组织和表达数据更有效、灵活。

7.1.2 文件的分类

从文件中数据的组织形式来看，文件可以分为两种类型：文本文件和二进制文件。

文本文件一般由单一特定编码的字符组成，内容容易统一展示和阅读，可以被看作存储在磁盘上的字符串，例如.py文件就是文本文件。

二进制文件直接由比特0和比特1组成，没有统一的字符编码，文件内部数据的组织格式与文件用途有关。由于没有统一编码，因此二进制文件只能当作字节流，而不能被看作字符串。典型的二进制文件有可执行文件.exe、.avi视频文件、.bin格式的数据文件等。

7.1.3 文件的打开方式

对于文件的打开方式，无论文件是文本文件还是二进制文件，都可以用“文本文件方式”和“二进制文件方式”分别打开。

微实例 7.1 理解文本文件和二进制文件的区别。

首先用文本编辑器生成一个包含“中国是一个伟大的国家!”的 txt 文本文件，命名为“7.1.txt”。分别用文本方式和二进制方式读入，并在屏幕上打印输出结果。

```
#t 表示文本文件方式
textFile = open('7.1.txt', 'rt')
print(textFile.readline())
textFile.close()
#b 表示二进制文件方式
binFile = open('7.1.txt', 'rb')
print(binFile.readline())
binFile.close()
```

程序运行后，屏幕输出如下信息：

```
中国是一个伟大的国家!
b'\xd6\xd0\xb9\xfa\xca\xc7\xb8\xf6\xce\xb0\xb4\xf3\xb5\xc4\xb9\xfa\xbc\xd2\xa3\xa1'
```

从程序运行结果可以看出，采用文本方式读入文件，文件经过编码形成字符串，打印出有含义的字符；采用二进制方式打开文件，文件被解析为字节(byte)流。由于存在编码，因此字符串中的一个字符由两个字节表示。

7.2 文件操作

本节包括以下 5 个内容。

① 文件的操作步骤；
② 打开、关闭文件；
③ 读文件；
④ 写文件；
⑤ 文件指针定位。

7.2.1 文件的操作步骤

无论是文本文件还是二进制文件，其操作流程基本是一致的，即首先打开文件并创建文件对象，然后通过该文件对象对文件内容进行读取、写入、删除、修改等操作，最后关闭并保存文件内容。简单来讲，Python 对文本文件和二进制文件采用统一的操作步骤，即“打开-操作-关闭”，如图 7.1 所示。

7.2.2 打开、关闭文件

操作系统中的文件默认处于存储状态，首先需要打开文件，使得当前的程序拥有权限去

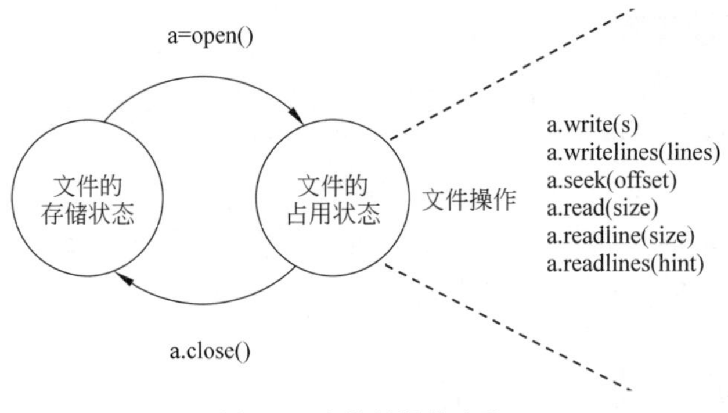

图 7.1　文件的操作步骤

操作某个文件，如果打开的是不存在的文件，系统会自动创建文件。文件被打开后则处于被占用的状态，此时其他程序无权操作这个文件。这时就可以通过一组方法读取文件的内容或向文件里写入内容。

1. open()函数

Python 通过解释器内置的 open()函数打开一个文件，并实现该文件与一个程序变量的关联，该函数返回一个 stream 对象。

具体语法如下。

```
<变量名> = open(<文件名>, <打开模式>)
```

open()函数有两个参数：文件名和打开模式。其中，文件名可以是文件的实际名字，也可以是包含完整路径的名字，例如：

```
>>> #打开当前文件夹下的 test.csv 文件
>>> fin = open("test.csv")
>>> #关闭文件
>>> fin.close()
>>> #通过绝对路径打开"第 7 章"文件夹下的 test.csv 文件
>>> fin = open(r"D:\课件\第 7 章\test.csv")
>>> fin.close()
>>> #通过绝对路径打开"第 7 章"文件夹下的 test.csv 文件
>>> fin = open("D:\\课件\\第 7 章\\test.csv")
>>> fin.close()
>>> #通过绝对路径打开"第 7 章"文件夹下的 test.csv 文件
>>> fin = open("D:/课件/第 7 章/test.csv")
>>> fin.close()
>>> #通过相对路径打开"第 6 章"文件夹下的 drugSale.csv 文件
>>> fin = open("../第 6 章/drugSale.csv")
>>> fin.close()
```

打开模式用于控制使用何种方式打开文件。open()函数提供了 7 种基本的打开模式，如表 7.1 所示。

表 7.1　文件的打开模式

打开模式	含　义
'r'	只读模式,如果文件不存在,就返回异常 FileNotFoundError,为默认值
'w'	覆盖写模式,若文件不存在,则创建文件;若文件存在,则完全覆盖源文件
'x'	创建写模式,若文件不存在,则创建文件;若文件存在,则返回异常 FileExistsError
'a'	追加写模式,若文件不存在,则创建文件;若文件存在,则在原文件最后追加内容
'b'	二进制文件模式
't'	文本文件模式,为默认值
'+'	与 r、w、x、a 一同使用,在原功能的基础上增加功能,同时支持读和写

打开模式使用字符串方式表示,一般由 3 列字符组成,其中第 1 列为'r' 'w' 'x' 'a' 4 选 1;第 2 列为'b''t'2 选 1;第 3 列为'+'(根据需要选择用或不用),3 列字符的顺序没有限制。通过这样的组合方式,可以形成既表达读写又表达文件模式的方式。

2. <变量名>.close()方法

文件打开后,后续操作都通过变量名访问文件。文件在操作之后需要关闭,文件关闭后将释放对文件的控制权和独占状态,使得文件恢复存储状态,此时其他程序或进程则可以再次操作这个文件。Python 中使用 close()方法关闭文件。

具体语法如下。

```
<变量名>.close()
```

该方法将关闭变量名对应的文件,例如:

```
>>> #通过相对路径打开"第 6 章"文件夹下的 drugSale.csv 文件
>>> fin = open("../第 6 章/drugSale.csv")
>>> #关闭文件
>>> fin.close()
```

关闭文件是打开文件的逆操作,它将切断文件对象与外存储器中文件之间的联系。文件使用完后,如果不关闭,则当程序运行结束时由系统自动关闭。

7.2.3　读文件

文件打开成功后,就可以根据打开文件的模式对文件进行相应的操作。对文件的操作主要是读和写,即对文件的取和存操作。文件以文本方式打开时,读写按照字符串方式,采用当前计算机使用的编码或指定编码;当文件以二进制方式打开时,读写按照字节流方式。

Python 提供了 3 个常用的文件内容读取方法,如表 7.2 所示。

表 7.2　常用的文件内容读取方法

方　法	含　义
<变量名>.read(size = -1)	读出文件中前 size 长度的字符串或字节流;若 size 不赋值,则读出整个文件的内容,返回读出的内容

续表

方　法	含　义
<变量名>.readline(size = −1)	size 不赋值，读出文件中一行内容；若 size 赋值，则读出该行前 size 长度的字符串或字节流，返回读出的内容
<变量名>.readlines(hint = −1)	hint 不赋值，读出文件中的所有行；若 hint 赋值，则读出 hint 行，返回读出的行组成的列表

*：字符串或字节流取决于文件打开模式中的't'或'b'。

例如，用户输入文件路径，以文本文件方式读入文本文件的内容并逐行打印输出，代码如下。

```
fname = input("请输入要打开的文件: ")
fi = open(fname, "r")
for line in fi.readlines():
    print(line)
fi.close()
```

程序首先提示用户输入一个文件名，然后打开文件并赋值给文件对象变量 fi。文件的全部内容通过 readlines()方法读到一个列表中，列表的每个元素都是文件的一行内容，然后通过 for…in 循环遍历列表，处理每行内容，即在屏幕上打印输出。

但是，上述操作也存在一些问题，当读入的文件非常大或者文件内容非常多时，一次性将全部内容读取到列表中会占用太多内存，影响程序运行效率。Python 会将文件本身视为一个行序列，遍历文件的所有行即可解决上述问题，代码如下。

```
fname = input("请输入要打开的文件: ")
fi = open(fname, "r")
for line in fi:
    print(line)
fi.close()
```

综上所述，如果程序需要逐行处理文件内容，建议采用如下的代码完成。

```
fi = open(fname, "r")
for line in fi:
    #处理一行数据
fi.close()
```

7.2.4 写文件

Python 提供了两个常用的文件内容写入方法，如表 7.3 所示。

表 7.3　常用的文件内容写入方法

方　法	含　义
<变量名>.write(s)	写入一个字符串或字节流
<变量名>.writelines(lines)	将一个字符串或元素为字符串的列表写入 stream

微实例 7.2　将列表数据写入文件,并在屏幕上打印输出。

```
formula = "麻黄 9g、炙甘草 6g、杏仁 9g、生石膏 15~30g(先煎)、\
    桂枝 9g、泽泻 9g、猪苓 9g、白术 9g、茯苓 15g、柴胡 16g、黄芩 6g、\
    姜半夏 9g、生姜 9g、紫菀 9g、冬花 9g、射干 9g、细辛 6g、山药 12g、\
    枳实 6g、陈皮 6g、藿香 9g"
ls = formula.split("、")
fname = input("请输入要写入的文件: ")
fo = open(fname, "w")
#将列表写入 stream
fo.writelines(ls)
#将列表解析成字符串后再写入 stream
fo.writelines("\n".join(ls))
#将列表解析成字符串后再写入文件
fo.write("\n".join(ls))
#读文件后打印数据到屏幕
print(fo.read())
fo.close()
```

程序运行后,屏幕输出如下信息。

```
请输入要写入的文件: fileWrite.txt
```

查看文件目录可以看出,已生成 fileWrite.txt 文件,打开该文件可以看到列表的内容。因此,列表内容已成功写入文件,但为何没有输出呢?原因在于,当列表内容被写入文件后,文件指针停留在文件内容的末尾,当需要重新读取输出的时候,文件内容在指针的前面,指针默认向后读取内容,因此并没有内容输出。

7.2.5　文件指针定位

在 Python 中,文件对象可以通过 seek()方法设定文件指针的光标位置,如表 7.4 所示。

表 7.4　文件指针定位的方法

方　法	含　义
＜变量名＞.seek(offset)	改变当前指针的位置为 offset 的值: 当 offset 取值为 0,指针移动到文件开头

微实例 7.3　通过设置文件指针定位,将读入文件的内容在屏幕上打印输出。

```
formula = "麻黄 9g、炙甘草 6g、杏仁 9g、生石膏 15~30g(先煎)、\
    桂枝 9g、泽泻 9g、猪苓 9g、白术 9g、茯苓 15g、柴胡 16g、黄芩 6g、\
    姜半夏 9g、生姜 9g、紫菀 9g、冬花 9g、射干 9g、细辛 6g、山药 12g、\
    枳实 6g、陈皮 6g、藿香 9g"
ls = formula.split("、")
fname = input("请输入要写入的文件: ")
fo = open(fname, "w+")
#将列表写入 stream
```

```
fo.writelines(ls)
#改变当前指针的位置为文件开头
fo.seek(0)
#读文件后打印数据到屏幕上
print(fo.read())
fo.close()
```

程序运行后,屏幕输出如下信息。

```
请输入要写入的文件: fileWrite.txt
麻黄 9g 炙甘草 6g 杏仁 9g 生石膏 15~30g(先煎)桂枝 9g 泽泻 9g 猪苓 9g 白术 9g 茯苓 15g 柴胡
16g 黄芩 6g 姜半夏 9g 生姜 9g 紫菀 9g 冬花 9g 射干 9g 细辛 6g 山药 12g 枳实 6g 陈皮 6g 藿香 9g
```

可以看出,程序中新增了一条代码 fo.seek(0),这条语句的功能是将文件操作指针返回到文件的开头位置,这样指针向后可以读取到文件内容,也就能够打印输出结果了。

7.3 一、二维数据的文件操作

本节包括以下 3 个内容。

① 数据组织的维度与数据结构;

② 一维数据的文件操作;

③ 二维数据的文件操作。

数据是事实或观察的结果,是对客观事物的逻辑归纳,是用于表示客观事物的未经加工的原始素材。维度就是一组数据的组织形式。对于一组数据,在一维方向展开,可形成线性关系;在二维方向展开,这组数据就可能表示两个不同的含义;当然,也可以将这组数据在多个维度上展开,从而表达多个含义。数据维度就是在数据之间形成特定关系,表达多种数据含义的一个很重要的概念。

7.3.1 数据组织的维度与数据结构

计算机是能根据指令操作数据的设备,因此操作数据是程序最重要的任务。除了单一数据类型(如数字、浮点数等),更多的数据需要根据不同维度组织起来,以便进行管理和程序处理。根据数据关系的不同,数据组织可以分为一维数据、二维数据和高维数据。

一维数据由对等关系的有序或无序数据构成,采用线性方式组织,对应数学中的数列、集合,如 Excel 表中的一行数据、一条记录等概念。

Python 程序中,对应一维数据的数据结构一般是元组、列表和集合。

例如,连花清瘟胶囊的成分如下所示。

连翘、金银花、炙麻黄、炒苦杏仁、石膏、板蓝根、绵马贯众、鱼腥草、广藿香、大黄、红景天、薄荷脑、甘草

二维数据,也称表格数据,由关联关系数据构成,采用表格方式进行组织,对应数学中的矩阵和现实中的表格数据。例如,2021 年上半年 FDA 批准的 8 款 First-in-class 疗法,具体品种如表 7.5 所示。

表 7.5 2021 年上半年 FDA 批准的 8 款 First-in-class 疗法

商 品 名	公 司	批 准 日 期	适 应 症
Ukoniq	TG	2021-02-05	边缘区淋巴瘤，滤泡性淋巴瘤
Evkeeza	再生元	2021-02-11	纯合子家族性高胆固醇血症
Pepaxto	Oncopeptides	2021-02-26	多发性骨髓瘤
Nulibry	Origin Bio.	2021-02-26	降低因 A 型钼辅因子缺乏症
Abecma	BMS	2021-03-26	多发性骨髓瘤
Empaveli	Apellis	2021-05-14	阵发性睡眠性血红蛋白尿
Lumakras	安进	2021-05-28	KRAS G12C 突变 NSCLC
Aduhelm	渤健/卫材	2021-06-07	阿尔茨海默病

注：数据引自医药魔方

Python 程序中，对应二维数据的数据结构可能是元素为组合数据类型的元组、列表、集合等，也可能是字典。

高维数据由键值对类型的数据构成，采用对象方式组织，属于整合度更好的数据组织方式。相比一维数据和二维数据，高维数据能表达更加灵活和复杂的数据关系。高维数据一般对应现实中的复杂对象，例如书的作者，一本书可能有多个作者，每位作者还有姓、名、单位等多个特征。

Python 程序中，高维数据的数据结构常用字典，有时也用元素是组合数据类型的列表。例如：

```
"本书作者":[
{"姓氏": "赵", "名字": "鸿萍", "单位": "中国药科大学"},
{"姓氏": "张", "名字": "艳敏", "单位": "中国药科大学"},
{"姓氏": "古", "名字": "锐", "单位": "中国药科大学"},
{"姓氏": "刘", "名字": "新昱", "单位": "中国药科大学"},
{"姓氏": "候", "名字": "凤贞", "单位": "中国药科大学"}
]
```

7.3.2 一维数据的文件操作

关于一维数据的表示，如果数据间有序，则使用列表类型，列表类型可以表达一维有序数据，for 循环可以遍历列表数据，进而对每个数据进行处理。如果数据间无序，则使用集合类型，集合类型可以表达一维无序数据，同样，for 循环也可以遍历集合数据，进而对每个数据进行处理。

1. 一维数据的格式化

一维数据常写入.txt、.csv 和.tsv 文件中，写入前，一般先根据文件格式要求，格式化为特定字符分隔的字符串。

常用的分隔字符有以下几种。

- 一个或多个空格，例如：

```
连翘 金银花 炙麻黄 炒苦杏仁 石膏 板蓝根 绵马贯众 鱼腥草 广藿香 大黄 红景天薄荷脑 甘草
```

- 逗号,例如:

连翘,金银花,炙麻黄,炒苦杏仁,石膏,板蓝根,绵马贯众,鱼腥草,广藿香,大黄,红景天,薄荷脑,甘草

- 其他符号或符号组合,例如:

连翘;金银花;炙麻黄;炒苦杏仁;石膏;板蓝根;绵马贯众;鱼腥草;广藿香;大黄;红景天;薄荷脑;甘草

特殊情况下,用其他符号或符号组合分隔,建议采用不出现在数据中的特殊符号。

2. 写入文件

一维数据的读写操作是一维数据的主要处理方式,这种处理方式是指一维数据的存储格式和一维数据的列表或者集合的表示方式之间的一种转换,而这种转换主要通过两种方法实现。字符串的 split()方法可以根据指定的分隔符切分字符串,格式化为列表。列表的 join()方法可以将特定分隔符加入列表的每个元素,拼接形成一个字符串。最后通过文件的写入数据的相关方法即可将一维数据写入文件。

微实例 7.4 将一维数据写入文件。

```
formula = "麻黄 9g、炙甘草 6g、杏仁 9g、生石膏 15~30g(先煎)、\
    桂枝 9g、泽泻 9g、猪苓 9g、白术 9g、茯苓 15g、柴胡 16g、黄芩 6g、\
    姜半夏 9g、生姜 9g、紫菀 9g、冬花 9g、射干 9g、细辛 6g、山药 12g、\
    枳实 6g、陈皮 6g、藿香 9g"
#通过 split()方法指定分隔符对字符串 formula 进行切片格式化为列表 ls
ls = formula.split("、")
#打开文本文件 formula.txt
fout1 = open("formula.txt", "w+")
#通过 join()方法指定空格符连接列表元素格式化为一个字符串
s = " ".join(ls)
#通过 write()方法写入数据
fout1.write(s)
#通过 seek()方法改变当前指针的位置为文件开头
fout1.seek(0)
#通过 read()方法读出文件数据
print(fout1.read())
fout1.close()
#打开 CSV 文件 formula.csv
fout2 = open("formula.csv", "w+")
#通过 join()方法指定逗号分隔符连接列表元素格式化为一个字符串
s = ",".join(ls)
#通过 write()方法写入数据
fout2.write(s)
#通过 seek()方法改变当前指针的位置为文件开头
fout2.seek(0)
#通过 read()方法读出文件数据
print(fout2.read())
```

```
fout2.close()
```

程序运行后，屏幕输出如下信息。

```
麻黄 9g 炙甘草 6g 杏仁 9g 生石膏 15~30g(先煎) 桂枝 9g 泽泻 9g 猪苓 9g 白术 9g 茯苓 15g 柴胡
16g 黄芩 6g 姜半夏 9g 生姜 9g 紫菀 9g 冬花 9g 射干 9g 细辛 6g 山药 12g 枳实 6g 陈皮 6g 藿香 9g
麻黄 9g,炙甘草 6g,杏仁 9g,生石膏 15~30g(先煎),桂枝 9g,泽泻 9g,猪苓 9g,白术 9g,茯苓 15g,
柴胡 16g,黄芩 6g,姜半夏 9g,生姜 9g,紫菀 9g,冬花 9g,射干 9g,细辛 6g,山药 12g,枳实 6g,陈皮
6g,藿香 9g
```

程序首先通过 split()方法指定顿号为分隔符对字符串 formula 进行切分格式化为列表 ls，然后打开文本文件 formula.txt 并赋值给文件对象变量 fout1。再通过 join()方法指定空格符连接列表 ls 元素格式化为一个字符串 s，通过 write()方法将字符串 s 的数据写入文件对象变量 fout1，通过 seek()方法改变当前指针的位置为文件开头，通过 read()方法读出文件数据，最后关闭文件对象，将数据在屏幕上打印输出，数据之间以空格作为分隔符。

同样，程序打开文本文件 formula.csv 并赋值给文件对象变量 fout2，通过 join()方法指定逗号分隔符连接列表 ls 元素格式化为一个字符串 s，通过 write()方法将字符串 s 的数据写入文件对象变量 fout2，通过 seek()方法改变当前指针的位置为文件开头，通过 read()方法读出文件数据，最后关闭文件对象，将数据在屏幕上打印输出，数据之间以逗号作为分隔符。

3. 从文件中读出数据

类似数据写入文件的操作，通过 split()方法切分字符串继而格式化为列表，再使用 join()方法拼接列表元素继而格式化为字符串，经过数据转换后，通过文件的读出数据的相关方法即可从文件中读出一维数据。

微实例 7.4(续)　将一维数据写入文件后，再次从文件中读出。

```
formula = "麻黄 9g、炙甘草 6g、杏仁 9g、生石膏 15~30g(先煎)、\
    桂枝 9g、泽泻 9g、猪苓 9g、白术 9g、茯苓 15g、柴胡 16g、黄芩 6g、\
    姜半夏 9g、生姜 9g、紫菀 9g、冬花 9g、射干 9g、细辛 6g、山药 12g、\
    枳实 6g、陈皮 6g、藿香 9g"
#通过 split()方法指定以顿号为分隔符对字符串 formula 进行切片格式化为列表 ls
ls = formula.split("、")
#打开文件 formula.tsv
fout3 = open("formula.tsv", "w+")
#通过 join()方法指定制表符连接列表元素格式化为一个字符串
s = "\t".join(ls)
#通过 write()方法写入数据
fout3.write(s)
#通过 seek()方法改变当前指针的位置为文件开头
fout3.seek(0)
#通过 read()方法读出文件数据
print(fout3.read())
fout3.close()
```

程序运行后，屏幕输出如下信息。

麻黄 9g 炙甘草 6g 杏仁 9g 生石膏 15~30g(先煎) 桂枝 9g 泽泻 9g 猪苓 9g 白术 9g 茯苓 15g 柴胡 16g 黄芩 6g 姜半夏 9g 生姜 9g 紫菀 9g 冬花 9g 射干 9g 细辛 6g 山药 12g 枳实 6g 陈皮 6g 藿香 9g

程序打开文本文件 formula.tsv 并赋值给文件对象变量 fout3，通过 split()方法指定以顿号为分隔符对字符串 formula 进行切片格式化为列表 ls，通过 join()方法指定制表符连接列表 ls 元素格式化为一个字符串 s，通过 write()方法将字符串 s 的数据写入文件对象变量 fout3，通过 seek()方法改变当前指针的位置为文件开头，通过 read()方法读出文件数据，最后关闭文件对象，将数据在屏幕上打印输出，数据之间以制表符作为分隔符。

7.3.3 二维数据的文件操作

二维数据由多条一维数据构成，可以看成一维数据的组合形式。二维数据也常存储于.csv、.tsv、.txt 文件中，有时也存为 .json 文件，数据写入文件前，通常需要将数据类型进行转换连接成特定字符分隔的字符串。

1. 二维数据的格式化

二维数据常对应 CSV 文件格式，即以逗号分隔数值的存储方式，CSV 文件中的数据严格按以下规则存储。

① 纯文本格式，通过单一编码表示字符；

② 对于表格数据，可以包含或不包含列名，包含时列名放置在文件第一行；

③ 每行表示一个一维数据，多行表示二维数据；

④ 以行为单位，开头不留空行，行之间没有空行；

⑤ 以逗号分隔每列数据，即使列数据为空，也要保留逗号。

CSV 文件的每一行是一维数据，可以使用 Python 中的列表类型表示，整个 CSV 文件是一个二维数据，由表示每一行的列表类型作为元素，组成一个二维列表。

2. 写入文件

对于列表中存储的二维数据，可以用列表的 join()方法组成逗号分隔形式的字符串，再通过文件的 write()方法存储到 CSV 文件中。

微实例 7.5 格式化二维数据写入 CSV 文件。

```
#构建一维数据(一维列表)drugLs 和 saleLs
drugLs = ['苯磺酸氨氯地平片(安内真)', '开博通', '酒石酸美托洛尔片(倍他乐克)',\
          '硝苯地平片(心痛定)', '苯磺酸氨氯地平片(络活喜)']
saleLs = [1781, 1440, 1140, 825, 796]
#构建二维数据(二维列表)drugSaleLs
drugSaleLs = [[drugLs[i], str(saleLs[i])] for i in range(len(drugLs))]
#通过 join()方法指定换行符连接二维列表元素格式化为一个字符串
s = "\n".join([",".join(each) for each in drugSaleLs])
#打开 CSV 文件 drugSaleSim.csv
fout = open("drugSaleSim.csv", "w+")
#通过 write()方法写入数据
fout.write(s)
#通过 seek()方法改变当前指针的位置为文件开头
fout.seek(0)
```

```
#通过 read()方法读出文件数据
print(fout.read())
fout.close()
```

程序运行后,屏幕输出如下信息。

```
苯磺酸氨氯地平片(安内真), 1781
开博通, 1440
酒石酸美托洛尔片(倍他乐克), 1140
硝苯地平片(心痛定), 825
苯磺酸氨氯地平片(络活喜), 796
```

如上例所示,程序首先通过合并两个一维列表 drugLs 和 saleLs 得到一个二维列表 drugSaleLs,通过 join()方法指定换行符连接二维列表元素格式化为一个字符串 s,然后打开文本文件 drugSaleSim.csv 并赋值给文件对象变量 fout,通过 write()方法将字符串 s 的数据写入文件对象变量 fout,通过 seek()方法改变当前指针的位置为文件开头,通过 read()方法读出文件数据,最后关闭文件对象,将数据在屏幕上打印输出。数据共有 5 行,每行有两个数据项。

3. 从文件中读出数据

如果要从 CSV 文件读出数据到列表,首先应将原始文件中的数据全部导入,这里建议通过 for 循环遍历方式逐行获取文件内容,并通过字符串的 split()方法根据指定的分隔符切分字符串,格式化为一维列表;其次将一维列表添加到二维列表中;最后将二维列表中的数据在屏幕上打印输出。

微实例 7.6 从 CSV 文件读出数据到列表。

```
#打开 CSV 文件 drugSaleSim.csv
fin = open("drugSaleSim.csv")
ls = []
#逐行循环遍历数据,通过指定逗号分隔符切分字符串,构建二维数据(二维列表)
for line in fin:
    ls.append(line.strip().split(","))
print(ls)
fin.close()
fin = open("drugSaleSim.csv")
#通过 read()方法读出文件数据
txt = fin.read()
#逐行循环遍历数据,通过指定换行符分隔符切分字符串,构建二维数据(二维列表)
ls = [each.split(",") for each in txt.split("\n")]
print(ls)
fin.close()
```

程序运行后,屏幕输出如下信息:

```
[['苯磺酸氨氯地平片(安内真)', '1781'], ['开博通', '1440'], ['酒石酸美托洛尔片(倍他乐
克)', '1140'], ['硝苯地平片(心痛定)', '825'], ['苯磺酸氨氯地平片(络活喜)', '796']]
[['苯磺酸氨氯地平片(安内真)', '1781'], ['开博通', '1440'], ['酒石酸美托洛尔片(倍他乐
```

克)', '1140'], ['硝苯地平片(心痛定)', '825'], ['苯磺酸氨氯地平片(络活喜)', '796']]

如上例所示，程序打开 CSV 文件 drugSaleSim.csv，通过 read()方法读出文件数据，通过 for 语句逐行循环遍历数据，通过 strip()去除每行字符串数据前后的空格，通过 split()方法指定以逗号为分隔符对每行字符串数据进行切片格式化为一维列表并添加到二维列表 ls，最后将二维列表 ls 数据在屏幕上打印输出。

程序再次打开 CSV 文件 drugSaleSim.csv，通过 read()方法读出文件数据，通过列表生成式逐行循环遍历数据，通过 split()方法指定以换行符为分隔符切分出每行数据，再通过 split()方法指定以逗号为分隔符对每行字符串数据切分出每个数据项存储到二维列表 ls，最后将二维列表 ls 数据在屏幕上打印输出。

如果从 CSV 文件读出数据后，在存储到列表中有特殊的格式要求，比如，数据项之间的分隔符要求等，这就需要通过 for 循环遍历方式逐行获取文件内容，再利用 replace()方法进行字符替换，split()方法用于切分字符串，最后通过 join()方法用特定的字符连接列表元素。

微实例 7.7 逐行展示 CSV 文件中的二维数据，要求同一行的不同数据项之间间隔一个制表位，参考代码如下。

```
#打开 CSV 文件
fin = open("drugSaleSim.csv")
#逐行循环遍历文件数据
for line in fin:
    #去掉每行的换行符,效果等价于语句 line=line.strip()
    line = line.replace("\n", "")
    #通过指定逗号为分隔符对字符串进行切片格式化为列表
    ls = line.split(",")
    #通过指定制表符连接列表元素格式化为一个字符串
    lns = "\t".join(ls)
    print(lns)
fin.close()
```

程序运行后，屏幕输出如下信息。

```
苯磺酸氨氯地平片(安内真)	1781
开博通	1440
酒石酸美托洛尔片(倍他乐克)	1140
硝苯地平片(心痛定)	825
苯磺酸氨氯地平片(络活喜)	796
```

此案例程序的运行过程和前面的案例程序的运行过程类似，在此不再赘述，请读者自行练习并加深理解。

7.4 案例 13：保存清理后的药品销售数据

案例 13：本节包括以下两个内容。

① 药品销售数据格式化及写入文件的方法；

② 保存清理后的药品销售数据的程序。

通过前面案例的演示,已经能够获取到经过清理后的药品销售数据。而数据清理之后,一般会将数据结果再次以 CSV 文件格式保存,以便后续其他程序处理。

7.4.1 药品销售数据格式化及写入文件的方法

接下来在案例 12 的基础上完善代码,实现如下功能。

① 将清理后的药品销售数据写入 cleanedData.csv 文件;

② 读出 CSV 文件的内容,查看药品销售数据概貌。

cleanedData.csv 文件部分内容如图 7.2 所示。

```
2018-01-01,1616528,236701,强力VC银翘片,6,82.8,69
2018-01-01,101470528,236709,心痛定,4,179.2,159.2
2018-01-01,10072612028,2367011,开博通,1,28,25
2018-01-01,10074599128,2367011,开博通,5,140,125
2018-01-01,11743428,861405,苯磺酸氨氯地平片(络活喜),1,34.5,31
2018-01-01,13331728,861405,苯磺酸氨氯地平片(络活喜),2,69,62
2018-01-01,13401428,861405,苯磺酸氨氯地平片(络活喜),1,34.5,31
2018-01-01,10073966328,861409,非洛地平缓释片(波依定),5,162.5,145
2018-01-01,1616528,861417,雷米普利片(瑞素坦),1,28.5,28.5
2018-01-01,107891628,861456,酒石酸美托洛尔片(倍他乐克),2,14,12.6
2018-01-01,11811728,861456,酒石酸美托洛尔片(倍他乐克),1,7,6.3
2018-01-01,1616528,861456,酒石酸美托洛尔片(倍他乐克),1,7,7
2018-01-01,10060654328,861458,复方利血平氨苯蝶啶片(北京降压0号),1,10.3,9.2
2018-01-01,103283128,861464,复方利血平片(复方降压片),1,2.5,2.2
2018-01-01,12697828,861464,复方利血平片(复方降压片),4,10,9.4
2018-01-01,11811728,861492,x硝苯地平缓释片(伲福达),1,20,18
```

图 7.2 cleanedData.csv 文件部分内容

7.4.2 保存清理后的药品销售数据的程序

1. 源程序及其说明

```
#八、将清理后的数据存入 CSV 文件
fout = open('cleanedData.csv', 'w')
#循环遍历列表元素并进行类型转换,再将它们连接成特定字符分隔的字符串
#等价于语句 txt = '\n'.join([",".join([str(item) for item in each]) for each in
transLs])
txt = '\n'.join([','.join(list(map(str, each))) for each in transLs])
#文件写入数据
fout.write(txt)
fout.close()
#九、读出文件内容并验证正确性
txt = open("cleanedData.csv").read()
#调用外部方法查看数据概貌
printData(txt)
```

2. 运行示例

程序运行后,屏幕输出如下信息。

```
前 5 行数据如下:
```

```
2018-01-01,1616528,236701,强力 VC 银翘片,6,82.8,69
2018-01-01,101470528,236709,心痛定,4,179.2,159.2
2018-01-01,10072612028,2367011,开博通,1,28,25
2018-01-01,10074599128,2367011,开博通,5,140,125
2018-01-01,11743428,861405,苯磺酸氨氯地平片(络活喜),1,34.5,31
后 5 行数据如下:
2018-07-19,1616528,871158,厄贝沙坦片(吉加),2,34,30
2018-07-19,10010733628,865099,硝苯地平片(心痛定),2,2.4,2
2018-07-19,1616528,865099,硝苯地平片(心痛定),1,1.2,1
2018-07-19,1616528,861485,富马酸比索洛尔片(博苏),1,16.8,16.8
2018-07-19,104002228,861435,缬沙坦胶囊(代文),5,179,171.4
数据总行数是: 6536
没有空值的数据的总行数是: 6536
```

如上例所示,清理后的药品销售数据被存储到 CSV 文件 cleanedData.csv 中,并通过读出文件数据的形式确认了数据的正确性。

7.5 高维数据的文件操作

本节包括以下 3 个内容。

① 高维数据的格式化;

② 标准库 5: json 库的使用方法;

③ 案例 17: 将药品销量统计数据写入 json 文件并读出解析。

技术的进步使得数据收集变得越来越容易,导致数据规模越来越大、复杂性越来越高,如各种类型的贸易交易数据、Web 文档、基因表达数据、文档词频数据、用户评分数据、Web 使用数据及多媒体数据等,它们的维度(属性)通常可以达到成百上千维,甚至更高。高维数据处理已成为数据处理的重点和难点。

7.5.1 高维数据的格式化

高维数据能展示数据之间更为复杂的组织关系,为了保证其灵活性,高维数据不采用任何结构形式,仅采用最基本的二元关系,即键值对,一般采用字典表示。此外,高维数据也常存入.json、.xml 等文件,通过 XML 或 JSON 格式表达键值对,展示数据之间复杂的结构关系。

高维数据存入文件前的数据格式化,以及从文件中读出数据后的解析,一般通过调用相应的库函数实现。

7.5.2 标准库 5: json 库的使用方法

JSON(JavaScript Object Notation)是一种轻量级的数据交换格式,它基于 ECMAScript(欧洲计算机制造商协会制定的 JavaScript 规范)的一个子集,采用完全独立于编程语言的文本格式存储和表示数据。JSON 易于用户阅读和编写,同时也易于机器解析和生成,并有效地提升了网络的传输效率。json 库是处理 JSON 格式的 Python 标准库,其导入方式如下。

```
import json
```

json库主要包含编码和解码两个过程。编码是将Python数据类型转换为JSON格式的过程，反之，解码就是从JSON格式中解析数据对应到Python数据类型的过程。

数据的JSON格式化、解析，以及文件操作，都通过json库的函数实现，如表7.6所示。

表7.6 json库的操作类函数

函　数	描　述
json.dumps(obj, sort_keys =False, indent = None)	将Python的数据类型转换为JSON格式
json.loads(string)	将JSON格式字符串转换为Python的数据类型
json.dump(obj, fp, sort_keys = False, indent = None)	与dumps()的功能一致，输出到文件fp
json.load(fp)	与loads()的功能一致，从文件fp读入

不同的数据结构对应的JSON格式不同。Python原始类型和JSON类型相互转换遵循相应的规则，如表7.7所示。

表7.7 Python原始类型向JSON类型转换对照表

Python	JSON
dict	object
list, tuple	array
str, unicode	string
int, long, float	number
True	true
False	false
None	null

7.5.3 案例14：将药品销量统计数据写入JSON文件并读出解析

简洁和清晰的层次结构使得JSON成为理想的数据交换语言。将药品销量统计数据写入JSON文件，不仅易于用户阅读和编写，同时也易于机器解析和生成，更能有效地提升网络的传输效率。

1. 药品销量统计数据读写文件的方法

本案例通过json库的编码和解码过程，使用json库的功能函数对药品销量统计数据进行JSON格式化、解析以及文件读写操作，具体要求如下。

① 分别以列表和字典两种数据类型构建药品销量统计数据；

② 使用json库的dumps()函数将列表数据编码成JSON格式；

③ 使用json库的loads()函数解析JSON格式还原数据；

④ 使用json库的 dump()函数将字典数据写入 JSON 文件；

⑤ 使用json库的 load ()函数解析 JSON 文件还原数据。

2. 将药品销量统计数据写入 JSON 文件并读出解析的程序

• 源程序及其说明

```
#将列表数据写入 JSON 文件
#导入 json 库
import json
ls = [['苯磺酸氨氯地平片(安内真)', '1781'], ['开博通', '1440'], ['酒石酸美托洛尔片(倍
        他乐克)', '1140'], ['硝苯地平片(心痛定)', '825'], ['苯磺酸氨氯地平片(络活喜)',
        '796']]
#将列表数据编码成 JSON 格式
lsJson = json.dumps(ls)
#打印输出 JSON 格式的编码内容
print(lsJson)
#解析 JSON 格式还原数据并打印输出
print(json.loads(lsJson))
dic = {'苯磺酸氨氯地平片(安内真)': 1781, '开博通': 1440, '酒石酸美托洛尔片(倍他乐克)
': 1140, '硝苯地平片(心痛定)': 825, '苯磺酸氨氯地平片(络活喜)': 796}
#将字典数据写入 JSON 文件
fo = open("drugNum.json", "w")
#将字典数据编码成 json 文件
json.dump(dic, fo)
fo.close()
fin = open("drugNum.json")
#解析 JSON 文件还原数据
dic = json.load(fin)
fin.close()
print(dic)
```

• 运行示例

程序运行后，屏幕输出如下信息。

```
[["\u82ef\u78fa\u9178\u6c28\u6c2f\u5730\u5e73\u7247(\u5b89\u5185\u771f)", "
1781"], ["\u5f00\u535a\u901a", "1440"], ["\u9152\u77f3\u9178\u7f8e\u6258\u6d1b\
u5c14\u7247(\u500d\u4ed6\u4e50\u514b)", "1140"], ["\u785d\u82ef\u5730\u5e73\
u7247(\u5fc3\u75db\u5b9a)", "825"], ["\u82ef\u78fa\u9178\u6c28\u6c2f\u5730\u5e73
\u7247(\u7edc\u6d3b\u559c)", "796"]]
[['苯磺酸氨氯地平片(安内真)', '1781'], ['开博通', '1440'], ['酒石酸美托洛尔片(倍他乐
克)', '1140'], ['硝苯地平片(心痛定)', '825'], ['苯磺酸氨氯地平片(络活喜)', '796']]
{'苯磺酸氨氯地平片(安内真)': 1781, '开博通': 1440, '酒石酸美托洛尔片(倍他乐克)':
1140, '硝苯地平片(心痛定)': 825, '苯磺酸氨氯地平片(络活喜)': 796}
```

如上例所示，程序首先构建了二维列表 ls，通过 json 库的 dumps()方法将列表数据编码成JSON 格式并在屏幕上打印输出，再通过json 库的 loads()方法解析 JSON 格式还原数据并在屏幕上打印输出。接着，程序构建了字典 dic，通过 open()方法打开 JSON 文件

drugNum.json，通过 json 库的 dump()方法将字典数据编码成 JSON 文件，再通过 json 库的 load ()方法解析 JSON 文件还原数据并在屏幕上打印输出。

此时，在当前程序所在的目录下已产生 JSON 文件 drugNum.json，打开该文件，显示如下内容。


```
{
"\u82ef\u78fa\u9178\u6c28\u6c2f\u5730\u5e73\u7247(\u5b89\u5185\u771f)": 1781,
"\u5f00\u535a\u901a": 1440,
"\u9152\u77f3\u9178\u7f8e\u6258\u6d1b\u5c14\u7247(\u500d\u4ed6\u4e50\u514b)": 1140,
"\u785d\u82ef\u5730\u5e73\u7247(\u5fc3\u75db\u5b9a)": 825,
"\u82ef\u78fa\u9178\u6c28\u6c2f\u5730\u5e73\u7247(\u7edc\u6d3b\u559c)": 796
}
```


从文件 drugNum.json 的内容可以看出，药品销量统计数据已被编码成 JSON 对象，JSON 对象是一个无序的键值对的集合。一个 JSON 对象以“{”(左括号)开始，以“}”(右括号)结束。每个“键”后跟一个冒号，键值对之间使用逗号分隔。

7.6　本章小结

本章首先介绍了文件的概念、分类和打开文件的两种方式；接着介绍了文件的基本操作；之后又介绍了一、二维数据和高维数据的文件操作；最后介绍了案例——保存清理后的药品销售数据。

第8章　第三方库

本章学习目标

- 了解第三方库概述
- 掌握第三方库的管理方法
- 掌握利用 pyinstaller 库打包源程序的方法
- 掌握利用 matplotlib 库实现药品销售数据可视化展示的算法和程序
- 掌握利用 wordcloud 库绘制药学生核心素养词云图的算法和程序

本章依次介绍第三方库概述、第三方库的管理方法和应用第三方库解决实际问题的 3 个案例。

8.1　第三方库概述

本节包括以下两个内容。

① 第三方库简介；

② 常用的第三方库。

8.1.1　第三方库简介

Python 的库是一个逻辑概念，是一个具有特定功能的常量、函数和类等的集合。物理上，库常对应 1 个或若干个包、子包或模块。其中，包是一个包含 init .py 文件、若干子包和若干模块(1 个模块对应 1 个.py 文件)的目录。Python 第三方库指非开发者本人和 Python 开发者 PSF 的成员开发的库。

一直以来，PSF 维护着一个 Python 包索引网站(Python Package Index，PyPI)，支持使用者查找、安装和发布 Python 第三方库。截至目前，该网站已经发布共计 2 849 747 个软件包，为各行各业面向各种应用的 Python 开发者提供了丰富的第三方库。大于 28 万的软件包极大地支撑了利用可重用资源构建应用的快捷开发。

PyPI 网站的网址为 https://pypi.org/。PyPI 网站主页参见图 8.1。

8.1.2　常用的第三方库

熟悉常用的第三方库是利用 Python 第三方库进行快捷开发的基础，表 8.1 列出了常用的 20 个第三方库及其用途。

图 8.1　PyPI 网站主页

表 8.1　常用的 20 个第三方库及其用途

库　　名	主 要 用 途
numpy	矩阵运算
pandas	数据处理
networkx	复杂网络和图结构的建模与分析
sympy	数学符号计算
sklearn	数据分析、机器学习
jieba	中文分词
PIL	图像处理
matplotlib	静态、动画和交互式可视化
requests	HTTP 访问
beautiful soup 或 bs4	HTML 和 XML 解析
django	Web 开发框架
flask	轻量级 Web 开发框架
werobot	微信机器人开发框架
pyqt5	基于 Qt 的专业级 GUI 开发框架
pyopengl	多平台图形、图像操作规范
pypdf2	PDF 文件处理
docopt	Python 命令行解析
pygame	简单小游戏开发框架
wheel	Python 文件打包
pyinstaller	打包 Python 源程序文件生成可执行文件

8.2 第三方库的管理方法

管理第三方库首先需要熟悉管理工具,另外,还需要掌握常用操作。本节包括以下 3 个内容。

① pip 简介;

② 安装第三方库;

③ 检查、升级、卸载第三方库。

8.2.1 pip 简介

pip 是 Python 官方提供并维护的第三方库的管理工具,支持对第三方库进行下载、安装、检查、卸载等操作。

pip 随着 Python 的安装自动安装到系统中。pip 需要以命令方式在命令窗口中运行。例如,打开 Windows 的命令窗口,然后输入 pip install -U pip 命令可以运行 pip,并将 pip 更新到最新版本,具体操作参见图 8.2。

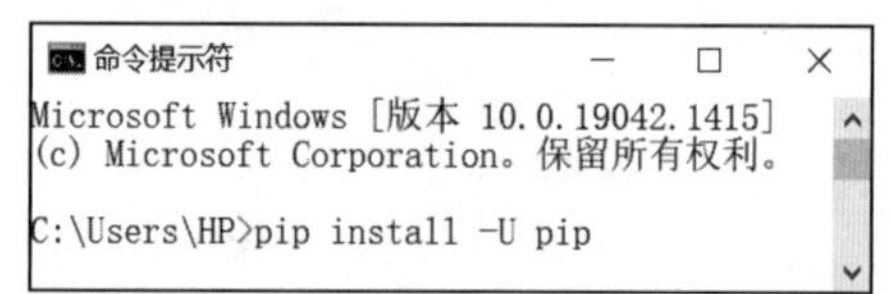

图 8.2 运行 pip 示例

8.2.2 安装第三方库

使用第三方库进行开发,必须完成三步工作。第一步:安装第三方库;第二步:引入第三方库中的常量、函数、类等;第三步,调用引入的常量、类和函数。其中,后两步操作和标准库的操作完全相同,因此这里仅介绍安装第三方库的方法。

常用的安装第三方库的方法主要是 pip 安装和自定义安装,此外,还可以为特定版本的 Python 安装第三方库。

1. pip 安装

pip 安装第三方库有两种策略:在线安装和本地安装。网速较快的情况下,一般选择 pip 在线安装;网络不畅通时,常使用 pip 本地安装。

- 在线安装

pip 在线安装使用以下命令实现边下载边安装:

```
pip install <拟安装库名>
```

例如,在 Windows 的命令窗口运行以下命令,可以实现 numpy 的在线安装:

```
pip install numpy
```

- 本地安装

本地安装过程包括两步:第一步,利用 pip download 下载安装包文件,一般为.whl 文件;第二步,利用 pip install 命令进行本地安装。

例如,在 Windows 系统中本地安装 pygame 库的过程如下:

第一步,在 Windows 的命令窗口中运行以下命令,下载安装文件 pygame-2.0.1-cp38-cp38-win_amd64.whl。

```
pip download pygame
```

下载完成后，安装文件位于当前工作目录。

第二步，在 Windows 命令窗口中运行以下命令，实现安装第三方库 pygame。

```
pip install pygame-2.0.1-cp38-cp38-win_amd64.whl
```

2. 自定义安装

在 Mac OS X 和 Linux 系列的操作系统中，pip 可以安装绝大部分的 Python 第三方库，但在 Windows 系统中，pip 安装第三方库的失败率相对较高，这时需要启用自定义安装。

所谓自定义安装，就是首先到第三方库的官网查看第三方库的“安装说明”，然后按照“安装说明”的指引，结合自己的实际情况进行安装。

例如，用于深度学习的 TensorFlow 库依赖复杂，而且自己的系统环境还可能有 GPU，直接使用 pip 安装成功率低，因此，安装 TensorFlow 库一般采用自定义安装。TensorFlow 库的“安装说明”如图 8.3 所示。

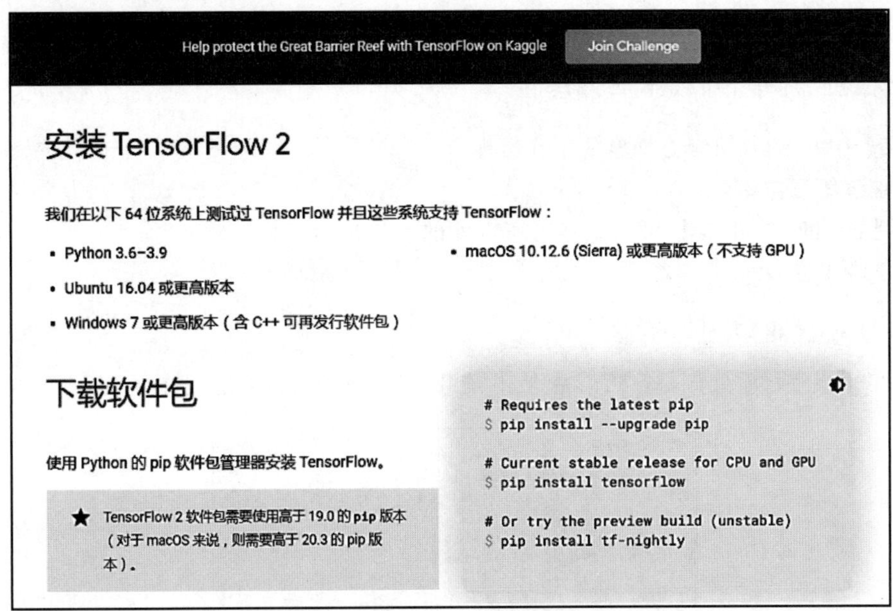

图 8.3　TensorFlow 库的“安装说明”

3. 为特定版本的 Python 安装第三方库

基于多种应用开发的需要，很多人的机器上同时安装了多个版本的 Python。在多 Python 版本环境下为特定版本的 Python 安装第三方库通常有两种方法：目录管理法和环境管理法。

• 目录管理法

下面以一个 Windows 系统同时安装了 Python 3.8 和 Python 2.7 的情况为例，说明目录管理法为特定版本的 Python 安装第三方库的方法。

假设现在需要给 Python 3.8 安装 matplotlib 库，安装过程包括如下 3 步：

① 打开 Windows 命令窗口；

② 切换当前工作目录为 Python 3.8 目录的 Scripts 子目录，具体命令为

```
cd C:\Users\HP\AppData\Local\Programs\Python\Python38\Scripts。
```

注意：本系统中，Python 3.8 的目录是"C:\Users\HP\AppData\Local\Programs\Python\Python 38"，实际使用中，读者应根据自己系统中 Python 3.8 的真实目录改写命令。

③ 运行 pip 安装库，具体命令为

```
pip install matplotlib。
```

• 环境管理法

采用环境管理法安装第三方库需要依托环境管理软件，如 anaconda，具体安装过程包括如下 3 步。

① 创建环境；

② 在不同的环境中安装不同版本的 Python；

③ 切换到目标环境安装第三方库。

采用环境管理法安装第三方库的例子参见 9.2.2 节内容。

8.2.3 检查、升级、卸载第三方库

检查、升级、卸载第三方库常用 pip 实现。

1. 检查第三方库

使用 pip 的 check 参数可以检查第三方库的依赖是否安装正确。

命令格式为：

```
pip check <第三方库名>
```

例如，本系统目前只有 1 个 Python，使用 pip check 检查 keras 库的依赖的过程如图 8.4 所示。

图 8.4 使用 pip check 检查 keras 库的依赖的过程

2. 升级第三方库

使用 pip 的 install -U 参数可以升级第三方库及其依赖到最新版本。

命令格式为：

```
pip install -U <第三方库名>
```

例如，本系统目前只有 1 个 Python，使用 pip install -U 升级 wordcloud 库的操作如图 8.5 所示。

3. 卸载第三方库

使用 pip 的 uninstall 参数可以卸载指定的第三方库。

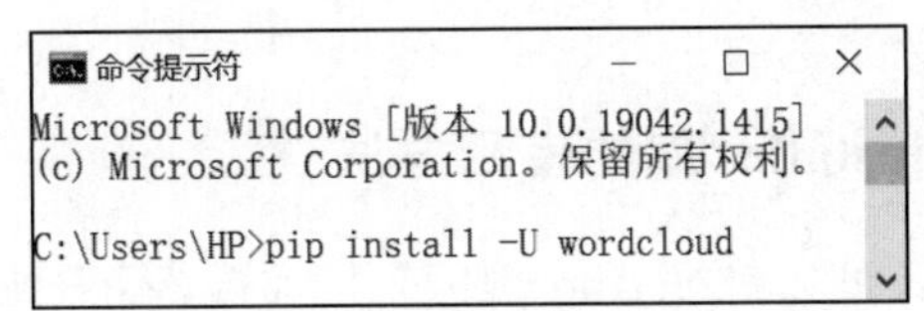

图 8.5　使用 pip install -U 升级 wordcloud 库的操作

命令格式为：

```
pip uninstall <第三方库名>
```

例如，本系统目前只有 1 个 Python，使用 pip uninstall 卸载 pygame 库的过程如图 8.6 所示。

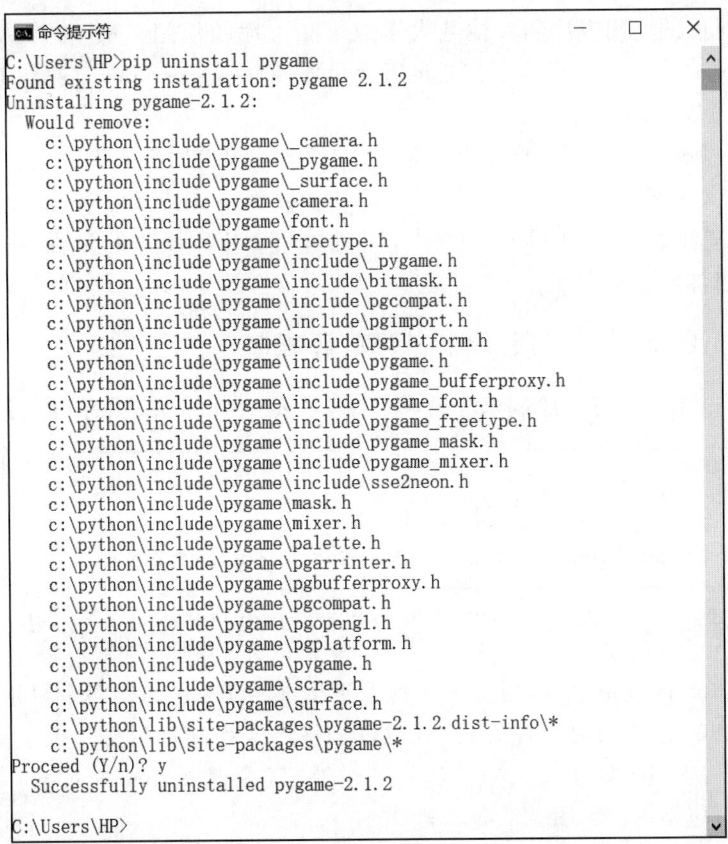

命令提示符
C:\Users\HP>pip uninstall pygame
Found existing installation: pygame 2.1.2
Uninstalling pygame-2.1.2:
Would remove:
c:\python\include\pygame_camera.h
c:\python\include\pygame_pygame.h
c:\python\include\pygame_surface.h
c:\python\include\pygame\camera.h
c:\python\include\pygame\font.h
c:\python\include\pygame\freetype.h
c:\python\include\pygame\include_pygame.h
c:\python\include\pygame\include\bitmask.h
c:\python\include\pygame\include\pgcompat.h
c:\python\include\pygame\include\pgimport.h
c:\python\include\pygame\include\pgplatform.h
c:\python\include\pygame\include\pygame.h
c:\python\include\pygame\include\pygame_bufferproxy.h
c:\python\include\pygame\include\pygame_font.h
c:\python\include\pygame\include\pygame_freetype.h
c:\python\include\pygame\include\pygame_mask.h
c:\python\include\pygame\include\pygame_mixer.h
c:\python\include\pygame\include\sse2neon.h
c:\python\include\pygame\mask.h
c:\python\include\pygame\mixer.h
c:\python\include\pygame\palette.h
c:\python\include\pygame\pgarrinter.h
c:\python\include\pygame\pgbufferproxy.h
c:\python\include\pygame\pgcompat.h
c:\python\include\pygame\pgopengl.h
c:\python\include\pygame\pgplatform.h
c:\python\include\pygame\pygame.h
c:\python\include\pygame\scrap.h
c:\python\include\pygame\surface.h
c:\python\lib\site-packages\pygame-2.1.2.dist-info*
c:\python\lib\site-packages\pygame*
Proceed (Y/n)? y
Successfully uninstalled pygame-2.1.2
C:\Users\HP>

图 8.6　使用 pip uninstall 卸载 pygame 库的过程

更多管理第三方库的命令可通过运行 pip -h 命令查看和学习。

8.3　案例 15：打包 Python 绘制苯环的源程序

通常，打包 Python 源程序需要完成以下两项工作。

① 学习 pyinstaller 库的使用方法；

② 打包源程序。

8.3.1 第三方库 2：pyinstaller 库的使用方法

Python 源程序文件只可以在 Python 环境中运行，不方便管理和使用，第三方库 pyinstaller 库的出现很好地解决了这个问题。pyinstaller 库能够在 Windows、Linux、Mac OS X 等操作系统下将 Python 源程序文件打包，打包后的文件可以不在 Python 环境中运行，同时还可以作为一个独立文件管理和传输。

由于 pyinstaller 库是一个第三方库，因此使用它之前需要先安装。pyinstaller 库一般使用 pip 安装，具体命令为：

```
pip install pyinstaller
```

pyinstaller 库的使用方法和其他绝大多数第三方库的使用方法不同，pyinstaller 库需要在操作系统的命令窗口中以命令方式运行。另外，使用 pyinstaller 库打包 Python 源程序文件还需要注意以下两个问题：

① 文件路径中不能出现空格和英文句点，文件名建议使用英文字符。

② 源程序文件必须采用 UTF-8 编码，pyinstaller 暂不支持其他编码。由于采用 IDLE 编写的源程序文件默认使用 UTF-8 编码，因此采用 IDLE 编写的源程序文件可以使用 pyinstaller 打包。

8.3.2 利用 pyinstaller 库打包绘制苯环的源程序

在 Windows 系统下打包绘制苯环的源程序 benzene.py 的方法如图 8.7 所示。

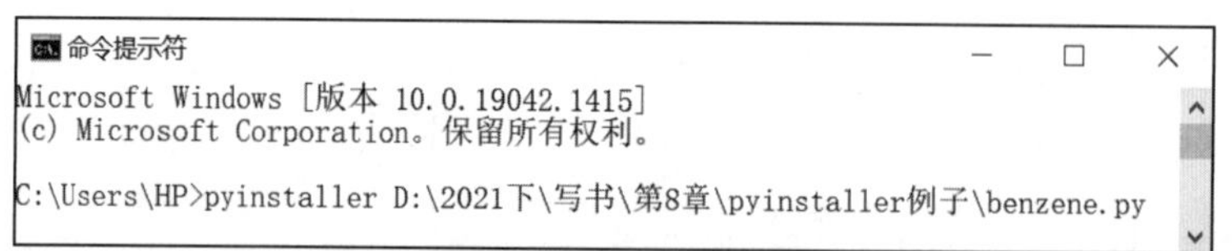

图 8.7 在 Windows 系统下打包绘制苯环的源程序 benzene.py 的方法

按图示的方式打包完毕后，当前工作目录下生成 build 和 dist 两个目录。其中，build 目录是 pyinstaller 存放临时文件的目录，可以删除。最终的打包文件位于 dist 目录下的 benzene 目录下，其中，除了 benzene. exe 文件外，其余都是 benzene. exe 的依赖文件。benzene.py 的打包结果参见图 8.8。

如果不想管理繁多的依赖文件，可以通过-F 参数控制 pyinstaller 仅生成 1 个独立的可执行文件，具体操作如图 8.9 所示。

打包完毕后，当前工作目录下生成 build 和 dist 两个目录。其中，build 目录仍然是 pyinstaller 存放临时文件的目录，可以删除。最终的打包文件 benzene.exe 位于 dist 目录下，benzene.exe 文件可以不依赖任何文件在 os 中独立运行。使用-F 参数打包 benzene.py 的结果如图 8.10 所示。

```
命令提示符
C:\Users\HP\dist\benzene 的目录

2021/12/31  15:38    <DIR>          .
2021/12/31  15:38    <DIR>          ..
2021/12/31  15:38           778,636 base_library.zip
2021/12/31  15:38         2,115,781 benzene.exe
2021/12/31  15:38             1,495 benzene.exe.manifest
2021/10/22  16:31         3,399,200 libcrypto-1_1.dll
2021/10/22  16:31            32,792 libffi-7.dll
2021/10/22  16:31           689,184 libssl-1_1.dll
2021/10/22  16:31           190,520 pyexpat.pyd
2021/10/22  16:31         4,207,672 python38.dll
2021/10/22  16:31            28,216 select.pyd
2021/12/31  15:38    <DIR>          tcl
2021/12/31  15:38    <DIR>          tcl8
2021/12/17  16:51         1,705,120 tcl86t.dll
2021/12/31  15:38    <DIR>          tk
2021/12/17  16:51         1,468,064 tk86t.dll
2021/10/22  16:31         1,098,296 unicodedata.pyd
2021/10/22  16:31            94,088 VCRUNTIME140.dll
2021/10/22  16:31            65,080 _asyncio.pyd
2021/10/22  16:31            87,608 _bz2.pyd
2021/10/22  16:31           127,032 _ctypes.pyd
2021/10/22  16:31           269,368 _decimal.pyd
2021/10/22  16:31            47,672 _hashlib.pyd
2021/10/22  16:31           163,896 _lzma.pyd
2021/10/22  16:31            30,776 _multiprocessing.pyd
2021/10/22  16:31            47,160 _overlapped.pyd
2021/10/22  16:31            29,752 _queue.pyd
2021/10/22  16:31            79,928 _socket.pyd
2021/10/22  16:31           155,192 _ssl.pyd
2021/12/17  16:51            65,592 _tkinter.pyd
              25 个文件     16,978,120 字节
               5 个目录 54,072,233,984 可用字节
```

图 8.8 benzene.py 的打包结果

```
命令提示符
Microsoft Windows [版本 10.0.19042.1415]
(c) Microsoft Corporation。保留所有权利。

C:\Users\HP>pyinstaller -F D:\2021下\写书\第8章\pyinstaller例子\benzene.py
```

图 8.9 打包 benzene.py 仅生成 1 个 EXE 文件的方法

```
命令提示符
C:\Users\HP\dist 的目录

2021/12/31  15:47    <DIR>          .
2021/12/31  15:47    <DIR>          ..
2021/12/31  15:47         9,569,768 benzene.exe
               1 个文件      9,569,768 字节
               2 个目录 54,034,247,680 可用字节
```

图 8.10 使用-F 参数打包 benzene.py 的结果

8.4 案例 16：药品销售数据可视化展示

本案例中，实现药品销售数据可视化展示需要完成以下 4 项工作。

① 学习 matplotlib.pyplot 库的使用方法；

② 利用 pyplot 绘制日销售趋势折线图；

③ 利用 pyplot 绘制 top20 明星药销售数量柱形图；

④ 利用 pyplot 绘制 top20 明星药销售数量南丁格尔玫瑰图。

8.4.1 第三方库 3：matplotlib.pyplot 库的使用方法

matplotlib 是一个 Python 2D 绘图库，常用于绘制出版物质量的图形。同时，seaborn、holoviews、ggplot 等大量第三方库都建立在 matplotlib 的基础上。

matplotlib.pyplot 子库提供了和 MATLAB 类似的绘图应用程序接口（API），方便用户快速绘制 2D 图表。matplotlib.pyplot 是命令行式函数的集合，其中每一个函数完成绘图工作的一个步骤，对图像做一定的修改。

例如：以下代码可以绘制正弦曲线和余弦曲线两个子图

```
import matplotlib.pyplot as plt
from math import pi, sin, cos

#设置 X 取值为 0~2 * pi 的 100 个等分点
X = [2 * pi/100 * i for i in range(1, 101)]

#计算 X 对应的 Y 的值
Y1 = list(map(sin, X))
Y2 = list(map(cos, X))

#绘图区分为 2 个，定位于第 1 列的第 1 个绘图区
plt.subplot(211)
#绘制正弦曲线
plt.plot(X, Y1, 'b--')
#定位于第 1 列的第 2 个绘图区
plt.subplot(212)
#绘制余弦曲线
plt.plot(X, Y2, 'r--')
#展示图
plt.show()
```

运行结果如图 8.11 所示。

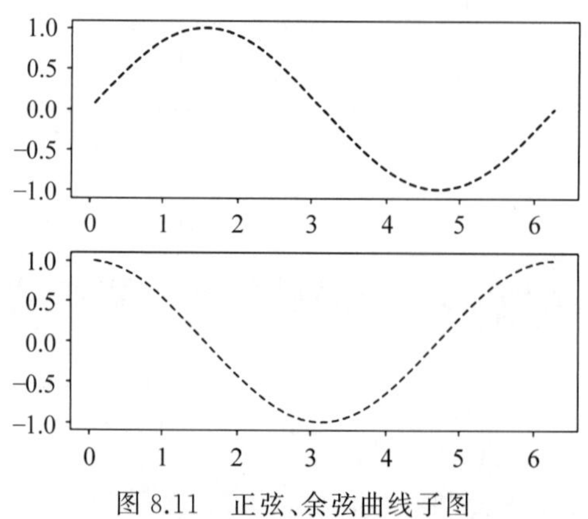

图 8.11 正弦、余弦曲线子图

8.4.2　利用 pyplot 绘制药品日销售趋势折线图

利用 pyplot 绘制药品日销售趋势折线图需要完成如下两项工作。

① 设计绘制药品日销售趋势折线图的算法；

② 编写绘制药品日销售趋势折线图的程序。

1. 绘制药品日销售趋势折线图的算法

绘制药品日销售趋势折线图包括 4 个步骤：读取文件数据、解析数据、统计日销售金额和绘制日销售趋势折线图。

- 读取文件数据

清理好的药品销售数据文件为 cleanedData.csv，本步骤将打开文件，读出所有数据，并查看数据概貌。

- 解析数据

本步骤将文件内容字符串解析为元素是列表的列表，每个元素列表对应一条销售记录，依次包括销售日期、医保卡号、药品编号、药品名称、本次交易的销售数量、应收金额和实收金额 7 项数据。

- 统计日销售金额

统计得到每日的销售金额数据并将统计结果按日期排序，之后利用列表推导式生成日期列表及其对应的销售金额列表。

- 绘制日销售趋势折线图

本步骤首先引入绘图库 matplotlib.pyplot；然后引入标准库 pylab 的 mpl 设置汉字字体，实现汉字标注；接下来调用 pyplot 的 plot()函数绘制折线；之后分别调用 pyplot 的 title()、xlabel()和 ylabel()函数设置图的标题、x 轴标题和 y 轴标题；最后调用 pyplot 的 show()函数展示图。

2. 编写绘制药品日销售趋势折线图的程序

- readme

运行本程序之前，需安装好第三方库 matplotlib，并将清理好的数据文件 cleanedData.csv 和查看数据概貌的自定义库文件 printData.py 复制到本程序所在的目录中。

- 源程序

```
#一、读入数据，查看数据概貌
from printData import *
fin = open("cleanedData.csv")
txt = fin.read()
fin.close()
printData(txt)

#二、解析数据
#按\n 切分数据，从而得到每次交易信息字符串的列表
ls = txt.split("\n")
#将每次交易信息字符串切分为数据项字符串的列表
ls = [item.split(",") for item in ls]
```

```
#数据类型转换
#将销售时间字符串转换为日期时间类型
#将销售数量、应收金额、实收金额转换为数字类型
from datetime import date
for each in ls:
tmp = each[0].split("-")
year = int(tmp[0])
month = int(tmp[1])
        day = int(tmp[2])
        each[0] = date(year, month, day)
        each[4] = eval(each[4])
        each[5] = eval(each[5])
        each[6] = eval(each[6])

#三、统计日销售金额
dicDaySale = {}
for each in ls:
    dicDaySale[each[0]] = dicDaySale.get(each[0], 0)+each[6]
tmp = list(dicDaySale.items())
tmp.sort(key=lambda x: x[0])
dayList = [each[0] for each in tmp]
daySaleList = [each[1] for each in tmp]

#四、绘图展示
#引入绘图库 matplotlib.pyplot
import matplotlib.pyplot as plt
#从标准库 pylab 导入 mpl,实现汉字标注
from pylab import mpl
#设置图中的汉字为 SimHei,即黑体
mpl.rcParams['font.sans-serif'] = ['SimHei']
#绘制折线
plt.plot(dayList, daySaleList)
#设置图的标题
plt.title('日销售趋势折线图')
#设置 x 轴标题
plt.xlabel('日期')
#设置 y 轴标题
plt.ylabel('销售金额')
#展示图
plt.show()
```

- 运行示例

程序运行后,屏幕输出如下信息。

```
前 5 行数据如下:
2018-01-01,1616528,236701,强力 VC 银翘片,6,82.8,69
```

2018-01-01,101470528,236709,心痛定,4,179.2,159.2
2018-01-01,10072612028,2367011,开博通,1,28,25
2018-01-01,10074599128,2367011,开博通,5,140,125
2018-01-01,11743428,861405,苯磺酸氨氯地平片(络活喜),1,34.5,31
后 5 行数据如下:
2018-07-19,1616528,871158,厄贝沙坦片(吉加),2,34,30
2018-07-19,10010733628,865099,硝苯地平片(心痛定),2,2.4,2
2018-07-19,1616528,865099,硝苯地平片(心痛定),1,1.2,1
2018-07-19,1616528,861485,富马酸比索洛尔片(博苏),1,16.8,16.8
2018-07-19,104002228,861435,缬沙坦胶囊(代文),5,179,171.4
数据总行数是:6536
没有空值的数据的总行数是:6536

程序绘制的药品日销售趋势折线图如图 8.12 所示。

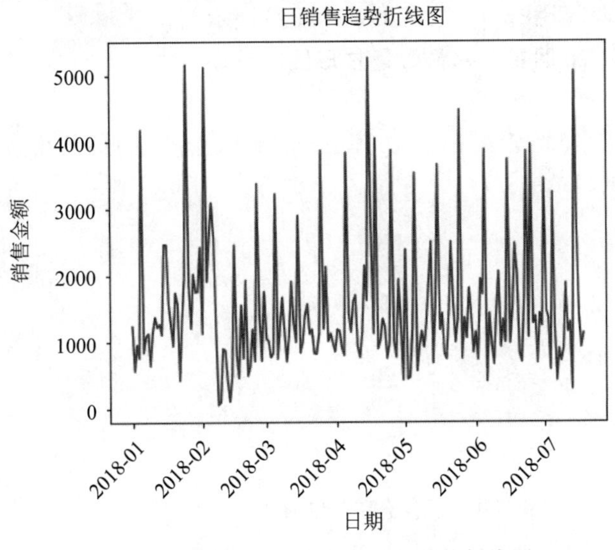

图 8.12　程序绘制的药品日销售趋势折线图

由图 8.12 可见,日消费金额差异较大,除个别日期出现大笔的消费,大部分日期消费金额在 1000 元上下。

8.4.3　利用 pyplot 绘制 Top20 明星药销售数量柱形图

利用 pyplot 绘制 Top20 明星药销售数量柱形图需要完成如下两项工作。

① 设计绘制 Top20 明星药销售数量柱形图的算法;

② 编写绘制 Top20 明星药销售数量柱形图的程序。

1. 设计绘制 Top20 明星药销售数量柱形图的算法

绘制 Top20 明星药销售数量柱形图包括 4 个步骤:读取文件数据、解析数据、统计获取 Top20 明星药及其销售数据和绘制柱形图。

- 读取文件数据

清理好的药品销售数据文件为 cleanedData.csv,本步骤将打开文件,读出所有数据。

• 解析数据

本步骤将文件内容字符串解析为元素是列表的列表，每个元素列表对应一条销售记录，依次包括销售日期、医保卡号、药品编号、药品名称、本次交易的销售数量、应收金额和实收金额 7 项数据。

• 统计获取 Top20 明星药及其销售数据

统计得到每种药品的销售数量并将统计结果按销售数量倒序排序；之后，利用列表切片和列表推导式生成 Top20 明星药的药品名称列表及其对应的销售数量列表。

• 绘制柱形图

本步骤首先引入 matplotlib.pyplot 库；然后引入标准库 pylab 的 mpl 设置汉字字体，以实现汉字标注；接下来调用 pyplot 的 bar()函数绘制柱形图；之后调用 pyplot 的 title()函数设置图的标题，从标准库 pylab 引入 xticks 设置 x 轴刻度文字的方向和大小，调用 pyplot 的 xlabel()和 ylabel()函数分别设置 x 轴标题和 y 轴标题；最后调用 pyplot 的 tight_layout()函数调整图中的元素，调用 pyplot 的 show()函数展示图。

2. 编写绘制 Top20 明星药销售数量柱形图的程序

• readme

运行本程序之前，需要安装好第三方库 matplotlib，并将清理好的数据文件 cleanedData.csv 复制到本程序所在的目录中。

• 源程序

```
#一、读入数据
fin = open("cleanedData.csv")
txt = fin.read()
fin.close()

#二、解析数据
#按\n 切分数据，从而得到每次交易信息字符串的列表
ls = txt.split("\n")
#将每次的交易信息字符串切分为数据项字符串的列表
ls = [item.split(",") for item in ls]
#数据类型转换
#将销售时间转换为日期时间类型
#将销售数量、应收金额、实收金额转换为数字类型
from datetime import date
for each in ls:
tmp = each[0].split("-")
year = int(tmp[0])
month = int(tmp[1])
    day = int(tmp[2])
    each[0] = date(year, month, day)
    each[4] = eval(each[4])
    each[5] = eval(each[5])
    each[6] = eval(each[6])
```

```
#三、统计获取 Top20 的药品及其销售数据
dicSaleNum = {}
for each in ls:
    dicSaleNum[each[3]] = dicSaleNum.get(each[3], 0)+each[4]
tmp = list(dicSaleNum.items())
tmp.sort(key=lambda x: x[1], reverse=True)
topDrugList = [each[0] for each in tmp[:20]]
topDrugSaleNum = [each[1] for each in tmp[:20]]

#四、绘制柱形图
#引入绘图库 matplotlib.pyplot
import matplotlib.pyplot as plt
#从标准库 pylab 导入 mpl,实现汉字标注
from pylab import mpl
#设置图中的汉字为 SimHei,即黑体
mpl.rcParams['font.sans-serif'] = ['SimHei']
#绘制柱形图
plt.bar(topDrugList, topDrugSaleNum)
#设置图的标题
plt.title("Top20 明星药销售数量柱形图")
#设置 x 轴刻度文字的方向和大小
from pylab import xticks
xticks(rotation=90)
plt.tick_params(labelsize=7)
#设置 x 轴标题
plt.xlabel('药品名称')
#设置 y 轴标题
plt.ylabel('销售数量')
#调整图元素
plt.tight_layout()
#展示图
plt.show()
```

运行示例

程序绘制的 Top20 明星药销售数量柱形图如图 8.13 所示。

8.4.4 利用 pyplot 绘制 Top20 明星药销售数量南丁格尔玫瑰图

利用 pyplot 绘制 Top20 明星药销售数量南丁格尔玫瑰图需要完成如下两项工作。

① 设计绘制 Top20 明星药销售数量南丁格尔玫瑰图的算法；

② 编写绘制 Top20 明星药销售数量南丁格尔玫瑰图的程序。

1. 设计绘制 Top20 明星药销售数量南丁格尔玫瑰图的算法

南丁格尔玫瑰图实质是极坐标柱形图。绘制南丁格尔玫瑰图首先等分(0°,360°]的闭

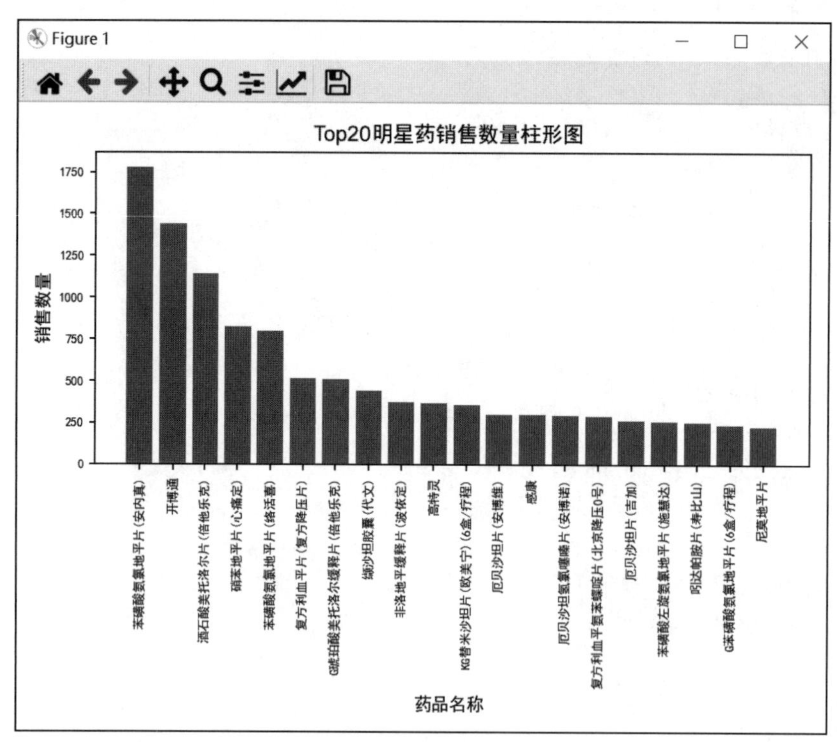

图 8.13　程序绘制的 Top20 明星药销售数量柱形图

区间形成一个角度等差序列，然后在等差序列中的每个角度的位置绘制同心的不同半径(柱高)的扇形(柱子)。绘制 Top20 明星药销售数量南丁格尔玫瑰图的过程包括 4 个步骤，依次为读取文件数据、解析数据、统计获取 Top20 明星药及其销售数据和绘制南丁格尔玫瑰图。

- 读取文件数据

清理好的药品销售数据文件为 cleanedData.csv，本步骤将打开文件，读出所有数据。

- 解析数据

本步骤将文件内容字符串解析为元素为列表的列表，每个元素列表对应一条销售记录，依次包括销售日期、医保卡号、药品编号、药品名称、本次交易的销售数量、应收金额和实收金额 7 项数据。

- 统计获取 Top20 明星药及其销售数据

统计得到每种药品的销售数量并将统计结果按销售数量倒序排序，之后利用列表切片和列表推导式生成 Top20 明星药的药品名称列表及其对应的销售数量列表。

- 绘制南丁格尔玫瑰图

本步骤依次包括如下 5 个环节。

(1) 引入绘图库 matplotlib.pyplot，并引入标准库 pylab 的 mpl 设置汉字字体，实现汉字标注。

(2) 设置绘图环境，具体包括调用 pyplot 的 figure()函数设置图的大小，调用 pyplot 的 axes()函数启用极坐标系，调用极坐标系的 set_theta_direction()方法设置角度递增的方向，以及调用坐标系的 set_theta_zero_location()方法确定 0°的方向。

(3) 设置南丁格尔玫瑰图的参数，具体包括设置扇形(柱子)数量，按扇形数量生成角度等差序列(柱子位置)，设置扇形的极径(柱高)和扇形(柱子)的颜色。

(4) 绘图及添加图例，具体包括调用极坐标系的 bar()方法绘制扇形，调用极坐标系的 text()方法标注数字，调用 pyplot 的 title()函数设置图形标题，调用极坐标系的 get_legend_handles_labels()方法获取扇形句柄和标签，调用极坐标系的 legend()方法绘制图例。

(5) 调整并展示图，具体包括调用 pyplot 的 axis()方法隐藏极坐标系，调用 pyplot 的 tight_layout()方法调整图形元素，以及调用 pyplot 的 show()方法展示图。

2. 编写绘制 Top20 明星药销售数量南丁格尔玫瑰图的程序

• readme

运行本程序之前，需要首先安装好第三方库 matplotlib，并将清理好的数据文件 cleanedData.csv 复制到本程序所在的目录中。

• 源程序

```
#一、读入数据
fin = open("cleanedData.csv")
txt = fin.read()
fin.close()
#二、解析数据
#按\n 切分数据，从而得到每次交易信息字符串的列表
ls = txt.split("\n")
#将每次交易的信息字符串切分为数据项字符串的列表
ls = [item.split(",") for item in ls]
#数据类型转换
#将销售时间转换为日期时间类型
#将销售数量、应收金额、实收金额转换为数字类型
from datetime import date
for each in ls:
    tmp = each[0].split("-")
    year = int(tmp[0])
    month = int(tmp[1])
    day = int(tmp[2])
    each[0] = date(year, month, day)
    each[4] = eval(each[4])
    each[5] = eval(each[5])
    each[6] = eval(each[6])
#三、统计获取 Top20 的药品及其销售数据
dicSaleNum = {}
for each in ls:
    dicSaleNum[each[3]] = dicSaleNum.get(each[3], 0)+each[4]
tmp = list(dicSaleNum.items())
tmp.sort(key=lambda x: x[1], reverse=True)
```

```
topDrugList = [each[0] for each in tmp[:20]]
topDrugSaleNum = [each[1] for each in tmp[:20]]
#四、绘图展示统计结果
#引入 matplotlib.pyplot
import matplotlib.pyplot as plt
#从标准库 pylab 导入 mpl,实现汉字标注
from pylab import mpl
#设置图中的汉字为 SimHei,即黑体
mpl.rcParams['font.sans-serif'] = ['SimHei']
#设置绘图环境
from random import random, seed
from math import pi
seed(100)
fig = plt.figure(figsize=(18, 10))
#设置极坐标系
ax = plt.axes(polar=True)
ax.set_theta_direction(-1)
ax.set_theta_zero_location('N')
#设置南丁格尔玫瑰图的参数
barNum = len(topDrugList)
theta = [pi * 2/barNum * i for i in range(barNum)]
heightLs = [i**0.5 for i in topDrugSaleNum]
color = [(random(), random(), random()) for i in range(barNum)]
#绘制南丁格尔玫瑰图,添加标注文字
for angle, height, colour, drugNum, drug in\
                zip(theta, heightLs, color, topDrugSaleNum, topDrugList):
    ax.bar(angle, height, width=0.31,color=colour, align='center', label=drug)
    ax.text(angle, height+1, int(drugNum), fontsize=10)
#添加标题
plt.title("Top20 明星药销售数量南丁格尔玫瑰图", x=0.8, y=0.2)
#添加图例
handles, labels = ax.get_legend_handles_labels()
ax.legend(handles, labels, loc=(0.95, 0.3), fontsize=10)
#隐藏坐标轴
plt.axis('off')
#图像调整
plt.tight_layout()
#图像展示
plt.show()
```

- 运行示例

程序绘制的 Top20 明星药销售数量南丁格尔玫瑰图如图 8.14 所示。

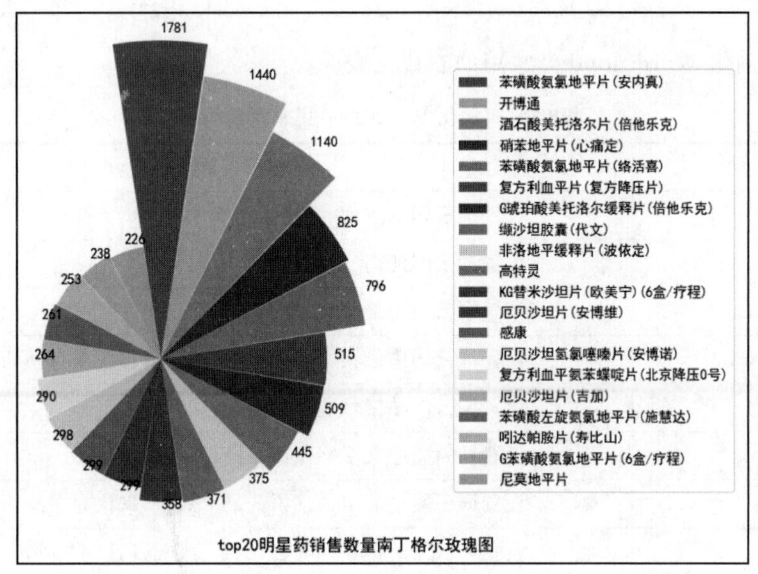

图 8.14 程序绘制的 Top20 明星药销售数量南丁格尔玫瑰图

8.5 案例 17：绘制药学生核心素养词云图

通常，绘制药学生核心素养词云图需要完成以下 3 项工作。

① 学习 wordcloud 库使用方法；

② 设计绘制药学生核心素养词云图的算法；

③ 编写绘制药学生核心素养词云图的程序。

8.5.1 第三方库 4：wordcloud 库的使用方法

词云图是文本数据可视化的一种方式。词云图通过对文本中出现频率较高的“关键词”进行视觉上的突出展示，使读者一眼就能感知文本的主题。wordcloud 是绘制词云图常用的第三方库。

利用 wordcloud 库绘制词云图主要包括 3 步：生成词云图对象、加载文本和输出词云图。

1. 生成词云图对象

生成词云图对象主要通过实例化 wordcloud 库的 WordCloud 类实现，具体语法为

```
w = WordCloud(font_path=None, width=400, height=200, margin=2,
              ranks_only=None, prefer_horizontal=0.9, mask=None,
              scale=1, color_func=None, max_words=200, min_font_size=4,
              stopwords=None, random_state=None, background_color='black',
              max_font_size=None, font_step=1, mode='RGB',
              relative_scaling='auto', regexp=None, collocations=True,
              colormap=None, normalize_plurals=True, contour_width=0,
              contour_color='black', repeat=False, include_numbers=False,
```

```
min_word_length=0, collocation_threshold=30)
```

其中,实例化 WordCloud 类常用的参数见表 8.2。

表 8.2 实例化 WordCloud 类常用的参数

参数	描述
width	设置词云图的宽度,默认为 400 像素
height	设置词云图的高度,默认为 200 像素
min_font_size	设置词云图中最小文字的字号,默认为 4 号
max_font_size	设置词云图中最大文字的字号,默认根据图高自动调节
font_step	设置词云图中字号递增的步长,默认为 1
font_path	设置词云图中文字字体的路径,默认为 None
max_words	设置词云图中显示的词语的最大数量,默认为 200
stop_words	设置词云图的排除词集合,该集合中的词语不显示
mask	设置词云图的形状,默认为长方形
background_color	指定词云图的背景颜色,默认为黑色

2. 加载文本

加载文本通过调用词云图对象的 generate()方法实现,具体语法为

```
w.generate(txt)
```

其中,txt 是空格连接词语组成的字符串。

3. 输出词云图

输出词云图常调用词云图对象的 to_file()方法实现,具体语法为

```
w.to_file(filename)
```

这条语句运行后,会创建名为 filename 值的文件,并在文件中保存词云图。

8.5.2 设计绘制药学生核心素养词云图的算法

绘制药学生核心素养词云图的算法包括如下 8 步。

① 引入词云图类 WordCloud、分词函数 lcut()和读背景图的函数 imread();

② 读入背景图和文本数据;

③ 格式化词云图文本数据;

④ 设置排除词集合;

⑤ 定义词云图文本颜色的函数;

⑥ 生成词云图;

⑦ 加载文本;

⑧ 输出词云图。

8.5.3　编写绘制药学生核心素养词云图的程序

1. 程序说明

运行绘制药学生核心素养词云图的源程序首先需要熟悉素材文件，并安装第三方库。

• 素材文件

本程序的素材文件共有 3 个：cpu.jpg、msyh.ttf 和"学生培养.txt"。其中，cpu.jpg 是词云图形状文件；msyh.ttf 是词云图文本的字体文件；"学生培养.txt"是文本数据文件，文件中的文本摘自《中国药科大学教[2019]173 号》文件。

• 安装第三方库

需要安装的第三方库共计 5 个，安装命令如下。

```
pip install setuptools
pip install matplotlib
pip install wordcloud
pip install jieba
pip install imageio
```

2. 源程序

```
#引入词云图类 WordCloud、分词函数 lcut()和读背景图的函数 imread()
from wordcloud import WordCloud
from jieba import lcut
from imageio import imread
#读入背景图和文本数据
mask = imread("cpu.jpg")
ori_txt = open("学生培养.txt").read()
#标准化词云图文本
words = lcut(ori_txt)
txt = " ".join((word for word in words if len(word) > 1))
#设置排除词集合
excludes = {'实习', '企业', '大学生', '方案', '教育', '建设', '计划','学生', '体系', \
            '提升','加强', '学习', '培养', '人才','发展', '联合', '模式', '人才培养', \
            '行业', '研究生','综合', '特色', '构建', '完善', '实施', '育人', '项目',\
            '大学', '教学', '优化', '改革','课程体系', '开展','提高', '推进', '考核', \
            '对接', '加快', '服务', '课程','平台','工程师', '基地', '教育培养', \
            '本科生', '海外','合作', '卓越', '交流', '制药','立项', '办学', '通识',\
            '知名', '国际化'}
#定义词云图文本颜色的函数
from random import randint
def random_color_func(word=None, font_size=None, position=None,\
                      orientation=None, font_path=None, random_state=None):
    h = randint(180, 240)                                  #色相
    s = int(100.0 * 255.0 / 255.0)                         #饱和度
    l = int(100.0 * float(randint(60, 120)) / 255.0)       #亮度
    return "hsl({}, {}%, {}%)".format(h, s, l)
```

```
#生成词云图
w = WordCloud(width=2000,\
              background_color="white",\
              stopwords=excludes,\
              color_func=random_color_func,\
              font_path="msyh.ttf",\
              mask=mask)
#加载文本
w.generate(txt)
#输出词云图
w.to_file("药学生核心素养.png")
```

3. 运行示例

程序运行后生成图片文件“药学生核心素养.png”,其内容如图 8.15 所示。

图 8.15 药学生核心素养词云图

图 8.15 中,位于 C 位的是人物图。其中,“药学”知识是根基,位于人物图的下部;“实践”出真知,位于人物图的上部;“能力”是灵魂,位于人物的头部。词云图两侧,最醒目的是“创新创业”“德智体美”和“全面”。整幅词云图主次分明、重点突出地展现了药学生的核心素养。

8.6 本章小结

本章首先概述 Python 第三方库;然后介绍第三方库的管理方法之后阐述了 3 个应用第三方库解决实际问题的案例,为利用 Python 第三方库快捷开发奠定了基础。

第 3 篇　Python 实战医药数据处理专题篇

第 9 章　药学信息处理

本章学习目标

- 理解药物结构数据、药物相似度、基因表达数据和化合物水溶性的概念
- 理解 selenium、rdkit、pandas、seaborn、numpy 和 sklearn 库的常用类及方法
- 理解 Anaconda 平台的使用方法
- 掌握采集 PubChem 网站药物结构数据的算法和程序
- 掌握计算屠呦呦诺贝尔奖药物的相似度的算法和程序
- 掌握利用聚类热图分析肺癌基因表达数据的算法和程序
- 掌握利用高斯过程回归、随机森林和神经网络预测化合物水溶性的程序

本章依次介绍 4 个案例：采集 PubChem 网站药物结构数据，计算屠呦呦 2 个诺贝尔奖药物的相似度，利用聚类热图分析肺癌基因表达数据，利用高斯过程回归、随机森林和神经网络 3 种算法预测化合物的水溶性。

9.1　案例 18：采集 PubChem 网站药物结构数据

通常，采集药物的结构数据需要完成以下 4 项工作。

① 了解药物结构数据的知识；

② 学习第三方库 selenium 的使用方法；

③ 探索采集 PubChem 网站药物结构数据的方法；

④ 编写采集 PubChem 网站药物结构数据的爬虫程序。

9.1.1　药物结构数据

药物结构数据是 AI 辅助药物研发领域最常用的药物信息。所谓药物结构数据，就是描述药物结构特征的计算机可以理解的数字序列、字符序列或图数据。截至目前，常用的药物结构数据主要有分子结构描述符、分子指纹、分子图、物理化学参数（如 log P）和网格(Grid)5 种形式。同时，由于同一种形式的药物结构数据采用的编码标准或计算方法不同，每种形式的药物结构数据又有多种格式，例如：常见的药物分子结构描述符就有 InChI、Canonical SMILES 和 Isomeric SMILES 等多种格式。由于 5 种不同形式的药物结构数据一般情况下可以通过编程相互转换，因此，本节采集药物结构数据的实例中，仅采集药物的 Canonical SMILES 码。

SMILES 的英文全称是 Simplified Molecular Input Line Entry System，中文名为简化分子线性输入规范，是一种用 ASCII 字符串描述分子结构的规范。SMILES 最初由 Arthur Weininger 和 David Weininger 于 20 世纪 80 年代晚期开发，并由其他人和组织，尤其是日光化学信息系统有限公司（Daylight Chemical Information Systems Inc.）进行了修改和扩

展。药物的 SMILES 码是指按照 SMILES 规范进行编码，从而得到的药物的结构编码。一般情况下，一个药物分子按照 SMILES 规范进行编码，可以得到多个 SMILES 码。Canonical SMILES(中文名为典范 SMILES)例外，它使用 Canonical SMILES 对药物分子编码，可以生成唯一的 SMILES 码。

例如，瑞德西韦（Remdesivir）的结构如图 9.1 所示，使用 Canonical SMILES 进行编码，可以得到瑞德西韦的唯一的 SMILES 码，如下所示。

```
CCC(CC)COC(=O)C(C)NP(=O)(OCC1C(C(C(O1)(C#N)C2=CC=C3N2N=CN=C3N)O)O)OC4=CC=CC=C4
```

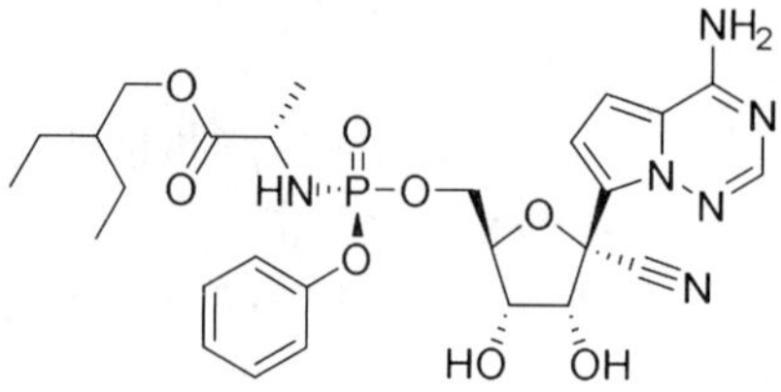

图 9.1　瑞德西韦的结构

9.1.2　第三方库 5：selenium 的使用方法

批量采集数据一般需要编写爬虫程序。主流的爬虫框架有 3 种：第一种是使用第三方库 requests 和 bs4/lxml，常用于编写简单的小型爬虫程序；第二种是使用 selenium 库，常用于存在 JavaScript（JS）异步加载的情况；相对比较大型的项目需求，则会选择使用 Scrapy、PySpider、Crawley 和 Portia 等框架，以方便管理和扩展。鉴于采集药物结构数据时使用的 PubChem 网站存在 Js 异步加载的代码，本节介绍使用 selenium 库编写爬虫程序的方法。

使用 selenium 库编写爬虫程序，本质上是驱动浏览器对目标站点发送请求，返回站点的网页代码后解析并展示，期间可以在网页解析过程中或解析完成后查找目标数据并输出。这种爬虫程序可以解决 JS 异步加载的问题，容易突破网站的多种反爬机制，这种方法同时还具有易学易用、通用性好的优点。

使用 selenium 库编写爬虫程序主要包括引入 webdriver、创建受控的浏览器对象、请求目标网站信息、提取目标数据、终止受控浏览器运行 5 个步骤。

1. 引入 webdriver

selenium 通过使用 webdriver 实现自动控制市场上所有主流的浏览器。webdriver 是一个包（package），其中有 13 个子包，分别是 chrome、edge、firefox、ie、safari、android、blackberry、common、opera、phantomjs、remote、support 和 webkitgtk。编写具体的爬虫程序时，应根据使用的浏览器选择使用相应的子包，如后续使用 Google Chrome 浏览器爬取数据，应选择使用子包 chrome，相应地引入 webdriver 的语句如下。

```
from selenium import webdriver
```

2. 创建受控的浏览器对象

这里要创建的对象实质是受控于程序的浏览器，是 webdriver 包的特定子包（如 chrome）中的 WebDriver 类的实例。为了编写代码方便，selenium 针对不同的浏览器，分别提供了便捷访问其对应的 WebDriver 类的方法，市场上 5 大主流浏览器对应的访问方法如表 9.1 所示。

表 9.1　不同浏览器对应的 WebDriver 类实例化方法

浏　览　器	WebDriver 类实例化方法
Google Chrome	webdriver.Chrome()
Firefox	webdriver. Firefox()
Edge	webdriver.Edge()
IE	webdriver.Ie()
Safari	webdriver.Safari()

创建受控的浏览器对象的语法如下。

```
browser = WebDriver 类实例化方法(对应浏览器的驱动程序)
```

例如，创建受控的 Google Chrome 浏览器对象的语句如下。

```
browser  =  webdriver.Chrome\
        ("C:\Program Files\Google\Chrome\Application\chromedriver.exe")
```

使用 selenium 编写爬虫时，受控浏览器解析、加载网页花费的时间较长。为了提高爬虫爬取目标数据的速度，常常会设置一个获取网页信息并解析、加载网页的最长等待时间，例如，将最长等待时间设为 20s。启用该设置后，受控浏览器对象会在 20 秒内按一定频率自动监测目标元素是否出现。一旦目标元素出现，就会立即停止网页解析与加载，转而执行后续的程序代码。如果达到 20s，而目标元素仍然没有出现，也会转而执行后续代码。因此，编写爬虫程序时，一般会设置一个适当的最长等待时间，以同时提升爬取数据的成功率和爬取速度。

设置最长等待时间的方法为：调用受控浏览器的 implicitly_wait()方法，设置参数为最长等待时间，单位为秒。例如，设置最长等待时间为 20s，对应的语句为

```
browser.implicitly_wait(20)
```

3. 请求目标网站信息

请求目标网站信息通过调用受控浏览器对象的 get()方法实现，具体语句如下。

```
browser.get(url)
```

4. 提取目标数据

目标数据一般是网页特定元素的特定属性的值，因此，提取目标数据首先要查找特定元素，然后再求该元素特定属性的值。

- 查找特定元素

查找特定元素通过调用受控浏览器对象的方法实现。目标元素的已知信息不同，查找策略也会各异，受控浏览器对象提供了一系列方法查找一个特定的元素，返回找到的第 1 个元素。查找一个特定元素的方法见表 9.2。

表 9.2　查找一个特定元素的方法

方　　法	描　　述
browser.find_element()	通过参数设置查找依据查找元素
browser.find_element_by_class_name()	通过类名属性值查找元素
browser.find_element_by_css_selector()	通过多个属性值及其组合查找元素
browser.find_element_by_id()	通过 id 属性值查找元素
browser.find_element_by_link_text()	通过超链接文本查找元素
browser.find_element_by_name()	通过 name 属性值查找元素
browser.find_element_by_partial_link_text()	通过部分超链接文本查找元素
browser.find_element_by_tag_name()	通过标签名属性值查找元素
browser.find_element_by_xpath()	通过 xpath 属性值查找元素

受控浏览器对象还提供了一系列批量查找元素的方法，这些方法的返回值是找到的多个元素构成的列表。批量查找多个元素的方法见表 9.3。

表 9.3　批量查找多个元素的方法

方　　法	描　　述
browser.find_elements()	通过参数设置查找依据查找多个元素
browser.find_elements_by_class_name()	通过类名属性值查找多个元素
browser.find_elements_by_css_selector()	通过多个属性值及其组合查找多个元素
browser.find_elements_by_id()	通过 id 属性值查找多个元素
browser.find_elements_by_link_text()	通过超链接文本查找多个元素
browser.find_elements_by_name()	通过 name 属性值查找多个元素
browser.find_elements_by_partial_link_text()	通过部分超链接文本查找多个元素
browser.find_elements_by_tag_name()	通过标签名属性值查找多个元素
browser.find_elements_by_xpath()	通过 xpath 属性值查找多个元素

例如，查找一个已知 xpath 属性值的 p 标签使用如下语句。

```
searchElement1 = browser.find_element_by_xpath\
                    ('//*[@id="Canonical-SMILES"]/div[2]/div[1]/p')
```

其中，“//*[@id="Canonical-SMILES"]/div[2]/div[1]/p”是 p 标签的 xpath 属性的值。

• 求元素的属性值

求元素的属性值一般使用该元素的 get_attribute()方法，参数设置为属性名。

例如，查找元素 searchElement1 的超链接文本的语句为

```
searchElement1.get_attribute("href")
```

其中，searchElement1 是元素名，“href”是超链接文本属性的属性名。

5. 终止受控浏览器运行

终止受控浏览器运行一般调用受控浏览器的 quit()方法，对应语句为

```
browser.quit()
```

9.1.3　采集 PubChem 网站药物结构数据的方法

PubChem 是美国国立卫生研究院(NIH)的开放化学数据库，它目前收录的化合物已超过 1 亿，是药学、化学等领域研究人员重要的化学信息源。通过 PubChem 网站，可以检索、爬取化合物的基本信息、化学结构、化学和物理性质、生物活性、毒性等多类数据。PubChem 的网址为 https://pubchem.ncbi.nlm.nih.gov。

编写根据药物名称从 PubChem 网站爬取指定药物的 Canonical SMILES 码的爬虫程序，需要做好两项准备工作：由人扮演爬虫访问网站，确定目标数据的爬取步骤、目标数据对应的元素及其 xpath 或其他属性值、目标数据对应的属性名称等编写爬虫程序必需的信息；在此基础上，设计爬虫程序的算法。

1. 获取编写爬虫程序必需的信息

根据药物名称从 PubChem 网站爬取特定药物的 Canonical SMILES 码的过程中，由人模拟爬虫获取编写爬虫程序必需信息的过程包括 3 个步骤：首先，根据药物名称检索网站，得到检索结果页面网址的特征；然后，查看检索结果页面网页源码，查找药物详细信息页面的网址；最后，跳转到详细信息页面，通过查看网页源码，获取目标元素及其 xpath 值、Canonical SMILES 码对应的属性名称等信息。

- 获取检索结果页面网址特征

在 PubChem 页面的检索框中输入药物名称，如 Artemisinin，然后按 Enter 键，会出现检索结果页面，详见图 9.2。

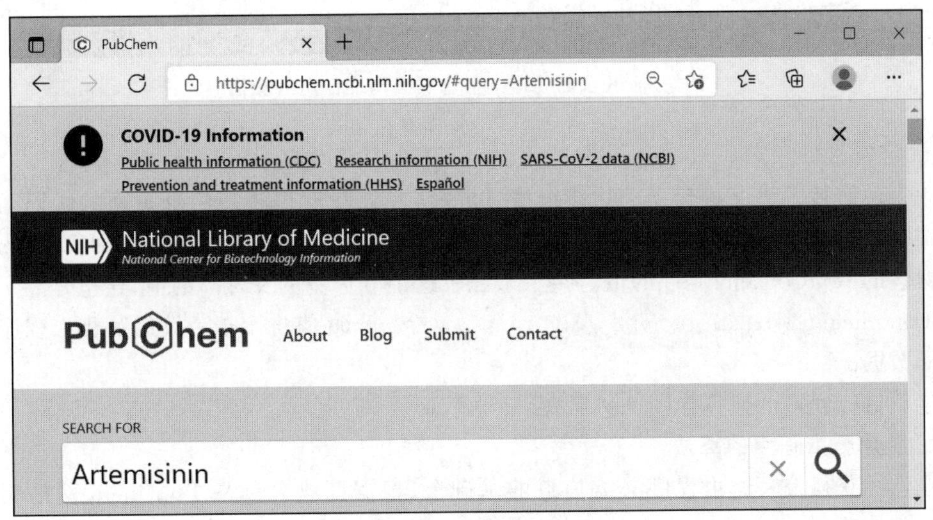

图 9.2　PubChem 检索结果页面

其中，浏览器地址栏显示了检索结果页面网址，其由两个字符串连接而成，前 1 个字符串是"https://pubchem.ncbi.nlm.nih.gov/#query="，后 1 个字符串是药物的英文名，这里

是"Artemisinin"。

- 获取药物详细信息页面网址的信息

在检索结果页面，选择可以跳转到药物详细信息页面的超链接文本，然后单击鼠标右键，在出现的快捷菜单中选择菜单项“检查”，就会出现网页的源码。之后，在源码窗口中上下移动光标，直到药物详细信息页面的网址出现在选中的网页元素中，同时，左侧网页选中部分为超链接文本时停止光标移动。这时，观察光标停止的位置可以发现，药物详细信息页面的网址是一个 a 标签的 href 属性的值。接下来通过选择快捷菜单中的 Copy 菜单的 Copy XPath 选项记录下这个 a 标签的 xpath 的值，这里 xpath 的值是“//*[@id="featured-results"]/div/div[2]/div/div[1]/div[2]/div[1]/a”。这个 a 标签的 xpath 值将用于后续编写爬虫程序时获取详细信息页面的网址。

获取药物详细信息页面网址信息的操作如图 9.3 所示。

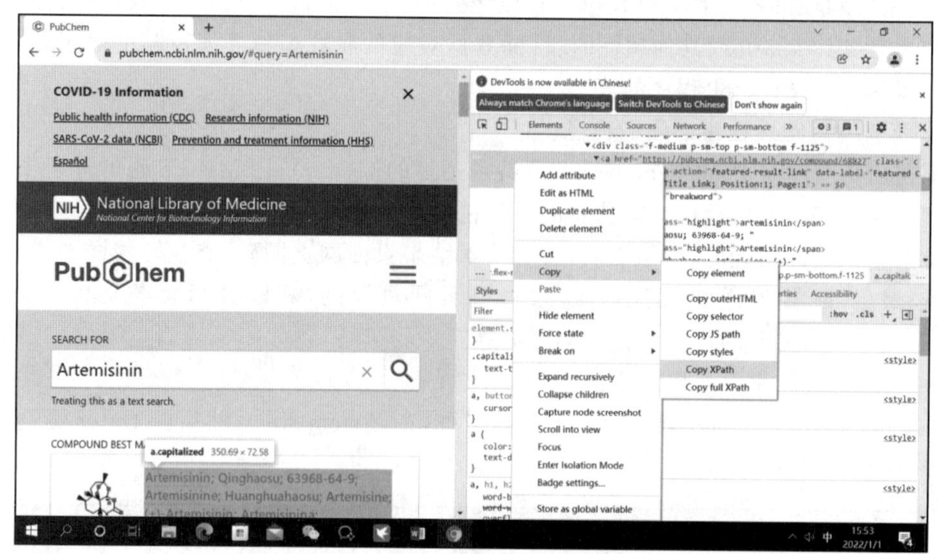

图 9.3　获取药物详细信息页面网址信息的操作

- 定位目标元素

单击超链接关键字跳转到药物详细信息页面，并查看药物详细信息页面的源码。在源码中查找 Canonical SMILES 码对应的元素，可以发现目标数据 Canonical SMILES 码是一个 p 标签的 textContent 属性的值。接下来记录这个 p 标签的 xpath 的值，这里是“//*[@id="Canonical-SMILES"]/div[2]/div[1]/p”，这个 xpath 值将用于后续编写爬虫程序时获取目标数据。

定位目标元素的操作如图 9.4 所示。

2. 设计爬虫程序的算法

在已经获得编写爬虫程序必需信息的基础上，根据药物名称从 PubChem 网站爬取一个特定药物的 Canonical SMILES 码的算法共 11 步，具体如下。

① 引入 webdriver 包；

② 创建受控的浏览器对象 browser；

③ 设置获取页面信息并解析、加载页面的最长等待时间；

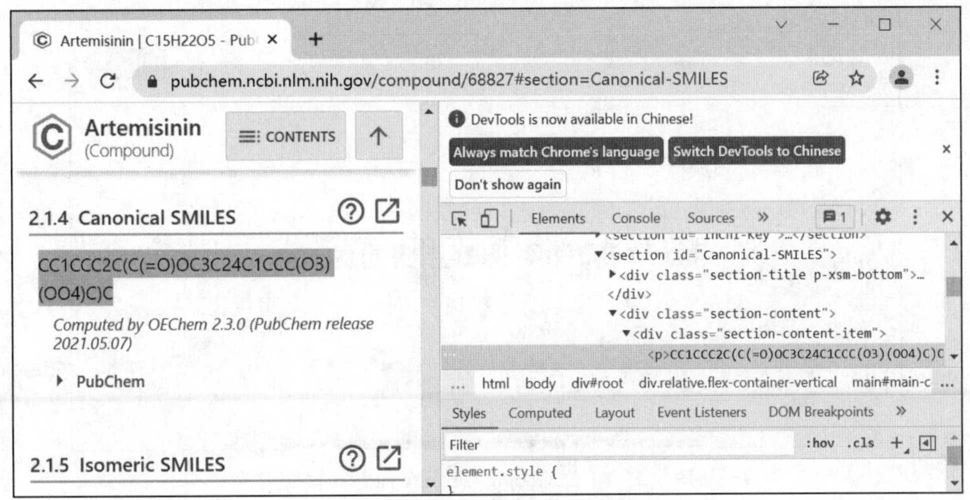

图 9.4　定位目标元素的操作

④ 根据药物名称生成检索结果页面的网址；

⑤ 请求检索结果页面的网页信息；

⑥ 查找包含药物详细信息页面网址的 a 标签；

⑦ 获取 a 标签的 href 属性的值，也就是药物详细信息页面的网址；

⑧ 请求药物详细信息页面的网页信息；

⑨ 查找 Canonical SMILES 码对应的 p 标签；

⑩ 获取 p 标签的 textContent 属性的值，也就是药物的 Canonical SMILES 码；

⑪ 完成爬取后，终止受控浏览器 browser 的运行。

9.1.4　采集 PubChem 网站药物结构数据的爬虫程序

1. 程序说明

爬虫程序的功能是爬取一个列表 drugLs 中的多个化合物的 Canonical SMILES 码，爬取的 Canonical SMILES 码按 drugLs 中的顺序存于列表 smiLs。

运行爬虫程序，需要首先下载、安装 Google Chrome 和 ChromeDriver，然后安装第三方库 selenium。

- 下载、安装 Google Chrome

64 位 Google Chrome 的下载网址为 https://www.google.cn/chrome/index.html，下载页面参见图 9.5。

32 位 Google Chrome 的下载网址为 https://www.google.cn/intl/ch/chrome/?standalone=1&platform=win，下载页面参见图 9.6。

其中，采用 32 位 Google Chrome 运行爬虫程序具有更高的效率。

Google Chrome 安装过程中，只按照向导提示选择默认选项完成安装即可。

- 下载、安装 ChromeDriver

ChromeDriver 的下载网址为 https://chromedriver.chromium.org/downloads，下载页面参见图 9.7。

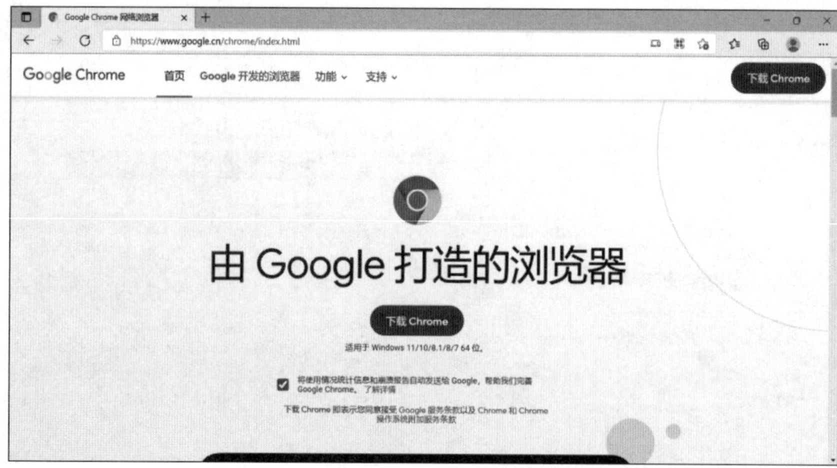

图 9.5　64 位 Google Chrome 的下载页面

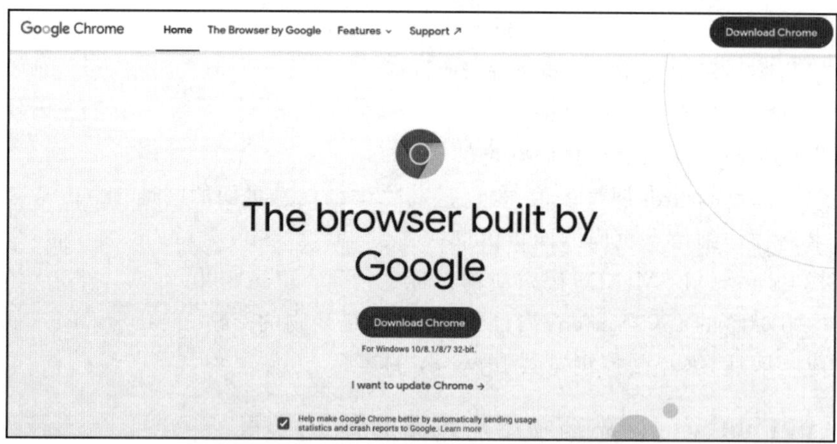

图 9.6　32 位 Google Chrome 的下载页面

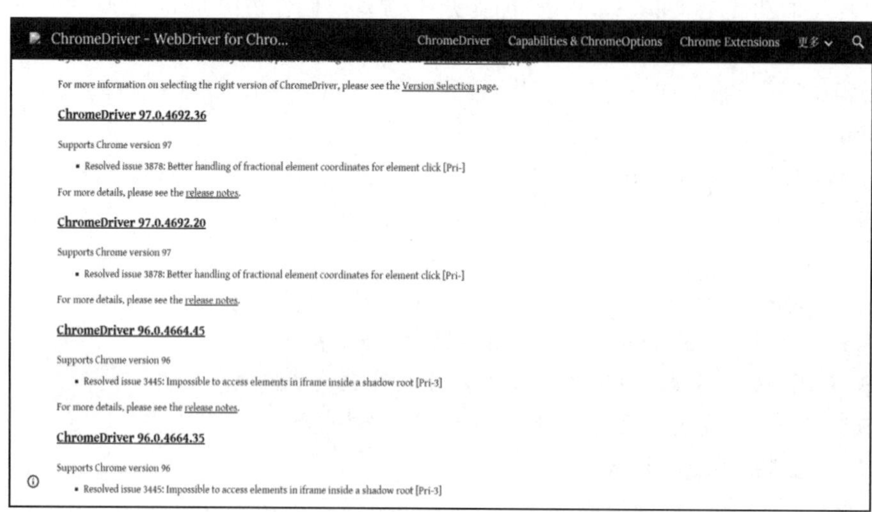

图 9.7　ChromeDriver 下载页面

在该页面选择和 Google Chrome 版本对应的选项单击，之后的页面参见图 9.8。

Index of /97.0.4692.36/

Name	Last modified	Size	ETag
Parent Directory		-	
chromedriver_linux64.zip	2021-12-03 08:12:31	9.56MB	1131d4b7e90f5fddd574a880811a68e3
chromedriver_mac64.zip	2021-12-03 08:12:33	7.89MB	7384c8edd352f00d768fb0948b2d57f6
chromedriver_mac64_m1.zip	2021-12-03 08:12:35	7.48MB	4c8a1fe6d36cb277eba7678462f3133e
chromedriver_win32.zip	2021-12-03 08:12:38	5.90MB	6025673a453006fafb6cddbf91dd467e
notes.txt	2021-12-03 08:12:42	0.00MB	0d0a28b7cd9be5eacbff58045ac2038f

图 9.8　不同操作系统的 ChromeDriver 版本选择页面

在该页面选择和自己机器操作系统对应的 ChromeDriver 版本下载。下载之后解压缩，得到文件 chromedriver.exe。之后，将文件 chromedriver.exe 复制到 chrome.exe 文件所在的文件夹中。当 Google Chrome 采用默认选项安装后，chrome.exe 文件的位置为 C:\Program Files\Google\Chrome\Application。

- 安装第三方库 selenuim

使用 pip 在线安装即可顺利安装 selenium，具体命令为

```
pip install selenium
```

2. 源程序

```
#引入 webdriver 包
from selenium import webdriver

#定义根据药物名称爬取其 Canonical SMILES 码的函数
def getCanSmi(drug):
    #生成检索结果页网址
    url = "https://pubchem.ncbi.nlm.nih.gov/#query="+drug
    #获取检索结果页的网页信息
    browser.get(url)
    #设置查找的元素:包含药物详细信息页面网址的 a 标签
    searchElement1 = browser.find_element_by_xpath('//*[@id="featured-results"]\
                /div/div[2]/div/div[1]/div[2]/div[1]/a')
    #创建变量 newUrl,将 a 标签里的超链接文本赋值给变量 newUrl
    newUrl = searchElement1.get_attribute("href")
    #获取药物详细信息页的网页信息
    browser.get(newUrl)
    #设置查找的元素:包含药物 Canonical SMILES 码的 p 标签
    searchElement2 = browser.find_element_by_xpath(\
        '//*[@id="Canonical-SMILES"]/div[2]/div[1]/p')
    #创建变量 smiles,将 p 标签中的文本赋值给变量 smiles
    smiles = searchElement2.get_attribute('textContent')
```

```
    #返回 smiles 的值,也就是药物的 Canonical SMILES 码
    return smiles

#主程序
#创建受控浏览器对象 browser
browser = webdriver.Chrome(
    "C:\Program Files\Google\Chrome\Application\chromedriver.exe")
#设置获取网页信息并解析、加载网页的最长等待时间为 20s
browser.implicitly_wait(20)
drugLs = ["Artemisinin", "Dihydroartemisinin"]
smiLs = []
for drug in drugLs:
    smiLs.append(getCanSmi(drug))
print(smiLs)
#终止 browser 的运行
browser.quit()
```

3. 运行示例

采集 PubChem 网站药物结构数据的爬虫程序运行后,屏幕输出结果如下。

```
['CC1CCC2C(C(=O)OC3C24C1CCC(O3)(OO4)C)C', 'CC1CCC2C(C(OC3C24C1CCC(O3)(OO4)C)O)C']
```

9.2 案例 19:计算屠呦呦诺贝尔奖药物的相似度

通常,计算 2 个药物的相似度需要完成以下 5 项工作。

① 了解药物相似度的概念;

② 学习 Anaconda 平台的使用方法;

③ 学习第三方库 RDKit 的使用方法;

④ 设计计算 2 个药物相似度的算法;

⑤ 编写计算 2 个药物相似度的程序。

9.2.1 药物相似度

小分子药物的相似度一般指两个药物分子在结构上的相似程度。结构相似的药物往往具有相近的生物活性,因此,计算两个药物小分子的相似度是以相似性为基础的药物筛选的核心技术。

小分子药物相似度分二维结构相似度和三维结构相似度两大类,计算方法类似,其中,二维结构相似度一般基于分子指纹采用一定的算法进行计算。

1. 分子指纹

分子指纹(Fingerprint)是描述化合物结构特征的一组数据,其中每个数据非 1 即 0。1 表示化合物具备相应的子结构特征,0 表示不具备相应的子结构特征,有时也会使用若干个 0、1 组成的数据表示具备特定的子结构特征。由于采用的子结构特征及其数量不同,出现了很多种类的分子指纹。常用的分子指纹有 RDKit 分子指纹、PubChem 分子指纹、ECFP

分子指纹等。

RDKit 分子指纹(RDKit Fingerprint)又叫拓扑指纹(Topological Fingerprint),这种指纹综合考虑了化合物的原子类型、芳香性、键的类型三大结构特征。RDKit 分子指纹采用的子结构特征及其数量取决于 6 个参数的设置,这 6 个参数及其说明见表 9.4。

计算一个化合物的 RDKit 分子指纹的过程包括 4 步。

① 生成所有介于 minPath 和 maxPath 的子图;

② 对每个子图,对应生成 nBitsPerHash 位的数据;

③ 由所有子图对应生成的数据组合成长度为 fpSize 值的原始 RDKit 分子指纹;

④ 最后,根据 tgtDensity 和 minSize 的设置进行指纹折叠。具体折叠方法为:若 tgtDensity 值为 0,则不折叠;否则,折叠过程为指纹长度不断减半,直到密度大于或等于 tgtDensity 的值,或指纹长度降到 minSize 的设置值为止。

表 9.4　计算 RDKit 分子指纹常用的 6 个参数

参　数	说　明
minPath	生成子图 subgraphs 所需的最少键的数量
maxPath	生成子图 subgraphs 所需的最多键的数量
nBitsPerHash	每个子图对应生成的数据的位数
fpSize	生成的指纹长度
tgtDensity	指纹长度不断减半,最终达到的密度值
minSize	最小指纹长度值

2. 相似度计算算法

化合物相似度的计算算法有很多种,常用的算法主要有 Tanimoto、Dice、Cosine、Sokal、Russel、Kulczynski、McConnaughey 和 Tversky 等。不同算法基于的特征值和计算公式不尽相同。

常用的 Tanimoto 算法的特征值就是分子指纹,Tanimoto 相似度的计算公式参见公式(9.1)。

$$\text{Tanimoto}(\boldsymbol{A},\boldsymbol{B})=\frac{|\boldsymbol{A}\cap\boldsymbol{B}|}{|\boldsymbol{A}\cup\boldsymbol{B}|} \tag{9.1}$$

其中,$\boldsymbol{A}$、$\boldsymbol{B}$ 分别是 2 个化合物的分子指纹向量。Tanimoto 相似度是 $\boldsymbol{A}$、$\boldsymbol{B}$ 交集的大小与 $\boldsymbol{A}$、$\boldsymbol{B}$ 并集的大小的比值,是 0～1 的数,比值越大,$\boldsymbol{A}$、$\boldsymbol{B}$ 对应的 2 个分子的结构越相似。

由以上描述可见,基于不同类型的分子指纹,或者不同的相似度算法计算所得的 2 个药物分子的相似度值一般不等。

9.2.2　Anaconda 平台

Anaconda,中文译名是大蟒蛇,有 Individual Edition、Commercial Edition、Team Edition 和 Enterprise Edition 4 个版本。其中,只有 Individual Edition 是开放的,后续提到的 Anaconda 都指 Anaconda Individual Edition。

Anaconda 是数据处理的常用平台,其官网称为数据科学工具箱,主要有 3 大功能,分别是环境管理、包管理和数据分析。

1. 环境管理

客观存在多个项目开发任务时，这些项目使用的高级语言可能不同；也可能都使用 Python 语言但使用的 Python 版本不同；还有可能使用相同的 Python 版本开发，但不同项目的依赖不同且相互冲突，这时候就需要为每个项目设置各自的环境。Anaconda 附带了 conda，支持创建、切换和管理多个环境。

2. 包管理

相比于 Python 自带的 pip 包管理软件，Anaconda 附带的包管理工具 conda 的功能更强大，其使用更便捷。conda 除可以安装 Python 的包之外，还可以安装其他很多的软件包；另外，pip 安装 Python 包时，有时会因为本地没有 Python 包需要的编译器而安装失败，但 conda 安装 Python 包时不需要编译，因此不会出现由此引发的包安装失败的问题。

conda 和 pip 的区别见表 9.5。

表 9.5 conda 和 pip 的区别

选　　项	conda	pip
安装文件类型	二进制文件	wheel 文件
需要本地编译器	no	yes
包类型	任何包	Python 包
支持创建环境	yes	no
检查依赖冲突	yes	no
包来源	Anaconda repo and cloud	PyPI

3. 数据分析

Anaconda 附带了一大批常用的数据科学包，包括 Python 和 150 多个数据科学包及其依赖项。Anoconda 安装之后，这些数据科学包可以被直接使用，能很好地助力数据分析工作。

9.2.3 第三方库 6：rdkit 的使用方法

rdkit 是一个 Python 包，是一个功能非常强大的化学信息工具包，内含 Avalon、Chem、DataManip、DataStructs、Dbase、DistanceGeometry、ForceField、Geometry、ML、Numerics、SimDivFilters、VLib、sping、utils 共计 14 个子包和 7 个模块。计算化合物的相似度主要使用其中的 Chem 和 DataStructs。

1. Chem 包简介

Chem 包提供了丰富的函数、类、模块等，用于读取各种结构文件、生成分子、格式转换、计算分子指纹、计算分子特征等。

例如，函数 Chem.MolFromSmiles(smiles)可以由参数 smiles 码生成 1 个分子对象；函数 Chem.RDKFingerprint(mol)可以计算返回分子 mol 的 RDK 分子指纹数据；Chem 包的 Draw 子包包含了很多绘图相关的函数，同时还有很多子包。

2. DataStructs 包简介

DataStructs 包提供了丰富的函数、类、模块等，用于计算各种相似度数据。

例如，DataStructs.FingerprintSimilarity(fps_A，fps_B)函数可以基于分子 A 和分子 B 的分子指纹计算返回分子 A 和分子 B 的 Tanimoto 相似度值。

9.2.4　计算屠呦呦 2 个诺贝尔奖药物的相似度的算法

屠呦呦是我国第一位获得科学类诺贝尔奖的科学家，其研究领域是中药学和中西药结合研究。她勤求古训、博极医源、独辟蹊径，带领团队创制了新型抗疟药青蒿素和双氢青蒿素，挽救了全球特别是发展中国家数百万人的生命。

以计算屠呦呦 2 个诺贝尔奖药物的相似度为例，总结计算 2 个化合物的相似度的算法如下，主要包括 6 个步骤。

① 引入 rdkit 的 Chem 子包和 DataStructs 子包；

② 输入青蒿素和双氢青蒿素的 Canonical SMILES 码；

③ 基于 2 个 Canonical SMILES 码生成 2 个分子；

④ 计算 2 个分子的某种分子指纹，如 RDKit 分子指纹；

⑤ 基于 2 个分子指纹数据，按照一种算法(如 Tanimoto 算法)计算分子的相似度；

⑥ 输出相似度值。

9.2.5　计算屠呦呦 2 个诺贝尔奖药物的相似度的程序

1. 程序说明/readme

计算屠呦呦 2 个诺贝尔奖药物相似度的程序的主要功能是：计算并输出青蒿素和双氢青蒿素的 Tanimoto 相似度值。其中，采用的分子指纹是 RDKit 分子指纹。程序同时还展示了 2 个化合物的结构图。

运行该程序需要首先下载、安装 Anaconda；其次创建运行 rdkit 的新环境并安装 rdkit；最后，编辑、运行计算青蒿素和双氢青蒿素的 Tanimoto 相似度的程序。

- 下载、安装 Anaconda

Anaconda 的下载网址为 https://www.anaconda.com/products/individual，下载页面参见图 9.9。

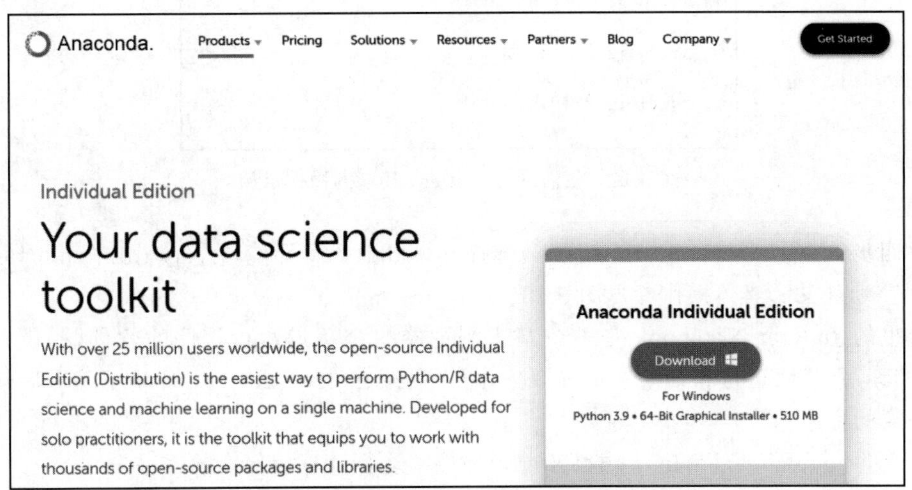

图 9.9　Anaconda 的下载页面

单击下载页面中的 Download 按钮，即可下载到和系统适配的版本。Anaconda 下载后，按默认选项安装即可。

注意以下两点。

① 完成安装后请注册使用；

② 后续如果需要卸载 Anaconda，请运行 Anaconda 安装目录下的 Uninstall-Anaconda3.exe 文件。

- 创建新环境并安装 rdkit

创建新环境并安装 rdkit 的过程包括以下 4 步。

第一步：在“开始”菜单中选择 Anaconda Prompt(anaconda3)，打开 Anaconda Prompt 命令窗口，具体操作参见图 9.10。

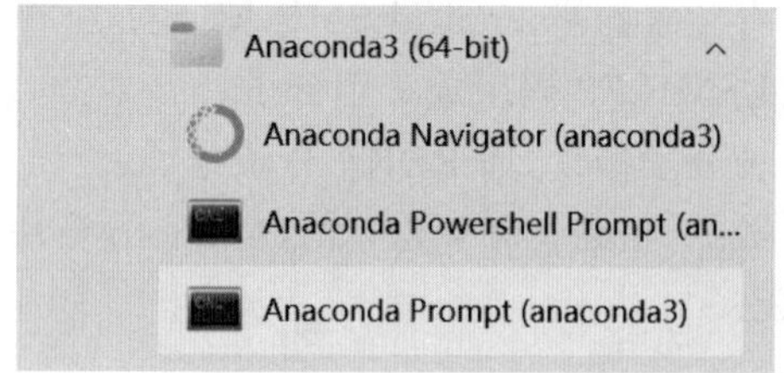

图 9.10　打开 Anaconda Promt 命令窗口的操作示例

第二步：使用 conda 创建新环境 my-rdkit-env，并安装 rdkit(注意保持网络畅通)，具体操作参见图 9.11。

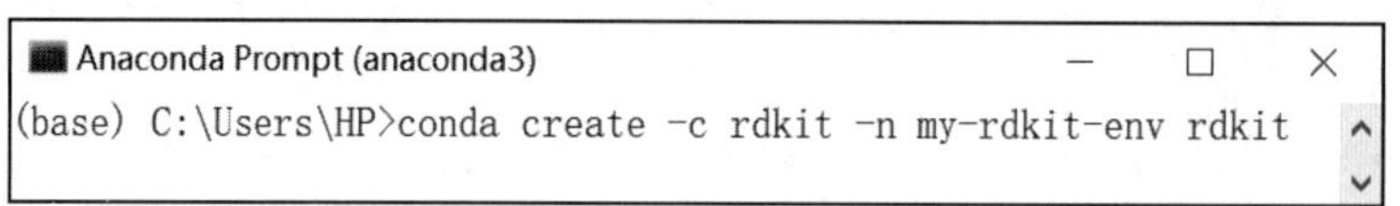

图 9.11　创建 my-rdkit-env 环境并安装 rdkit 操作示例

第三步：使用 conda 激活新环境 my-rdkit-env，具体操作参见图 9.12。

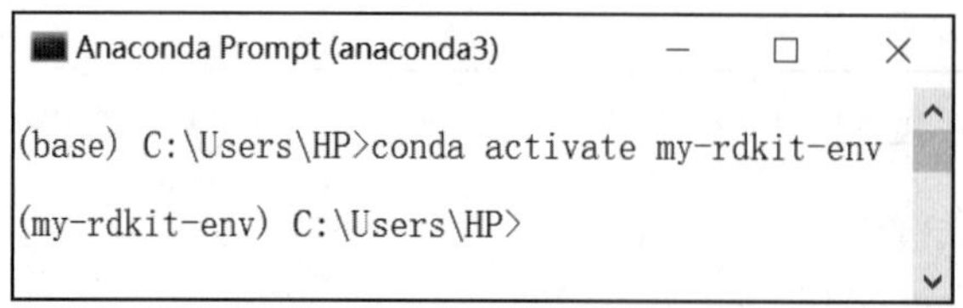

图 9.12　激活 my-rdkit-env 环境的操作示例

第四步：运行 Anaconda Navigator，选择 my-rdkit-env 环境，在 my-rdkit-env 环境安装 Jupyter Notebook，具体操作参见图 9.13。

这里的 Jupyter Notebook 是一个基于浏览器的交互式运行程序的软件，提供程序开发、文档编写、代码运行和结果展示等服务，用于后续在 my-rdkit-env 环境下编写和运行计算相似度的程序。

- 在 JupyterNotebook(my-rdkit-env)环境中运行计算相似度的程序

在 JupyterNotebook(my-rdkit-env)环境中运行计算青蒿素和双氢青蒿素的相似度的

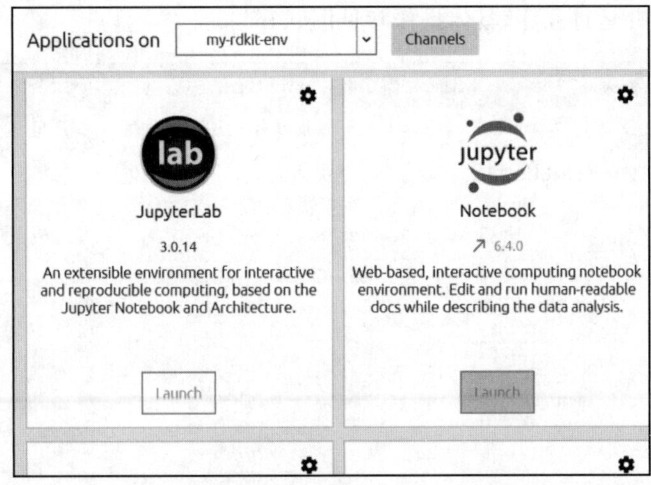

图 9.13　在 my-rdkit-env 环境安装 Jupyter Notebook 的操作示例

程序包括以下 4 个步骤。

第一步：在“开始”菜单中选择 Jupyter Notebook(my-rdkit-env)，具体操作参见图 9.14。

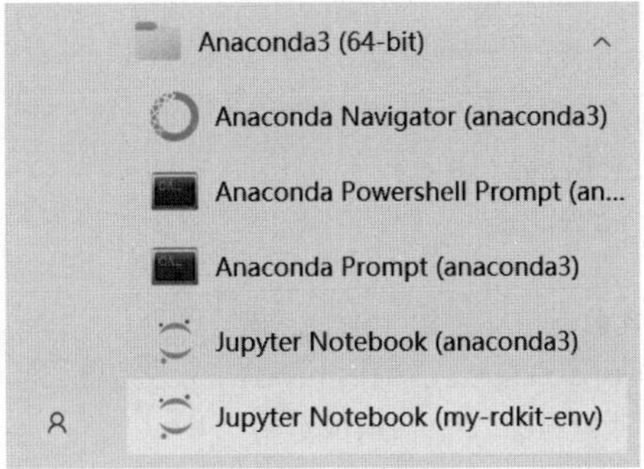

图 9.14　启动 Jupyter Notebook(my-rdkit-env)环境的操作示例

第二步：在随后打开的浏览器 Jupyter 界面新建 Python 3 笔记本，具体操作参见图 9.15。

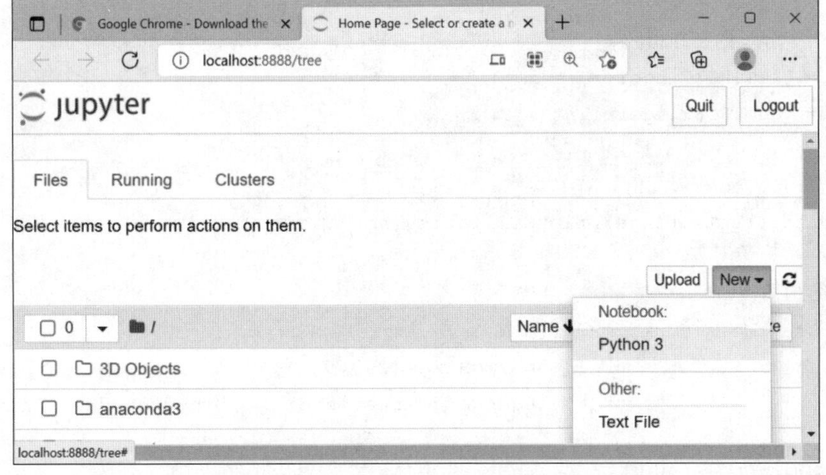

图 9.15　创建 Python 3 笔记本的操作示例

第三步：编写并运行程序，具体操作参见图 9.16。

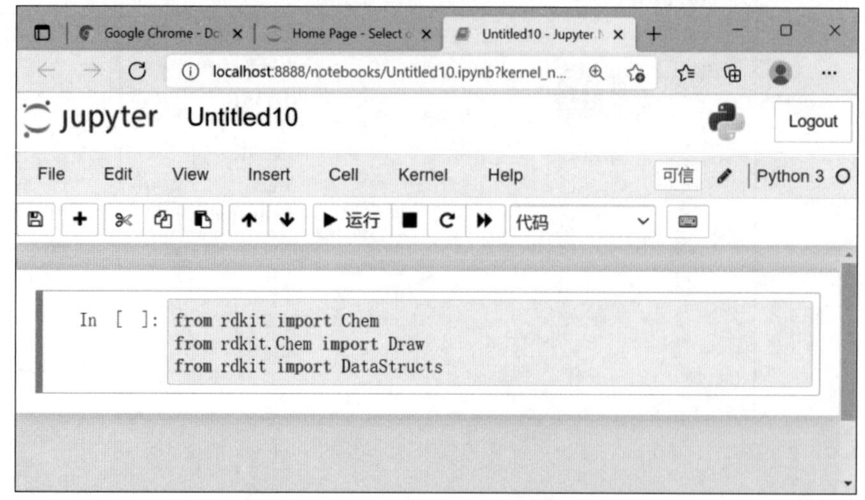

图 9.16 在 Python 3 笔记本中编辑、运行程序的操作示例

2. 源程序

```
#引入相关的子包
from rdkit import Chem
from rdkit.Chem import Draw
from rdkit import DataStructs

#输入青蒿素和双氢青蒿素的 Canonical SMILES 码
smi_A = 'CC1CCC2C(C(=O)OC3C24C1CCC(O3)(OO4)C)C'
smi_B = 'CC1CCC2C(C(OC3C24C1CCC(O3)(OO4)C)O)C'

#基于 smiles 码生成两个分子
m_A = Chem.MolFromSmiles(smi_A)
m_B = Chem.MolFromSmiles(smi_B)

#计算两个分子的拓扑指纹
fps_A = Chem.RDKFingerprint(m_A)
fps_B = Chem.RDKFingerprint(m_B)

#计算 Tanimoto 相似度值
sm = DataStructs.FingerprintSimilarity(fps_A, fps_B)

#生成结构图
img = Draw.MolsToGridImage([m_A, m_B], molsPerRow=2, \
                           subImgSize=(200, 200),\
                           legends=['Artemisinin', 'Dihydroartemisinin'])

#输出相似度和分子结构图
```

```
print(\
    "similarity between Artemisinin and Dihydroartemisinin:{:.2f}".format(sm))
img
```

3. 运行示例

计算屠呦呦 2 个诺贝尔奖药物的相似度的程序运行后，屏幕输出结果参见图 9.17。

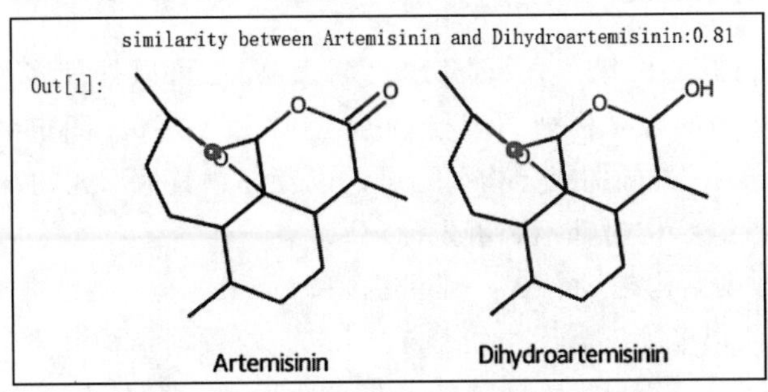

图 9.17　计算药物相似度的程序运行示例

9.3　案例 20：利用聚类热图分析肺癌基因表达数据

通常，利用聚类热图分析基因表达数据需要完成以下 5 项工作。

① 学习聚类热图分析基因表达数据的基础知识；

② 学习第三方库 pandas 的使用方法；

③ 学习第三方库 seaborn 的使用方法；

④ 设计利用聚类热图分析基因表达数据的算法；

⑤ 编写利用聚类热图分析基因表达数据的程序。

9.3.1　聚类热图分析基因表达数据

现代研究表明，很多疾病的发病和某些基因的突变有或多或少的关联。其原理简要描述就是：在转录过程中，基因的变化引致 RNA 异常，进而导致它编码的蛋白质的三维构象发生变化，致使细胞中该蛋白质无法发挥其正常功能，进而引发疾病。那如何找到引发特定疾病的突变基因呢？首先应进行基因测序，获得组学大数据；然后分析组学大数据，挖掘出致病突变基因的信息。

组学大数据种类很多，基因表达数据是其中一种。基因表达数据根据测序对象和测序方式不同又有多种类型，本节以其中的 RNA-Seq 为例，进行基因表达数据分析。

基因表达数据的分析方法也有多种，包括聚类热图、相关性分析、单细胞可视化、组合其他组学数据开展多组学分析等。其中，聚类热图是分析基因表达数据的经典分析方法。这种方法有助于找出某种疾病的一些表达异常的基因，为后续定位致病突变基因进而确定药物研发的靶标奠定基础。同时，该方法还可以发现同一病种的亚种人群，助力实施精准医疗。

绘制聚类热图的过程包括 2 个步骤：聚类和绘制热图。这里的聚类是以多组数据间两两两的相近程度(如欧几里得距离、相关系数等)作为依据,对原始数据进行层级聚类,以体现样本间的远近关系。热图是数据展示的一种方法,即通过颜色(例如红、绿色的深浅)体现数据值的大小。由于聚类热图将特征相近的数据聚集在一起形成类,因此最终热图中的数据顺序和原始数据的顺序一般不同。

9.3.2 第三方库 7: pandas 的使用方法

pandas 是 Python 核心的第三方数据分析库。pandas 可以处理多种类型的数据,包括与 SQL 或 Excel 表类似的含异构列的表格数据、有序和无序(非固定频率)的时间序列数据、带行列标签的矩阵数据(同构或异构型均可),以及任意其他形式的观测、统计数据集,这些数据转入 pandas 数据结构时都不必事先标记。

pandas 的主要数据结构是 Series(一维数据)和 DataFrame(二维数据)。由于这两种数据结构适用性好,因此很多第三方库纷纷基于 pandas 的数据结构开发,如本节后续绘图使用的 seaborn 就是基于 pandas 的数据结构开发的。因此,编写较复杂的医药数据处理程序,首先应学习 pandas 的 Series 和 DataFrame 的用法。

1. Series

pandas 的 Series 可以理解为自带索引号的列表或有序的字典,用来表示一维数据。使用 Series 需要学习常用的 Series 的创建方法和 Series 的基本操作。

- Series 的创建方法

创建 Series 的语法如下。

```
s = pd.Series(data, index=index)
```

其中,data 可能是 Python 的一个数据、列表或字典。对于数据和列表,Python 默认使用 0 到 $n-1$(元素个数减 1)组成的列表作为 Series 的索引;对于字典,Python 默认使用字典的所有 keys 作为 Series 的索引。当然,也可以通过给参数 index 传参指定索引列表。

例如:

```
>>> import pandas as pd
>>> #采用默认索引
>>> s1 = pd.Series([10, 20, 30])
>>> s1
0    10
1    20
2    30
dtype: int64
>>> #指定索引列表
>>> s2 = pd.Series([10, 20, 30], index=[1, 2, 3])
>>> s2
1    10
2    20
3    30
dtype: int64
```

• Series 的基本操作

利用 Series.index 可以访问 Series 对象的索引；利用 Series.values 可以访问 Series 对象的数据列表。

利用 Series 处理一维数据的便捷性主要体现在 Series 的数据运算可以批量操作，另外，还可以批量查找数据等。

例如：

```
>>> s3 = pd.Series([20, 40, 60], index=[2, 4, 6])
>>> #批量数据运算
>>> s3 * 2
2     40
4     80
6    120
dtype: int64
>>> #批量查找数据
>>> search_index = [2, 6]
>>> pd.Series(s3, search_index)
2    20
6    60
dtype: int64
```

2. DataFrame

pandas 的 DataFrame 是一种带行索引号和列标题的表格型的数据结构，可以理解为共享 index 的 Series 的集合。使用 DataFrame 需要学习常用的 DataFrame 的创建方法、DataFrame 的基本操作和 DataFrame 数据处理的常用方法。

• DataFrame 的创建方法

DataFrame 对象可以基于列表、元组、字典创建，也可以基于 NumPy 库的 Array 对象或 pandas 的 Series 对象创建，还可以读取文件数据直接创建。这里介绍读取文件数据创建 DataFrame 对象的方法。

读取文件数据创建 DataFrame 对象的语法如下。

```
df = pd.read_XXX()
```

其中，XXX 表示文件类型，pandas 可以读取很多种文件，常见的如 excel、csv、txt、json 等。参数部分主要有文件名、encoding、sep、index_col、header 等。读取不同类型的文件，参数个数略有不同。

例如：

```
>>> #读取 tsv 文件,tsv 文件和 csv 文件的不同仅限于前者数据间的分隔符是"\t"
>>> import os
>>> #更改当前目录为文件所在的目录
>>> os.chdir('D:/20210730/写书/第 9 章')
>>> import pandas as pd
```

```
>>> df = pd.read_csv('gene_exp.tsv', sep='\t', header=0, index_col=0)
>>> df
              ENSG00000242268.2  ENSG00000270112.3  ENSG00000167578.15
TCGA-49-6767           -11.6816            -6.2708            -15.2330
TCGA-44-8117           -11.6816            -6.2708            -15.4632
TCGA-49-6767           -11.6816            -6.2708            -15.2330
TCGA-71-6725           -11.6816            -6.2708             14.5547
TCGA-55-8203           -11.6816             6.7118            -14.9986
```

• DataFrame 的基本操作

DataFrame 对象支持很多操作,常用的有查找、修改、删除等。

例如:

```
>>> df = pd.DataFrame(data={\
    'ENSG00000242268.2': [-11.6816, -11.6816, -11.6816],\
    'ENSG00000270112.3': [-6.2708, -6.2708, -6.2708]},\
    index=['TCGA-49-6767', 'TCGA-44-8117', 'TCGA-71-6725'])
>>> df
              ENSG00000242268.2  ENSG00000270112.3
TCGA-49-6767           -11.6816            -6.2708
TCGA-44-8117           -11.6816            -6.2708
TCGA-71-6725           -11.6816            -6.2708
>>> #查找基因'ENSG00000242268.2'的表达数据
>>> df['ENSG00000242268.2']
TCGA-49-6767   -11.6816
TCGA-44-8117   -11.6816
TCGA-71-6725   -11.6816
Name: ENSG00000242268.2, dtype: float64
>>> #查找列编号为 1 的基因'ENSG00000270112.3'的前 2 个数据
>>> df.iloc[:2, 1]
TCGA-49-6767   -6.2708
TCGA-44-8117   -6.2708
Name: ENSG00000270112.3, dtype: float64
>>> #修改基因'ENSG00000242268.2'的表达数据
>>> df['ENSG00000242268.2'] = [11, 12, 13]
>>> df
              ENSG00000242268.2  ENSG00000270112.3
TCGA-49-6767                 11            -6.2708
TCGA-44-8117                 12            -6.2708
TCGA-71-6725                 13            -6.2708
>>> #删除基因'ENSG00000242268.2'的表达数据
>>> del df['ENSG00000242268.2']
>>> df
```

```
            ENSG00000270112.3
TCGA-49-6767                 -6.2708
TCGA-44-8117                 -6.2708
TCGA-71-6725                 -6.2708
```

- DataFrame 数据处理的常用方法

DataFrame 数据处理的方法有很多，这里介绍常用的去重和转置。

数据去重主要使用 DataFrame 对象的 duplicated()方法和 drop_duplicates()方法。其中，duplicated()方法用于查找数据中的重复数据；drop_duplicates()方法用于实现去重。两个方法的主要参数及其含义如下。

subset：根据哪些列的数据去重，subset 就设置为这些列的标题字符串组成的列表。默认值为 None，表示根据所有列的数据去重；

keep：取值为 first、last 和 False 三者中的 1 个。值为 first 表示保留第一次出现的重复行，删除其余的重复行；last 表示保留最后 1 个重复行，删除其余的重复行；取值为 False 表示删除所有重复行。默认值为 first；

inplace：决定是否直接修改原数据，删除重复行。True 表示直接修改原数据，删除其中的重复行；False 表示返回一个新的 DataFrame 对象，在新的 DataFrame 对象中删除重复行。

实现数据转置主要用到 DataFrame 对象的 values 属性中的 T 值。

例如：

```
>>> import pandas as pd
>>> df = pd.read_csv('D:/20210730/写书/第 9 章\
        /gene_exp.tsv', sep="\t", header=0, index_col=0)
>>> df
            ENSG00000242268.2  ENSG00000270112.3  ENSG00000167578.15
TCGA-49-6767          -11.6816            -6.2708            -15.2330
TCGA-44-8117          -11.6816            -6.2708            -15.4632
TCGA-49-6767          -11.6816            -6.2708            -15.2330
TCGA-71-6725          -11.6816            -6.2708             14.5547
TCGA-55-8203          -11.6816             6.7118            -14.9986
>>> #查找重复数据
>>> df.duplicated(subset=['ENSG00000242268.2', 'ENSG00000167578.15'])
TCGA-49-6767    False
TCGA-44-8117    False
TCGA-49-6767     True
TCGA-71-6725    False
TCGA-55-8203    False
dtype: bool
>>> #第 3 行和第 1 行的'ENSG00000242268.2'和 'ENSG00000167578.15'列数据相同
>>> #在原对象中删除所有行数据都相同的行，保留第 1 个重复行
>>> df.drop_duplicates(inplace=True)
>>> df
```

```
              ENSG00000242268.2  ENSG00000270112.3  ENSG00000167578.15
TCGA-49-6767           -11.6816           -6.2708            -15.2330
TCGA-44-8117           -11.6816           -6.2708            -15.4632
TCGA-71-6725           -11.6816           -6.2708             14.5547
TCGA-55-8203           -11.6816            6.7118            -14.9986
>>> #由结果可见,原第三行数据已经被删除
>>> #转置数据
>>> df_T = pd.DataFrame(data=df.values.T,index=df.columns, columns=df.index)
>>> df_T
                   TCGA-49-6767  TCGA-44-8117  TCGA-71-6725  TCGA-55-8203
ENSG00000242268.2      -11.6816      -11.6816      -11.6816      -11.6816
ENSG00000270112.3       -6.2708       -6.2708       -6.2708        6.7118
ENSG00000167578.15     -15.2330      -15.4632       14.5547      -14.9986
>>> #将结果写入 csv 文件保存,数据分割符采用","
>>> df_T.to_csv('D:/20210730/写书/第 9 章/gene_exp_T.csv')
```

9.3.3 第三方库 8：seaborn 的使用方法

seaborn 是一个基于 matplotlib 且数据结构与 pandas 统一的统计图制作库。从文件的角度看，seaborn 是一个包含了多个子包的包。seaborn 的功能很强大，主要包括：计算多变量间关系的面向数据集接口、可视化类别变量的观测与统计、可视化单变量或多变量分布并与其子数据集比较、控制线性回归的不同因变量并进行参数估计与作图、对复杂数据进行整体结构可视化、对多表统计图的制作高度抽象并简化可视化过程、提供多个内建主题渲染 matplotlib 的图像样式和提供调色板工具生动再现数据等。其中，聚类热图分析主要使用 seaborn 的 set_theme()和 clustermap()两个函数。

1. set_theme()函数

set_theme()函数的调用语法如下。

```
seaborn.set_theme(context='notebook', style='darkgrid', palette='deep',\
font='sans-serif', font_scale=1, color_codes=True, rc=None)
```

该函数的功能是一步设置多个主题参数，其中主要参数的含义如下。

context：控制图的元素标签、线等的尺度，为字符串或字典类型，一般取值为预配置集的名称字符串'notebook' 'paper' 'talk'或'poster'中的 1 个；

style：该参数影响轴的颜色，决定是否默认启用栅格以及其他美学元素，一般取值为参数字典或预配置集的名称字符串('darkgrid'、'whitegrid'、'dark'、'white'、'ticks')；

palette：定义绘图调色板、字符串或序列类型，一般取值为 seaborn 或 matplotlib 预置的调色板名称字符串，或预置的符号常量，也可以是 matplotlib 接受的任何格式的颜色序列；

font：文字字体，取值是字体名称字符串；

font_scale：设置单独缩放字体元素的大小，一般为预置的名称字符串；

color_codes：如果是 True，而且 palette 的取值为 seaborn 调色板，则实现速记颜色代

码(例如“b”“g”“r”等)到调色板颜色的映射；

rc：是否用 rc 参数映射的字典覆盖上面的参数设置。

2. clustermap()函数

该函数的调用语法如下。

```
seaborn.clustermap(data, pivot_kws=None, method='average', metric='euclidean',\
    z_score=None, standard_scale=None, figsize=None,\
    cbar_kws=None, row_cluster=True, col_cluster=True,\
    row_linkage=None, col_linkage=None, row_colors=None,\
    col_colors=None, mask=None, **kwargs)
```

该函数的功能是聚类并绘制热图，返回值是 ClusterGrid 类的对象。

clustermap()函数的主要参数如下。

data：用于聚类及绘图的矩形数据，pandas.DataFrame 类型，数据中不能包含 NA。

pivot_kws：字典，可选参数，如果 data 是一个整洁的 DataFrame，可以为 pivot 提供关键字参数来创建一个矩形数据框架。

method：层次聚类时确定组间距离和元素间距离的关系的方法，字符串类型，是可选参数，默认为求平均。

metric：对应计算元素距离的算法，字符串类型，是可选参数，默认为欧几里得距离。

z_score：决定是否计算行或列的 z 分数，整型或 None，是可选参数。取值为 0 表示计算行的 z 分数；取值为 1 表示计算列的 z 分数。z 分数值为(x−mean)/std，即每行(列)中的值减去行(列)的平均值，然后除以行(列)的标准偏差，因此可保证每行(列)的均值为 0，方差为 1。

standard_scale：决定是否按行或列标准化数据，整型或 None，是可选参数。取值为 0 表示按行标准化；取值为 1 表示按列标准化。

figsize：确定热图的大小。两个整数的元组，是可选参数。

cbar_kws：要传递给 heatmap 中的 cbar_kws 的关键字参数，是字典类型，可选参数，通过设置该参数可以设置彩条的标签等。

row_cluster/col_cluster：如果该参数的取值为真，则对 rows/columns 进行聚类，是可选参数。

row_linkage/col_linkage：行或列的预计算链接矩阵，numpy.array 类型，是可选参数。

row_colors/col_colors：设置行或列的颜色列表，是 pandas 的 DataFrame 或 Series 类型，可选参数。

mask：仅在可视化时起作用的一个参数，如果设置该参数，对应 True 的数据将不会在图中显示，取值是逻辑类型的数组或 pandas.DataFrame 类型，是可选参数。

dendrogram_ ratio/colors_ ratio：树状图/颜色条的占比，实数或实数对，是可选参数。

cbar_pos：定义颜色条的位置和大小，设为 None，颜色条将不显示，是一个元组(left, bottom, width, height)，可选参数。

tree_kws：层次聚类图的参数，用来设置图中的线，是字典类型，可选参数。

kwargs：其他关键字参数。

9.3.4 设计利用聚类热图分析肺癌(腺瘤和腺癌型)基因表达数据的算法

聚类热图分析肺癌(腺瘤和腺癌型)基因表达数据的算法包括如下 5 步。

① 引入数据处理用的 pandas 和绘图用的 matplotlib、seaborn;

② 设置图的风格,并定义后续绘制热图使用的红绿色板;

③ 读取绘图数据;

④ 绘制聚类热图;

⑤ 保存及展示热图。

9.3.5 编写利用聚类热图分析肺癌(腺瘤和腺癌型)基因表达数据的程序

1. 程序说明

运行聚类热图分析肺癌基因表达数据的程序之前,首先需要采集数据;然后清理数据;另外,还需要安装 pandas 和 seaborn。

• 采集数据

采集癌症组学大数据常常基于美国的肿瘤基因组图谱(TCGA)计划的研究成果。该计划由美国国家癌症研究所(National Cancer Institute,NCI)和国家人类基因组研究院(National Human Genome Research Institute,NHGRI)于 2006—2019 年联合实施,主要测序、收录各种人类癌症的临床数据,包括组学大数据。该计划的数据托管网址是 https://portal.gdc.cancer.gov/。

为本程序采集数据时,病例的入组依据见表 9.6。

表 9.6 病例的入组依据

字段名称	取 值
组织部位(Primary Site)	bronchus and lung
计划(Program)	TCGA
项目(Project)	TCGA-LUAD
疾病类型(Disease Type)	adenomas and adenocarcinomas
性别(Gender)	female

最终入组 260 名患者(cases)。

数据筛选依据见表 9.7。

表 9.7 数据筛选依据

字段名称	取 值
数据类型(Data Type)	Gene Expression Quantification
实验策略(Experimental Strategy)	RNA-Seq
数据规范化类型(Workflow Type)	HTSeq - FPKM-UQ
数据格式(Data Format)	txt

最终采集到的数据总共 304 个文件(files),大小为 159.26 MB。

- 清理数据

清理数据主要包括两步。

第一步：整理和清洗数据

采集到的 304 个文件对应 304 个样本(Samples),有些样本是正常组织,有些样本是肿瘤,首先需要拆分 304 个文件的数据集,得到正常样本数据集和肿瘤样本数据集;另外,由于采样信息位于另一个独立的文件 sampleSheet,因此接下来需要将样本编号和样本对应的基因数据整合到同一个文件中;最后,针对肿瘤样本数据集,去除所有表达量都在正常范围的基因数据。

第二步：数据转换

数据转换过程中,首先对每 1 个基因,计算正常样本的表达数据的平均值;其次,对肿瘤样本的基因表达数据,减去相同基因的正常样本表达量的均值,计算出差值(Difference);最后,求差值的绝对值的以 2 为底的对数值,并乘以一个系数,其中,高表达的数据该系数取 1,低表达的数据该系数取－1。

最终得到的数据为 270×49037 的矩形数据,其中包含了 49036 个基因的数据。为了单机调试程序方便,后续程序以前 126 个基因的数据为例,绘制聚类热图。

- 安装 pandas 和 seaborn

网络畅通的情况下,安装 pandas 和 seaborn 仅运行以下两条命令即可。

```
pip install pandas
pip install seaborn
```

2. 源程序

```
#引入数据处理用的 pandas 和绘图用的 matplotlib、seaborn
import pandas as pd
import matplotlib.pyplot as plt
from matplotlib.colors import LinearSegmentedColormap
import seaborn as sns

#设置图的主题风格以及字体格式
sns.set_theme(context='paper', style='whitegrid',
              font='Times New Roman', font_scale=0.8)
#定义红绿色板
cmapGR = LinearSegmentedColormap(
    'GreenRed',
    {
        'red': ((0.0, 0.0, 0.0),
                (0.5, 1.0, 1.0),
                (1.0, 1.0, 1.0)),
        'green': ((0.0, 1.0, 1.0),
```

```
                (0.5, 1.0, 1.0),
                (1.0, 0.0, 0.0)),
        'blue': ((0.0, 0.0, 0.0),
                (0.5, 1.0, 1.0),
                (1.0, 0.0, 0.0))
    })

#从 Excel 文件读取绘图用的数据
df = pd.read_excel('示例数据.xlsx', index_col=0)

#生成聚类热图
sns.clustermap(data=df,
               figsize=(8, 13),
               row_cluster=True,
               col_cluster=True,
               dendrogram_ratio=0.15,
               colors_ratio=0.15,
               cbar_pos=(0.06, 0.87, 0.025, 0.1),
               tree_kws={'linestyles': '-',
                        'colors': 'black', 'linewidths': 0.2},
               cmap=cmapGR)

#保存并展示热图
plt.savefig('cluheatmap.png', dpi=300)
plt.show()
```

3. 运行示例

聚类热图分析肺癌(腺瘤和腺癌型)基因表达数据的程序运行结果参见图 9.18。

图 9.18 中,一行对应一个基因在所有样本中的表达量,一列对应一个样本的所有基因的表达量。通过剪切聚类树可以将基因和样本划分为不同的组。从基因的角度进行分组,前 6 个基因被聚类为一组。在这组基因中,基因表达量显著异常,意味着这些基因的变化可能是引发腺瘤和腺癌型肺癌的主要原因。进一步分析可见,第 1、4、5、6 个基因在大部分样本中表现为高表达,在少数样本中表现为低表达;而第 2 个基因则在大部分样本中表现为低表达,在少数样本中表现为高表达。这些信息可以为后续研发药物定位靶点和开展精准医疗提供参考。

感兴趣的读者请按照程序说明采集、清理全部数据,然后运行程序,并采用本例类似的方法分析结果。鉴于本结果只是示例数据的运行结果,数据量少,示例结果不具备实用价值,因此不再进一步分析和解读。

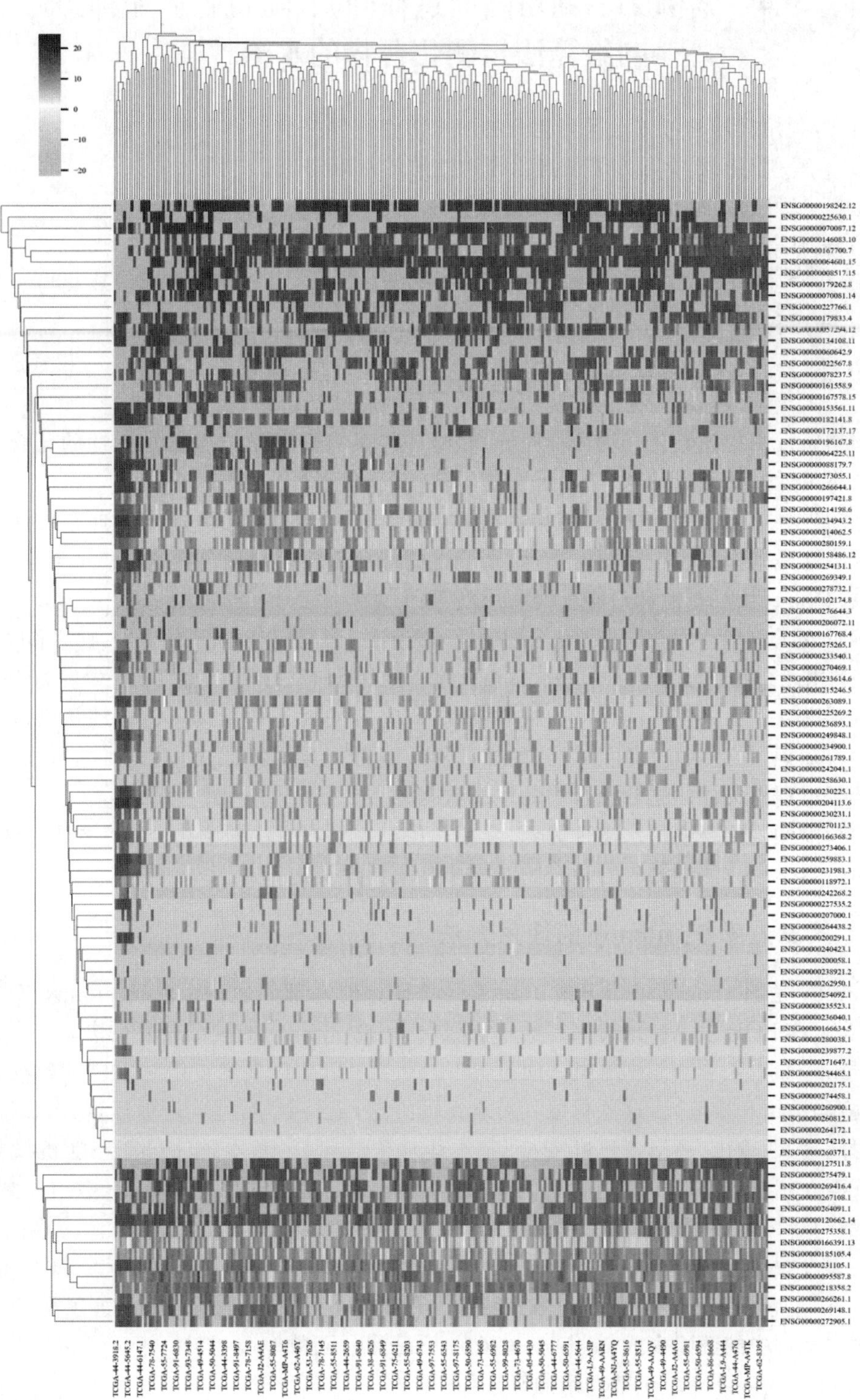

图 9.18　利用聚类热图分析肺癌基因表达数据示例

9.4 案例 21：利用高斯过程回归、随机森林和神经网络算法预测化合物的水溶性

通常，利用机器学习方法预测化合物的水溶性需要完成以下 5 项工作。

① 了解利用机器学习方法预测化合物性质的基础知识；

② 学习第三方库 numpy 的使用方法；

③ 学习第三方库 sklearn 的使用方法；

④ 设计利用机器学习方法预测化合物水溶性的算法(以高斯过程回归算法为例)；

⑤ 编写利用机器学习方法预测化合物水溶性的程序。

9.4.1 利用机器学习方法预测化合物性质

药物研发中的先导化合物简称先导物，是一种具有药理学或生物学活性的化合物。先导化合物可通过高通量筛选、选择天然物的次级代谢产物等途径获得。

好的先导化合物要求活性、结构稳定性、毒性、选择性、药代动力学性质等数据都要合理。水溶性是其中一个很重要的指标，水溶性的好坏直接影响化合物的药代动力学性质，包括吸收、分布、代谢、排泄和口服生物利用度等。

然而，通过实验手段获取先导化合物的性质数据往往需要花费大量的人力、物力和财力。如果能够利用计算机进行精准预测，将可以极大地降低新药研发的成本，提高新药研发的效率。

机器学习作为人工智能领域的核心技术，研究目的就是利用计算机自动从已有案例数据中学习知识，并进一步利用学习到的知识解决实际问题。因此，利用机器学习技术，可以预测药研过程中关注的先导化合物的性质数据。

后续以预测化合物的水溶性为例，介绍利用机器学习方法预测化合物性质的一般方法，为利用机器学习方法预测先导化合物的更多性质数据奠定基础。

9.4.2 第三方库 9：numpy 的使用方法

numpy 是 Python 第三方开发的用于科学计算的基础库之一。由于 numpy 集成了很多 C/C++ 和 FORTRAN 语言书写的功能模块，因此 numpy 的运行速度很快。

numpy 的核心是 ndarray 类。通过 ndarray 类可以生成多维数组对象以及各种派生对象(如掩码数组和矩阵)。这些对象具有丰富的方法，支持数学运算、逻辑运算、形状操作、排序、选择、输入/输出、离散傅里叶变换、基本线性代数运算、基本统计运算和随机模拟等功能。下面介绍机器学习中常用的 5 个 ndarray 的操作：基于文件生成数组、数组切片、统计运算、数组排序和数据输出到文件。

1. 基于文件生成数组

numpy 提供了 load()和 loadtxt()函数读取文件，生成 ndarray 对象，这里介绍常用的读取文本文件中的数组生成 ndarray 对象的 loadtxt()函数。

numpy 的 loadtxt()函数调用的语法如下。

```
loadtxt(fname, dtype=<type 'float'>, comments='#', delimiter=None, converters=None,\
        skiprows=0, usecols=None, unpack=False, ndmin=0)
```

其中,常用参数的含义如下:

fname:指定文件名,支持 gz、bz 格式的压缩文件;

dtype:数据类型,默认为 float 型;

comments:注释字符集开始的标志,默认为'#';

delimiter:数据分隔符;

converters:值为描述转换规则的字典类型的数据,例如将空值转换为 0,默认为空;

skiprows:跳过特定行数据,例如跳过第 1 行的数据,因为第 1 行的内容可能是标题或注释,默认值为 0;

usecols:值为元组类型,用来指定要读取数据的列,默认为空;

unpack:值为布尔型数据,指定是否转置数组,若为真,则转置,默认为 False;

ndmin:值为整数型,指定生成的数组至少包含特定维度的数组,值域为 0、1、2,默认为 0。

例如:读取文件"近 10 年上市新药统计.txt"中的数据生成 ndarray 对象可以使用如下代码实现,其中,调用函数 loadtxt()时,参数 fname 的值设为拟读取的文本文件名;dtype 数据类型设置为 32 位整数;文件中的数据分隔符 delimiter 设置为",";因为第 1 行是标题行,所以 skiprows 设置为 1。

```
import numpy as np
#利用 numpy 读取文本文件中的数据生成 ndarray 对象
data = np.loadtxt("近 10 年上市新药统计.txt", delimiter=",", \
    dtype=np.int32, skiprows=1)
print(type(data))
print("原数据如下:")
print(data)
```

程序运行结果为

```
runfile('D:/2021 下/写书/第 9 章/Numpy 示例/npDemo.py', wdir='D:/2021 下/写书/第 9
章/Numpy 示例')
<class 'numpy.ndarray'>
```

原数据如下:

```
[[2020   87]
 [2019   96]
 [2018   99]
 [2017   99]
 [2016   76]
 [2015   87]
 [2014  100]
 [2013   86]
 [2012   63]
 [2011   66]]
```

2. 数组切片

numpy 数组切片使用中括号实现,以逗号分隔维度,每个维度的取值范围可以由起始值、终止值界定，也可以用类似参数传递的方式给出。

例如：取上例中 data 的列号为 1 的数据可以使用如下的代码实现。

```
numLs = data[:, 1]
```

其中，行号起始值、终止值缺省，表示行号没有限制，即取所有行。

3. 统计运算

numpy 提供了很多统计函数实现统计运算，例如，基于上例中的数据统计每年上市药品数量均值和上市药品数量标准差，可以调用 numpy 的 mean()函数和 std()函数，代码如下。

```
print("近 10 年上市药品数量均值为:", int(np.mean(numLs)))
print("近 10 年上市药品数量标准差为:", round(np.std(numLs), 2))
```

程序运行结果为

```
近 10 年上市药品数量均值为: 85
近 10 年上市药品数量标准差为: 12.9
```

4. 数组排序

numpy 提供了多个函数和多个 ndarray 的方法实现数组排序，对于多维数组，按指定列号的列排序数组，常组合数组切片操作和数组的 argsort()方法实现。

例如：指定列号为 1，按指定列的数据排序上例中的 data，可以使用以下代码实现。其中，data[:, 1]通过切片操作获得指定列的数据组成的新数组；之后调用新数组的 argsort()方法，返回新数组数据排序后，每个数据的索引号组成的数组；最后按照索引号数组对原数组进行切片，得到排序的数组。

```
data_Sorted = data[data[:, 1].argsort()]
print("排序后数据如下:")
print(data_Sorted)
```

程序运行结果如下。

```
排序后数据如下:
[[2012   63]
 [2011   66]
 [2016   76]
 [2013   86]
 [2020   87]
 [2015   87]
 [2019   96]
 [2018   99]
 [2017   99]
 [2014  100]]
```

5. 数据输出到文件

将 numpy 数组存入文件有多种文件类型可供选择，对应地，就有不同的方法实现写入，下面介绍最熟悉的文本文件的写入方法。numpy 提供的 savetxt()函数支持一、二维数组数据写入文本文件。savetxt()函数调用的语法如下。

```
np.savetxt(fname, a, fmt="%d", delimiter=",", header)
```

其中,常用参数的含义如下。

fname：指定写入文件的文件名；

a：指定写入文件的数组；

fmt：指定写入文件的数据的格式；

delimiter：指定写入文件后数据之间的分隔符；

header：指定文件中标题行的内容,值为字符串类型。

例如：将上例中排序后的数组数据写入文件,可以使用如下代码,其中,数据格式是整型,数据分隔符是逗号,标题行文字是"年份,数量："。

```
np.savetxt("排序后数据.txt", data_Sorted, fmt='%i', delimiter=",", \
          header="年份,数量")
```

程序运行结束后,用记事本打开文件"排序后数据.txt",显示内容如下。

```
#年份,数量
2012,63
2011,66
2016,76
2013,86
2020,87
2015,87
2019,96
2018,99
2017,99
2014,100
```

9.4.3　第三方库 10：sklearn 的使用方法

sklearn (scikit-learn)是基于 Python 语言的机器学习工具库。sklearn 以简单、高效的语句提供对多种机器学习算法的支持。其中,监督学习类算法包括：广义线性模型、线性和二次判别分析、内核岭回归、支持向量机、随机梯度下降、最近邻、高斯过程、交叉分解、朴素贝叶斯、决策树、集成方法、多类和多标签算法、特征选择、半监督学习、等式回归、概率校准和神经网络模型(有监督)等;无监督学习类算法包括：高斯混合模型、流形学习、聚类、双聚类、分解成分中的信号(矩阵分解问题)、协方差估计、新奇和异常值检测、密度估计和神经网络模型(无监督)等。sklearn 同时还提供模型评估、数据清理转换、大数据计算等支持。本节重点介绍 sklearn 实现数据标准化、数据集划分、高斯过程回归和建模的相关内容。

1. 数据标准化

大多数机器学习算法的基础都是假设所有的特征是零均值并且具有同一阶数上的方差。如果某个特征的方差比其他特征大几个数量级,那么该特征就会在学习算法中占据主导位置，导致最终模型性能不佳。因此，大多数机器学习算法都要求建模前首先对数据进行标准化，即对数据去均值和方差按比例缩放，标准化公式参见式(9.2)。

$$X* = (X - \text{mean})/\text{std} \tag{9.2}$$

其中，X 表示原数据，mean 表示原数据的均值，std 表示原数据的方差。

sklearn 通过 StandardScaler 类实现数据标准化，具体实现过程包括以下 4 步。

① 引入 StandardScaler 类，代码为

```
from sklearn.preprocessing import StandardScaler
```

② 生成 StandardScaler 对象，代码为

```
st =StandardScaler()
```

③ 计算均值和方差，代码为

```
st.fit(X)
```

④ 缩放数据，代码为

```
X_scaled = st.transform (X)
```

其中，步骤③、④也可以合二为一，代码为

```
X_scaled = st. fit_transform(X)
```

2. 数据集划分

机器学习建模前，常常会将数据集划分为训练数据集 data_train 和测试数据集 data_test，前者用于训练模型，后者用于测试模型性能。sklearn 提供了 train_test_split() 函数，实现数据集划分。使用该函数的过程分以下两步。

① 引入 train_test_split() 函数，常用代码为：

```
from sklearn.model_selection import train_test_split
```

② 调用 train_test_split() 函数，常用代码为：

```
X_train, X_test, y_train, y_test = train_test_split(X, y,\
                                   test_size=0.25, random_state=99)
```

该语句的功能是将数据集 X 和标签数据集 y 进行划分，返回划分得到的 4 个数据集：训练数据集 X_train、测试数据集 X_test、X_train 对应的标签数据集 y_train 和 X_test 对应的标签数据集 y_test。

数据划分过程为：首先将原数据集 X 和标签数据集 y 按相同机制打乱顺序；然后，按照测试集占比为 test_size 参数的值，将 X 和 y 进行划分。例如，test_size 取值为 0.25，表示测试数据集 X_test 占比为 25%，训练数据集 X_train 占比为 75%。设置另一个参数 random_state 为特定数值，可以保证对于同一批数据，多次运行程序得到的训练数据集 X_train 和测试数据集 X_test 都相同，从而保证结果可以被复现。

3. 高斯过程回归

高斯过程是经典的实现分类、回归的机器学习算法之一。sklearn 提供了 gaussian_

process 包实现高斯过程算法。使用高斯过程回归一般需要 5 个步骤：引入相关的类和函数、建模、训练模型、评估模型和绘图展示拟合效果。

- 引入相关的类和函数

实现高斯过程回归主要使用 sklearn 的 kernels 和 GaussianProcessRegressor 类，另外还常用 sklearn 的评估模型的 r2_score() 函数，绘图展示回归效果还会用到 matplotlib.pyplot 库，常用以下语句引入这些类和函数：

```
from sklearn.gaussian_process.kernels import Matern, WhiteKernel
from sklearn import gaussian_process
from sklearn.metrics import r2_score
import matplotlib.pyplot as plt
```

- 建模

sklearn 为高斯过程回归建模提供的类是 GaussianProcessRegressor，该类采用的算法是 MIT Press 出版的 *Gaussian Processes for Machine Learning* 一书中的算法 2.1，相应的电子书地址为 http://www.gaussianprocess.org/gpml/chapters/RW.pdf。

GaussianProcessRegressor 类实例化使用的主要参数为 normalize_y、kernel、optimizer、n_restarts_optimizer 和 alpha。各参数的含义和设置方法如下。

高斯过程模型需要实现指定高斯过程的先验。当参数 normalize_y=False 时，先验的均值假定为常数或者零；当 normalize_y=True 时，先验均值为训练集数据的均值。先验的方差通过内核（kernel）对象指定。kernal 参数的取值既可以是预置的 Matern、ConstantKernel、RBF 等，也可以另外定义，还可以是预置的内核的组合。模型训练过程中，通过最大化 optimizer 的对数边缘似然估计（LML）优化内核的超参。由于 LML 可能存在多个局部最优解，因此优化过程可以通过指定 n_restarts_optimizer 参数进行多次重复。第一次优化需要基于设置好的内核的超参初始值，后续的运行过程中，超参值都是从合理范围值中随机选取的。如果需要保持初始化超参值，需要把优化器 optimizer 设置为 None。由于适度的噪声水平有助于数据拟合，因此参数 alpha 用于指定因变量中的噪声级别。明确指定噪声水平的替代方法是将 WhiteKernel 包含在内核中，这样可以从数据中估计全局噪声水平。

例如：下面的第一条语句设置内核对象为预置的 Matern，同时，将 WhiteKernel 包含在内核中明确指定噪声水平；第二条语句实例化 GaussianProcessRegressor 类生成对象 gp，gp 内核为第一条语句设置的内核，重复优化次数为 3，先验均值为训练数据集数据的均值。

```
kernel =1.0 * Matern(length_scale=1) + WhiteKernel(noise_level=1)
gp = gaussian_process.GaussianProcessRegressor(\
    kernel=kernel, n_restarts_optimizer=3, normalize_y=True)
```

- 训练模型

sklearn 通过调用 GaussianProcessRegressor 类的对象的 fit()方法，设置拟合的目标数据集为训练数据集，即可训练模型。

例如：下面的语句调用 gp(GaussianProcessRegressor 类的一个实例)的 fit()方法拟合训练数据集 X_train 及其标签数据集 y_train。

```
gp.fit(X_train, y_train)
```

• 评估模型

模型训练结束,一般会利用测试数据集的数据评估模型的性能。简要评估回归模型的性能常用决定系数 R^2。R^2 的计算公式参见式(9.3)。

$$R^2 = 1 - \left[\sum_{i=0}^{n-1} (y_i - \hat{y}_i)^2 \Big/ \sum_{i=0}^{n-1} (y_i - \bar{y})^2\right] \tag{9.3}$$

其中,$\hat{y}_i$ 表示模型预测值,y_i 表示真实值,R^2 越大,证明模型性能越好。

sklearn 提供了 r2_score()函数计算 R^2。

例如:在模型 gp 已经建立并且训练结束的前提下,可以调用函数 r2_score(y_test, y_pred)计算模型在测试数据集上的 R^2。

```
from sklearn.metrics import r2_score
y_pred, sigma = gp.predict(X_test, return_std=True)
print("GP r^2 score:", r2_score(y_test, y_pred))
```

• 绘图展示拟合效果

绘图展示拟合效果常常绘制散点图,点的横坐标为真实值,纵坐标为对应的模型的预测值。数据点越集中于 45°直线附近,模型的性能越好。

例如,在模型 gp 已经建立并且训练结束的前提下,以下语句使用蓝色点展示训练集数据点,亮绿色点展示测试集数据点,预测值的计算通过调用 sklearn 提供的 gp 对象的 predict()方法实现。

```
import matplotlib.pyplot as plt
plt.title('GP Predictor')
plt.xlabel('Measured Solubility')
plt.ylabel('Predicted Solubility')
plt.scatter(y_train, gp.predict(X_train), label='Train', c='blue')
plt.scatter(y_test, gp.predict(X_test), c='lightgreen', label='Test', alpha=0.8)
plt.legend(loc=4)
plt.show()
```

9.4.4 设计利用机器学习方法预测化合物水溶性的算法

利用机器学习方法预测化合物的水溶性的过程一般分为 8 步,下面以利用高斯过程回归预测化合物的水溶性为例进行说明。

① 引入相关的库、类和函数:包括引入 numpy 库、pandas 库、sklearn 的 gaussian_process 库、matplotlib 的 pyplot 库、TSNE 类、StandardScaler 类、RandomForestRegressor 类、MLPRegressor 类、train_test_split 函数、Matern 函数、WhiteKernel 函数和 r2_score 函数;

② 读入数据:调用 pandas 的 read_excel()函数读入数据集的数据;

③ 数据标准化:调用 StandardScaler 类分别实现 X 和 y 的标准化;

④ 划分训练集和测试集:调用 train_test_split()函数切分数据集为训练数据集和测试

数据集；

⑤ 构建模型：调用 gaussian_process 库的 GaussianProcessRegressor 类，设置适当的参数生成模型；

⑥ 训练模型：调用模型的 fit()方法训练模型；

⑦ 计算相关指标评估模型：通过编程和调用 r2_score()函数的方法计算评估指标值；

⑧ 绘制散点图展示模型拟合性能：调用 matplotlib.pyplot 库的函数绘制散点图，可视化展示模型的预测性能。

以上算法同样适用于化合物其他性质的回归预测。

9.4.5　编写利用机器学习方法预测化合物水溶性的程序

1. 程序说明

顺利运行本程序，需要熟悉数据集、安装第三方库、关注注释代码和配置机器的软硬件。

• 数据说明

数据文件名为 data.xlsx，共包括 4000 个化合物的结构和水溶性信息。其中，前 881 列是化合物的 PubChem 分子指纹数据，最后一列是化合物的 log*s* 的值(以 mol/L 为单位的水溶性值的以 10 为底的对数)。

• 建立新环境并安装第三方库

为了防止机器学习的第三方库及其依赖与别的应用程序的依赖冲突，建议建立一个独立的环境(my-sklearn-env)运行机器学习的程序。运行本程序需要安装的第三方库主要有 numpy、pandas、matplotlib 和 sklearn 4 个，以及 pandas 的一个依赖 openpyxl。相关操作主要有以下 5 步。

① 创建新环境 my-sklearn-env，方法如下。

在“开始”菜单中选择 Anaconda Prompt(anaconda 3)，打开 anaconda prompt 命令窗口；然后运行命令 conda create -n my-sklearn-env python＝3.8.8。

② 激活新环境，使用如下命令。

```
conda activate my-sklearn-env
```

③ 安装 4 个第三方库及一个依赖，命令如下。

```
pip install numpy
pip install pandas
pip install matplotlib
pip install sklearn
pip install openpyxl
```

④ 在新环境 my-rdkit-env 下安装 spyder，方法如下。

在“开始”菜单中选择 Anaconda Navigator(anaconda3)，打开 Anaconda Navigator；然后选择环境 my-sklearn-env，工作区选择 Spyder-install，安装 Spyder，具体操作参见图 9.19。

这里的 Spyder 是 Python 开发常用的一个集成开发环境。

⑤ 在“开始”菜单中选择 Spyder(my-sklearn-env)单击，打开 Spyder 编辑、运行程序。

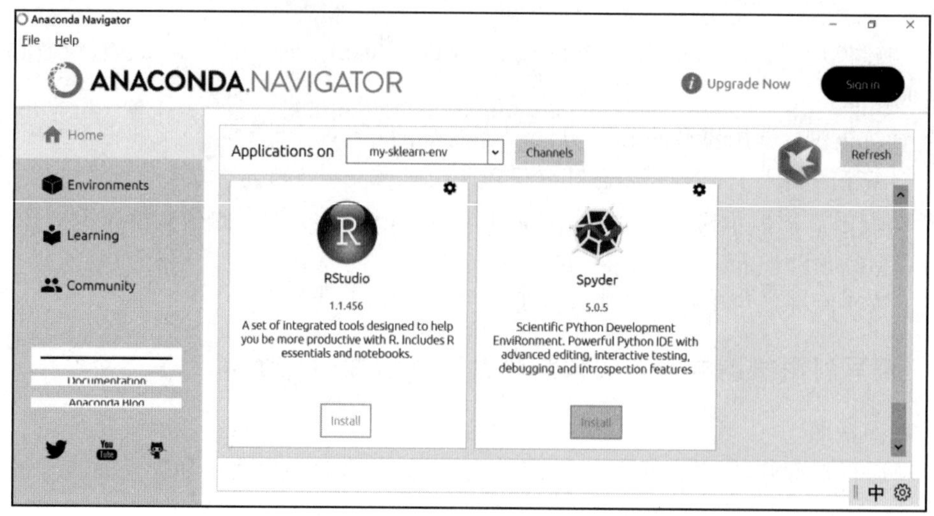

图 9.19　在 my-sklearn-env 环境安装 Spyder 操作示例

• 注释代码

程序共建立了 3 个机器学习模型，分别使用了高斯过程回归、随机森林回归和神经网络回归 3 种算法，其中，随机森林回归和神经网络回归两种算法的程序以注释代码的形式呈现，建议读者每次选择 3 个算法中的 1 个算法运行程序。

• 机器软硬件的配置

由于运行机器学习程序开销相对较大，因此建议使用相当于或高于以下配置的软硬件环境运行程序。

源程序在如下配置的 PC 上调试通过：

处理器：Intel(R) Xeon(R) Silver 4112 CPU @ 2.60GHz　2.59 GHz；

机带 RAM：64.0 GB (63.7 GB 可用)；

操作系统：Windows 10 企业版 64 位。

2. 源程序

```
#导入必需的库、类和函数
import pandas as pd
from sklearn.preprocessing import StandardScaler
from sklearn.model_selection import train_test_split
from sklearn.manifold import TSNE
from sklearn.gaussian_process.kernels import Matern, WhiteKernel
from sklearn import gaussian_process
from sklearn.ensemble import RandomForestRegressor
from sklearn.neural_network import MLPRegressor
from sklearn.metrics import r2_score
import numpy as np
import matplotlib.pyplot as plt

#读入数据集的数据
```

```
data = pd.read_excel('data.xlsx', header=None, index_col=None)
X = data.iloc[:, 0:881].values
y = data.iloc[:, 881:882].values

#仅对高斯过程回归模型选择使用
X = TSNE(n_components=3, n_iter=300).fit_transform(X)

#标准化数据
st_X = StandardScaler()
st_y = StandardScaler()
X = st_X.fit_transform(X)
y = st_y.fit_transform(y)

#划分训练集和测试集
X_train, X_test, y_train, y_test = train_test_split(\
                                X, y, test_size=0.2, random_state=100)

#模型构建、训练、评估及预测效果展示
#模型 1:高斯过程回归
#模型构建
kernel = 1.0 * Matern(length_scale=1) + WhiteKernel(noise_level=1)
gp = gaussian_process.GaussianProcessRegressor(
    kernel=kernel, n_restarts_optimizer=0, normalize_y=True)
#模型训练
gp.fit(X_train, y_train)
#模型评估
y_pred, sigma = gp.predict(X_test, return_std=True)
rmse = (np.mean((y_test - y_pred)**2))**0.5
print("GP RMSE:", rmse)
print("GP r^2 score:", r2_score(y_test, y_pred))
#预测效果展示
plt.title('GP Predictor')
plt.xlabel('Measured Solubility')
plt.ylabel('Predicted Solubility')
plt.scatter(y_train, gp.predict(X_train), label='Train', c='blue')
plt.scatter(y_test, gp.predict(X_test), c='lightgreen', label='Test', alpha=0.8)
plt.legend(loc=4)
plt.savefig('GP Predictor.png', dpi=300)
plt.show()
#参考结果
#降维前
#GP RMSE: 0.5158264823354315
#GP r^2 score: 0.6993367701037878
#降维后
#GP RMSE: 0.6107250231173108
```

```
#GP r^2 score: 0.6314956895437054

##模型 2:随机森林回归
##模型构建
#rf = RandomForestRegressor(\
#            n_estimators=260, oob_score=True, min_weight_fraction_leaf=0.001)
##模型训练
#rf.fit(X_train, y_train)
##模型评估
#y_pred = rf.predict(X_test)
#rmse = (np.mean((y_test - y_pred) ** 2)) ** 0.5
#print ("RF RMSE:", rmse)
#print ("RF r^2 score:", r2_score(y_test, y_pred))
##预测效果展示
#plt.title('RF Predictor')
#plt.xlabel('Measured Solubility')
#plt.ylabel('Predicted Solubility')
#plt.scatter(y_train, rf.predict(X_train), label='Train', c='blue')
#plt.scatter(y_test, rf.predict(X_test), c='lightgreen', label='Test', alpha=0.8)
#plt.legend(loc=4)
#plt.savefig('RF Predictor.png', dpi=300)
#plt.show()
##参考结果
##RF RMSE: 1.3058011105075766
##RF r^2 score: 0.7438038804516692

##模型 3:神经网络回归
##模型构建与训练
#regr = MLPRegressor(activation='relu',\
#                    hidden_layer_sizes=(970,),\
#                    learning_rate_init=0.0001,\
#                    random_state=99, max_iter=500).fit(X_train, y_train)
##模型评估
#y_pred = regr.predict(X_test)
#rmse = (np.mean((y_test - y_pred) ** 2)) ** 0.5
#print ("NN RMSE", rmse)
#print ("NN r^2 score", r2_score(y_test, y_pred))
##预测效果展示
#plt.title('Neuro Network Predictor')
#plt.xlabel('Measured Solubility')
#plt.ylabel('Predicted Solubility')
#plt.scatter(y_train, regr.predict(X_train), label='Train', c='blue')
#plt.scatter(y_test,regr.predict(X_test), c='lightgreen', label='Test', alpha
=0.8)
#plt.legend(loc=4)
```

```
#plt.savefig('NN Predictor.png', dpi=300)
#plt.show()
##参考结果
##NN RMSE 1.4035250650411055
##NN r^2 score 0.6702765908733354
```

3. 运行示例

基于非降维的原始数据运行上面的源程序,运行结果如下。

```
GP RMS: 0.5158264823354315
GP r^2 score: 0.6993367701037878
```

模型预测效果散点图如图 9.20 所示。

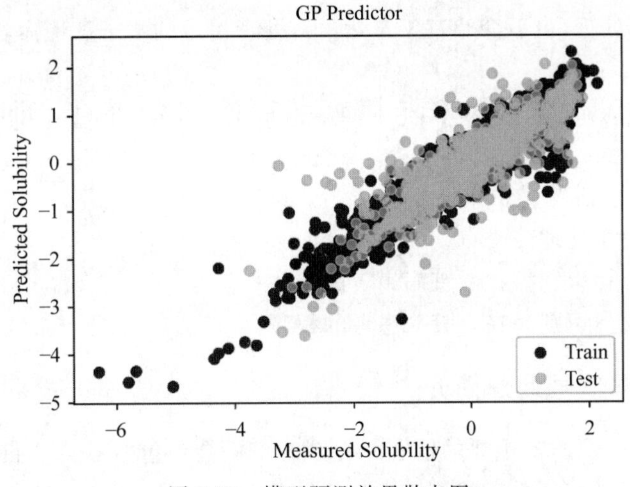

图 9.20　模型预测效果散点图

9.5　本章小结

本章依托 4 大案例程序：采集 PubChem 网站药物结构数据,计算屠呦呦 2 个诺贝尔奖药物的相似度,利用聚类热图分析肺癌基因表达数据,利用高斯过程回归、随机森林和神经网络 3 种算法预测化合物的水溶性,阐述了药物信息的采集、特征计算、建模分析和可视化展示 4 方面的数据处理技术,为研究人工智能辅助药物开发奠定了基础。

第10章　医学信息处理

本章学习目标

- 了解医学信号处理、图像识别、电子病历命名实体识别等概念
- 会使用 sklearn 库构建基于随机森林算法的分类器模型；会进行超参数调优
- 理解神经网络的基本概念，会使用 tensorflow.keras 搭建深度学习网络

本章首先介绍基于随机森林算法识别潜在的心脏病患者，其次介绍如何使用卷积神经网络进行医学图像处理，最后介绍基于自然语言处理技术的电子病历命名实体识别程序。

10.1　案例22：基于随机森林算法识别潜在心脏病患者

本节内容主要包括以下3部分。

① 心率变异信号处理简介；

② 基于随机森林识别潜在心脏病患者的算法；

③ 基于随机森林识别潜在心脏病患者的程序。

10.1.1　心率变异信号处理简介

心脏是人体的一个非常重要的器官。心脏的疾病会严重威胁人类健康，甚至直接导致致命的结果。因此，如何有效地检测与评价心脏的功能状况，尤其是对心脏疾病进行准确的预报和诊断，是一个重要的研究课题。

采用体表心电信号对心脏活动进行检测和分析一直是医学临床实践中心脏功能检测和诊断最重要的方法。作为一种无创检测手段，体表心电信号分析在临床上受到很大的重视。对体表心电信号的分析，主要有两类研究对象：一是体表心电幅度信号，即通常所称的心电图（Electrocardiogram，ECG）；二是从 ECG 中提取出的逐次心跳之间的时间间期序列。如图10.1所示，在心电图中，每一次心跳时 ECG 的主要成分为 QRS 复合波。一般地，R 波在 QRS 复合波中振幅最大，所以常以相邻两次心跳中的 R 波波峰之间的时间间隔表示两次心跳之间的间期，称为 RR 间期。由连续的多个 RR 间期组成的时间序列常称为心率变异（Heart Rate Variability，HRV）信号。作为一种评价心脏功能的无创性研究手段，HRV 分析在临床上已经获得广泛认可与应用。

HRV 信号的分析方法非常丰富，主要包含以下几类：时域分析法、频域分析法和非线性动力学分析方法。研究表明，综合 HRV 信号的时域、频域和非线性分析指标，能较全面地反映出心脏的功能状态。时域分析方法是最早应用到 HRV 研究中的，其基本思想是用分析随机信号的统计学方法分析 HRV 信号，如计算信号的均值、标准差等。20世纪80年代后，随着计算机技术的发展和快速傅里叶变换算法的成熟，越来越多的研究开始使用傅里叶变换将 HRV 信号从时域转换到频域，计算信号的功率谱密度，进而分析各个频率范围内

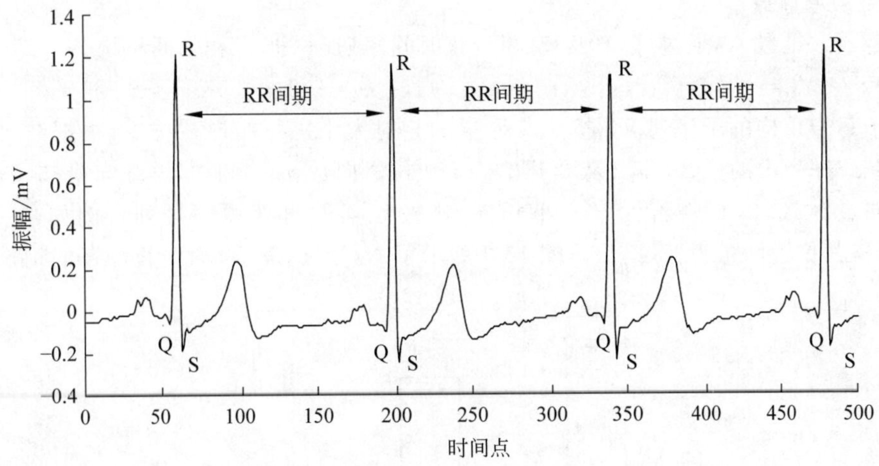

图 10.1 从 ECG 中获取 HRV 信号示意图

的信号功率。而自 1990 年以后，随着非线性动力学的理论与方法在生理信号分析中的广泛应用，HRV 的非线性分析开始逐渐成为研究的热点。在众多的非线性分析方法中，多尺度排列熵（Multiscale Permutation Entropy，MPE）是一种简单易懂的方法。MPE 的计算包含了一个粗粒化过程和对每一个粗粒化序列计算排列熵的过程，详细阐述如下：

1. 粗粒化过程

对于长度为 N 的时间序列$\{X_1, X_2, \cdots, X_N\}$，可以通过公式构建尺度因子为 s 时的粗粒化序列$\{y_1^{(s)}, y_2^{(s)}, \cdots, y_{Ns}^{(s)}\}$，如式(10.1)所示。

$$y_j^{(s)} = \frac{1}{s} \sum_{i=(j-1)s+1}^{js} X_i, \quad 1 \leqslant j \leqslant Ns \tag{10.1}$$

其中 Ns 代表该粗粒化序列的长度，其值为 N 整除 s 的商。当 s 的值为 1 时，粗粒化时间序列即原始时间序列。如图 10.2(a)和 10.2(b)所示，分别展示了尺度因子 s 为 2 和 3 时粗粒化时间序列的构建过程。

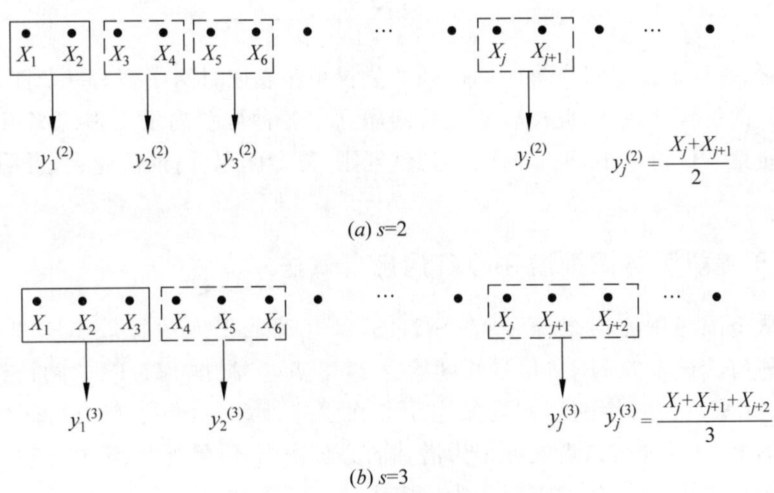

图 10.2 时间序列粗粒化过程

2. 排列熵计算

给定嵌入维数 m，通过式(10.2)对粗粒化时间序列 $y^{(s)}$ 进行相空间重构。

$$Y_k = [y_k^{(s)}, y_{k+1}^{(s)}, y_{k+2}^{(s)}, \cdots, y_{k+(m-1)}^{(s)}], \quad k = 1, 2, \cdots, Ns - (m-1) \tag{10.2}$$

对于每个重构的子序列 Y_k，按照其元素的相对大小进行非递减排序，根据结果序列中的元素在原序列中的位置(本文从 0 开始)，生成位置向量 $\boldsymbol{\pi}_k$。例如，三维向量{5,9,2}对应的位置向量为{2,0,1}。若元素大小相同，则按元素的出现顺序排列。例如，三维向量{8,13,8}，其位置向量为{0,2,1}。图 10.3 展示了 $Ns=20$，$m=3$ 时位置向量的构建过程。

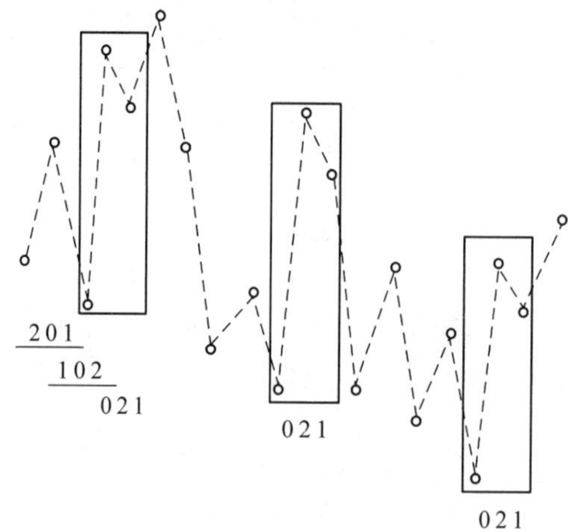

图 10.3　时间序列相空间重构过程

m 维位置向量，包含 m 个元素，共有 $m!$ 种排列方式。对于每个位置向量 $\boldsymbol{\pi}_k$，计算其出现的概率，表示为 $p(\boldsymbol{\pi}_k)$。以图 10.3 所示的时间序列为例，位置向量{0,2,1}在 18 个向量中出现 3 次，则该位置向量的概率为 3/18。根据香农信息熵，该粗粒化时间序列 $y^{(s)}$ 的排列熵计算如式(10.3)所示。

$$\mathrm{MPE}(s) = \frac{-\sum_{k=1}^{m!} p(\pi_k) \log_2(p(\pi_k))}{\log_2(m!)} \tag{10.3}$$

简而言之，排列熵是通过考虑时间序列的位置顺序表征时间序列的复杂性，相似的波动被识别为相同的位置向量，因此可以通过时间序列中各种位置向量出现的熵值评估时间序列整体的稳定性。熵值越小，说明时间序列越规则，复杂度越低；熵值越大，说明时间序列越随机，复杂度越高。

10.1.2　基于随机森林识别潜在心脏病患者算法

本案例从美国睡眠心脏健康研究(SHHS)的开源数据库中提取了 140 名受试者的 HRV 信号(所有受试者的 HRV 信号长度均为 2373 点)。根据 SHHS 的随访记录，其中的 70 人在 ECG 采集后的两年随访期内发生了心血管恶性事件，包括心绞痛、急性心肌梗塞等。在本案例中，这部分受试者被标记为潜在的心脏病患者；另外 70 人在 15 年随访期内未发生任何心血管恶性事件，他们被标记为健康人。

对于每位受试者，计算如表 10.1 所示的 HRV 分析指标，共 14 个。关于所采用的 HRV

时域、频域指标的详细计算方法，请参考相关文献，此处不再赘述。本案例还从 SHHS 数据库中获取了受试者的其他一些信息，包括年龄、性别、身体质量指数（Body Mass Index，BMI）、腰臀比、吸烟频率、是否有高血压病史和是否有糖尿病病史，共 7 个特征。因此，总计 21 个特征，构建了随机森林算法的输入特征空间。

表 10.1　HRV 分析指标

类　别	指标名称	指标含义
时域分析	SDNN	RR 间期序列的标准差
	RMSSD	RR 增量序列的均方根
频域分析	LF	(0.04Hz, 0.15 Hz]内信号功率
	HF	(0.15Hz, 0.4 Hz]内信号功率
非线性动力学分析	MPE1～MPE10	分别表示尺度因子为 1～10 时，原始 HRV 序列对应的粗粒化序列的排列熵值

用机器学习可以解决的问题中，常见的就是回归问题或者分类问题。在使用高斯过程回归预测药物水溶性的案例中，已经介绍了使用 sklearn 库构建、训练、评估回归模型时的基本概念和步骤。本节将介绍使用 sklearn 库来构建、训练与评估分类器。该案例的目标是基于上述 21 个特征值构建潜在的心脏病患者和健康人的二分类器。为了简单起见，只考虑随机森林学习算法。

随机森林算法既可用于回归，也可用于分类。它是一种基于决策树的集成学习算法。简单地说，决策树算法相当于一个多级嵌套的选择结构，通过回答一系列问题不停地选择树上的路径，最终到达一个表示某个结论或者类别的叶子节点。图 10.4 以"是否见面相亲"为例，展示了基于决策树的整个决策过程（当然，这里列出的决策过程仅是举例而已，不代表真实的择偶观，读者切勿对号入座）。在这棵决策树中，分支节点代表一个特征属性测试（如图 10.4 中的年龄、长相、收入等），叶子节点代表测试结果。当使用该模型时，将全部样本集从根节点放入，数据依次经过中间节点时根据节点的属性测试进行有效划分，最终进入叶子节

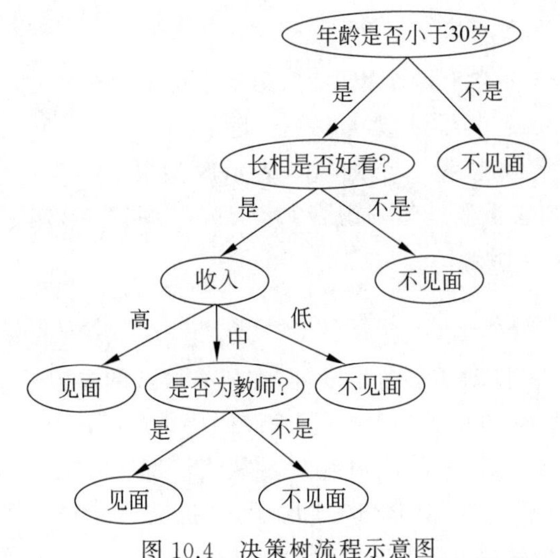

图 10.4　决策树流程示意图

点，即最终所属类别。例如，先根据年龄做出选择，如果此人的年龄大于 30 岁，则不见面；再根据长相进一步选择，如果此人长相难看，则不见面；接下来，根据收入进行选择，若收入高，就见面；若收入低，则不见面；若收入中等，则继续判定此人是否为教师，若是，就见面，否则不见面。

在随机森林中，许多棵决策树被同时训练，通过投票决定样本的预测值或类别。可以通过如下两行代码创建一个随机森林分类器对象。

```
from sklearn.ensemble import RandomForestClassifier
rf = RandomForestClassifier(random_state=10)
```

在随机森林分类器的创建过程中，为了让森林中的每棵决策树互相独立，构建每棵树所使用的仅是一部分随机抽取的样本和特征。参数 random_state 控制着所使用的随机数生成器。当此参数设置为某一具体值时，每次使用相同的数据构建森林得到的结果相同；若不设置此参数，则其默认值为 None，这时函数会自动选择一种随机模式，这样每次运行程序得到的结果也就不同。当训练样本较小时，该值的设定很可能影响模型的评估效果。

训练一个随机森林算法模型时，有一些值，如采用的决策树的数量（n_estimators）以及每棵树的最大深度（max_depth）等，必须在训练之前设定好。这些值称为随机森林算法的超参数。事实上，几乎每种机器学习算法都有一系列特定的超参数，它们的取值有可能极大地影响模型的性能。一般地，需要对学习算法的超参数进行选择与调优。sklearn 中提供了一系列方法来进行超参数调优，其中最常用的就是基于穷举搜索与 k 折交叉验证的暴力方法 GirdSearchCV。具体来说，就是为一个或多个超参数定义候选值（或其组合）的集合，然后 GridSearchCV 使用其中的每个候选值（或其组合）训练模型。在本案例中，为了简单起见，只考察随机森林算法的两个超参数（n_estimators 和 max_depth）的调优。如果读者仍不清楚随机森林算法的原理以及这两个参数的含义，不要担心，目前只需要知道在训练基于随机森林算法的模型之前，必须为其 n_estimators 和 max_depth 参数设定值，接下来要做的就是从一系列可选值中找出最合适的值。

首先，为超参数及其候选值创建字典，如下：

```
import numpy as np
searchSpace = {'n_estimators': np.arange(10, 200, 10), 'max_depth': [2, 4, 6]}
```

这里，字典 searchSpace 含有两个键值对，第一个键值对的键（字符串类型）表示一个超参数的名字是 n_estimators，其候选值共 19 个，是用 np.arange() 方法生成的从 10 到 199，公差为 10 的等差数列；类似地，第二个键值对表示超参数 max_depth 的候选值有 3 个，分别为 2、4 和 6。这两个超参数候选值的组合共有 19×3＝57 种，接下来利用 GridSearchCV 从这 57 个组合中选出最佳组合。

```
clf = GridSearchCV(rf, searchSpace, cv=10, scoring='accuracy')
```

GridSearchCV 是一种自动调参的手段，它在所有候选的参数选择中，通过循环遍历，尝试每一种可能性，寻找表现最好的参数。上述代码中，rf 为上文定义的随机森林分类器，searchSpace 表示需要优化的超参数取值空间。默认情况下，GridSearchCV 先根据 k 折交叉验证选择最佳超参数（组合）。如图 10.5 所示，k 折交叉验证指的是将数据平均分成 k 份，训练模型时将 k-1 份数据组合起来作为训练集，而剩下的那一份作为验证集。将上述过

程重复 k 次，每次取一份不同的数据作为验证集，对模型在 k 次迭代中的得分取平均值作为总体得分。k 折交叉验证有助于降低模型性能对所选取的验证集的高度依赖，从而更加科学合理地评估模型性能。同时模型在训练和评估时充分利用了所有可用的数据。GridSearchCV()的参数 cv 就指定了 k 值大小，默认为 5。模型性能评分标准由参数 scoring 指定，为一个特定的字符串。上述代码中的 accuracy 代表将分类准确率作为性能评分标准，它表示了被正确预测的样本的百分比。对于所有的候选超参数组合，最优超参数组合便是 k 折交叉验证总体得分最高的那一组。然后，GridSearchCV 默认将使用最佳超参数和整个数据集重新训练模型，并得到一个最优模型。

GridSearchCV 还有其他一些参数，如 n_jobs、verbose 等，感兴趣的读者可以查阅 sklearn 的官方文档以获得更多信息。

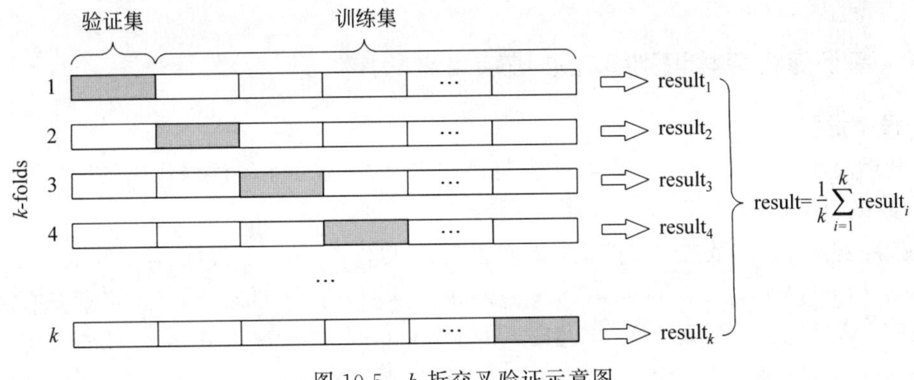

图 10.5　k 折交叉验证示意图

跟药物水溶性预测的案例类似，这里先使用 train_test_split()方法将数据划分为训练集和测试集，然后使用 GridSearchCV 对象的 fit()方法对训练集数据进行训练，最后用测试集数据评估模型，代码如下。

```
clf = GridSearchCV(rf, searchSpace, scoring='accuracy')
xTrain, xTest, yTrain, yTest = train_test_split(
    features, target, test_size=0.2, random_state=10)
clf.fit(xTrain, yTrain)
print('Best parameters:{}'.format(clf.best_params_))
print('Test set score:{:.2f}'.format(clf.score(xTest, yTest)))
```

模型训练完成之后，可以通过 clf.best_estimator_和 clf.best_params_分别查看最优模型以及最优超参数，并通过调用 clf 的 score()方法得到最优模型在测试集上的评分(评分指标由 GridSearchCV 的参数 scoring 指定)。

随机森林模型的一个优点在于它的可解释性。比如，可以通过考察最优模型的 feature_importances_属性获知哪个或者哪些特征对当前的分类任务最重要，可以用下面四行代码实现对最佳模型的特征重要性值进行排序。

```
import numpy as np
model = clf.best_estimator_
importances = model.feature_importances_
```

```
indices = np.argsort(importances)
```

然后以排序后的特征重要性值为横坐标，对应的特征名称（本案例将特征值和特征名称分别存于名为 features 和 featureNames 的结构中）为纵坐标画柱状图，从而以直观的方式可视化模型中各个特征的重要性程度。

```
import matplotlib.pyplot as plt
plt.figure()
plt.title("Feature Importance")
plt.barh(range(features.shape[1]),importances[indices])
names=[featureNames[i] for i in indices]
plt.yticks(range(features.shape[1]),names)
plt.show()
```

10.1.3 基于随机森林识别潜在心脏病患者程序

1. 程序说明

顺利运行本程序需要熟悉数据集、安装第三方库，还需要了解注释代码的用途。

- 数据说明

本程序包含一个“数据”文件夹，其下含 3 个文件：hrv_signals.csv、clinic_features_labels.csv 和 feature_names.txt。在 hrv_signals.csv 中，前 70 列记录了 70 位潜在心脏病患者的 HRV 信号，后 70 列则为 70 位健康人的 HRV 信号。clinic_features_labels.csv 文件前 70 行记录了 70 位潜在心脏病患者的临床特征和类别标签（1），后 70 行则为 70 位健康人的临床特征和类别标签（0）。feature_names.txt 文件中则逐行、依次记录了 21 个 HRV 特征名称。这些特征的顺序与程序中输入随机森林模型中各特征的顺序一一对应。

- 建立新环境，安装第三方库

运行本程序需要安装的第三方库主要有 numpy、pandas 和 sklearn。相关操作步骤如下。

第一步：创建新环境 mySklearn。

在“开始”菜单中选择 Anaconda prompt（Anaconda）单击，打开窗口；然后输入命令行：conda create -n mySklearn python=3.8

第二步：激活环境，输入如下命令：

```
conda activate mySklearn
```

第三步：安装第三方库，输入如下命令：

```
pip install numpy
pip install pandas
pip install sklearn
```

第四步：打开 Anaconda，进入新建环境，并安装 Spyder。

- 关于注释代码

程序共有 hrv_analysis.py 和 model_select.py 两个源文件。hrv_analysis.py 主要用于计算 HRV 信号的时域、频域和非线性动力学特征参数，并生成供机器学习使用的数据集，运行后会在“数据”文件夹中生成一个 data.csv 文件；model_select.py 则用于建立机器学习分类模型。

2. 源程序

- HRV 分析(hrv_analysis.py)

```
#导入相关库
import numpy as np
import pandas as pd
import os
from scipy.signal import detrend, periodogram
#时域参数
def hrvTimeDomain(signal):
    #RR 间隔的标准差
    SDNN = np.std(signal, ddof=1)
    #连续 RR 间隔增量的均方根
    RMSSD = np.sqrt(np.mean(np.diff(signal, axis=0)**2))
    return SDNN, RMSSD
#频域参数
def hrvFrequencyDomain(signal):
    x1 = np.cumsum(signal/1000, axis=0)
    x2 = np.arange(x1.values[0], x1.values[-1], 0.25)
    #线性插值
    signal = np.interp(x2, x1, signal)
    n = len(signal)
    sequence = detrend(signal-np.mean(signal))
    #功率谱
    frequency, power = periodogram(sequence, 4, np.hamming(n), n)
    #频率计算范围筛选
    lowFrequency = np.where((frequency > 0.04) & (frequency <= 0.15))[0]
    highFrequency = np.where((frequency > 0.15) & (frequency <= 0.4))[0]
    LF = np.sum(power[lowFrequency]) * 4/n
    HF = np.sum(power[highFrequency]) * 4/n
    return LF, HF
#非线性动力学参数:多尺度排列熵
#时间序列粗粒化
def coarseGraining(signal, scale):
    ans = []
    for i in range(len(signal)//scale):
        ans.append(np.mean(signal[i * scale:(i+1) * scale]))
    return np.array(ans)
#计算排列熵值
def permutationEntropy(signal, m):                        #m 代表维度
    #单个重构向量的个数
    counts = {}
    numOfVectors = len(signal)-m+1
    for i in range(numOfVectors):                          #矢量个数
```

```
            vector = signal[i:i+m]
            permutation = np.argsort(vector)
            order = 0
            for j in range(m):
                order += permutation[j] * m**j
            counts[order] = counts.get(order, 0)+1
        entropy = 0
        for _, count in counts.items():
            p = count/numOfVectors
            entropy += -p * np.log2(p)
        return entropy
    def multiscalePE(signal, m, scale):
        ans = []
        for i in range(1, scale + 1):
            x = coarseGraining(signal, i)
            ans.append(permutationEntropy(x, m))
        return ans
    #计算 HRV 参数
    def getHrvFeatures(hrvSignals):
        features = []
        for i in range(140):
            signal = hrvSignals[i]
            SDNN, RMSSD = hrvTimeDomain(signal)
            LF, HF = hrvFrequencyDomain(signal)
            PE = multiscalePE(signal, 4, 10)
            features.append(PE + [SDNN, RMSSD, LF, HF])
        hrvFeatures = pd.DataFrame(features)
        return hrvFeatures
    def dataGenerate(path):
        #读取 HRV 信号
        hrvSignals = pd.read_csv(os.path.join(
            path, 'hrv_signals.csv'), header=None)
        #计算 hrv 特征参数
        hrvFeatures = getHrvFeatures(hrvSignals)
        #读取临床特征数据和标签
        clinicData = pd.read_csv(os.path.join(path, 'clinic_features_labels.csv'))
        #得到用于机器学习的数据:包含特征和标签
        data = pd.concat([hrvFeatures, clinicData], axis=1)
        data.to_csv(os.path.join(path, 'data.csv'),
                    index=False, sep=',', header=None)
    path = './数据'
    dataGenerate(path)
```

- 机器学习模型(model_select.py)

```
#导入相关库
```

```
import os
import numpy as np
import pandas as pd
import matplotlib.pyplot as plt
from sklearn.model_selection import GridSearchCV, train_test_split
from sklearn.ensemble import RandomForestClassifier
#读入所有数据
path = './数据'
data = pd.read_csv(os.path.join(path, 'data.csv'), header=None)
features = data.values[:, :-1]
target = data.values[:, -1]
#读入对应特征名称
file = open(os.path.join(path, 'feature_names.txt'))
featureNames = []
for line in file:
    featureNames.append(line.strip())
rf = RandomForestClassifier(random_state=10)
#创建候选超参数的字典
searchSpace = {'n_estimators': np.arange(10, 200, 10), 'max_depth': [2, 4, 6]}
#创建网格搜索对象,选择最佳模型
clf = GridSearchCV(rf, searchSpace, scoring='accuracy')
xTrain, xTest, yTrain, yTest = train_test_split(
    features, target, test_size=0.2, random_state=10)
clf.fit(xTrain, yTrain)
print('Best parameters:{}'.format(clf.best_params_))
print('Test set score:{:.2f}'.format(clf.score(xTest, yTest)))
#计算特征的重要性——绘制特征重要性图
model = clf.best_estimator_
importances = model.feature_importances_
indices = np.argsort(importances)
plt.figure()
plt.title("Feature Importance")
plt.barh(range(features.shape[1]), importances[indices])
names = [featureNames[i] for i in indices]
plt.yticks(range(features.shape[1]), names)
plt.show()
```

3. 运行示例

运行程序后,结果如下。

```
Best parameters:{'max_depth': 6, 'n_estimators': 150}
Test set score:0.82
```

特征重要性参见图 10.6。从图 10.6 中可见,在识别潜在的心脏病患者时,年龄和腰臀比(与是否肥胖密切相关)是最重要的两个特征。而在考察的所有 HRV 分析指标中,多尺度排列熵指标的重要性要高于频域、时域分析指标。这从一个侧面反映出了非线性动力学分析的重要性。

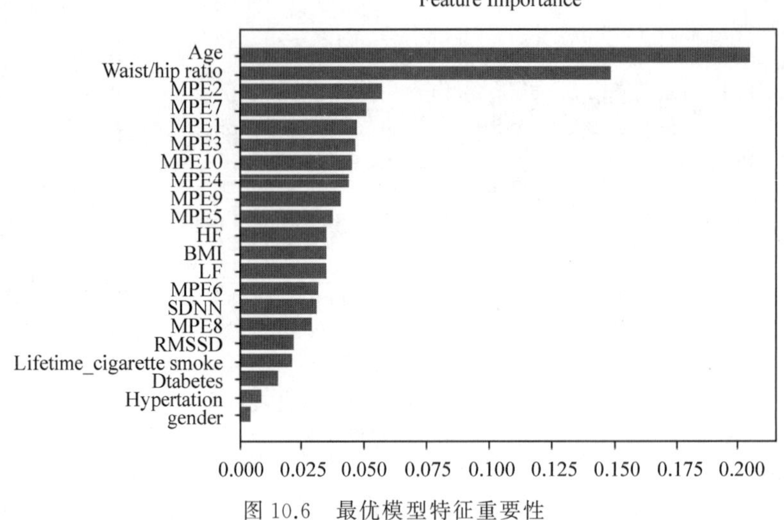

图 10.6　最优模型特征重要性

10.2　案例 23：基于卷积神经网络识别黑色素瘤

本节具有以下几方面内容。

① 神经网络简介；

② 第三方库 11：Keras 的使用方法；

③ 卷积神经网络简介；

④ 黑色素瘤图像识别算法；

⑤ 黑色素瘤图像识别程序。

10.2.1　神经网络简介

在机器学习中，人工神经网络(Artificial Neural Network，ANN)通常指的是“由具有适应性的简单单元组成的广泛并行互联的网络，它的组织能够模拟生物神经系统对真实世界物体所作出的交互反应”。

在生物神经网络中，神经元通过突触交换电化学冲动。当一个神经元“兴奋”时，就会向相连的神经元发送化学物质，从而改变这些神经元内的电位；而一个神经元可能接受来自多个神经元的化学物质，每个神经元对该神经元的影响权重可能不相同。如果某个神经元的电位超过一个“阈值”，那么它就会被激活，继而向其他神经元发送化学物质。人工神经网络的核心是神经元，其基本思想是从生物神经元的工作模式中抽象出来的，如图 10.7 所示的“M-P 神经元模型”，其中 x_1 和 x_2 代表输入，b 为偏置，ω_1 和 ω_2 代表权重，α 代表输入信号的总和，$h()$代表激活函数，z 代表输出信号。在这个模型中，神经元接收并累加来自 2 个其他神经元传递过来的带权输入

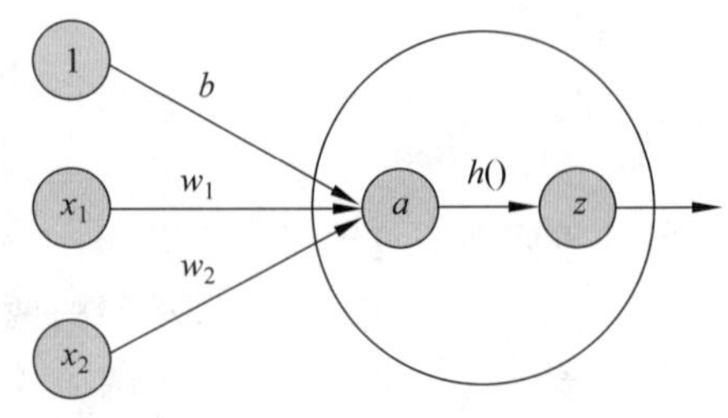

图 10.7　M-P 神经元模型

信号,再加上神经元自身的偏置值(偏置是阈值的相反数),若累加值大于 0,则该神经元被激活,兴奋;否则该神经元不被激活。

当然,上述模型的激活方式(下文用激活函数表示),是一种理想的状态。它将神经元的输出值映射为 1 或者 0,称为阶跃函数。由于阶跃函数具有不连续、不光滑的特点,因此实际中更常用的激活函数是 Sigmoid 函数和 ReLU 函数。如图 10.8 所示,Sigmoid 函数是 s 形曲线,它是模仿生物神经元建立的,它的输出值在 0～1;ReLU 函数会把输出中的负值转换为 0,非负值原样输出。

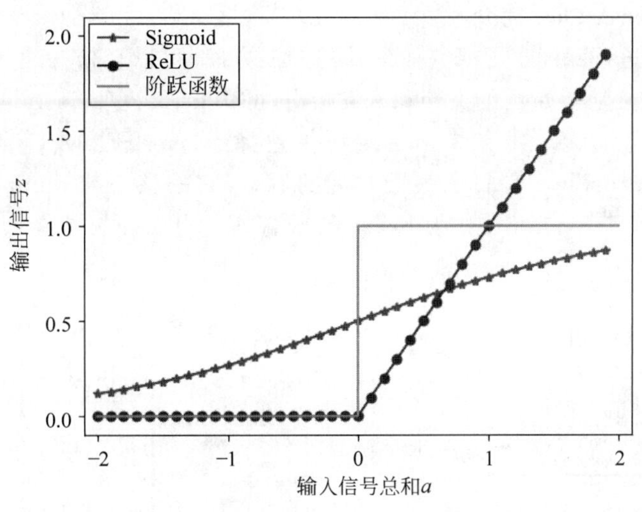

图 10.8　Sigmoid 函数、ReLU 函数和阶跃函数

在实践中,单个人工神经元在解决问题方面毫无用处,因为它太简单了。但若把许多个这样的神经元按一定的层次结构连接起来,就可以创建复杂的神经网络(见图 10.9),进而完成许多复杂的任务,如图像识别。图 10.9 中的网络包含一个输入层、两个隐藏层和一个输出层;输入层有 2 个神经元,第 1 个和第 2 个隐藏层分别有 3 个和 2 个神经元,输出层有 2 个神经元,可用于一个二分类问题。除输入层和输出层外,至少有一个隐藏层的神经网络称

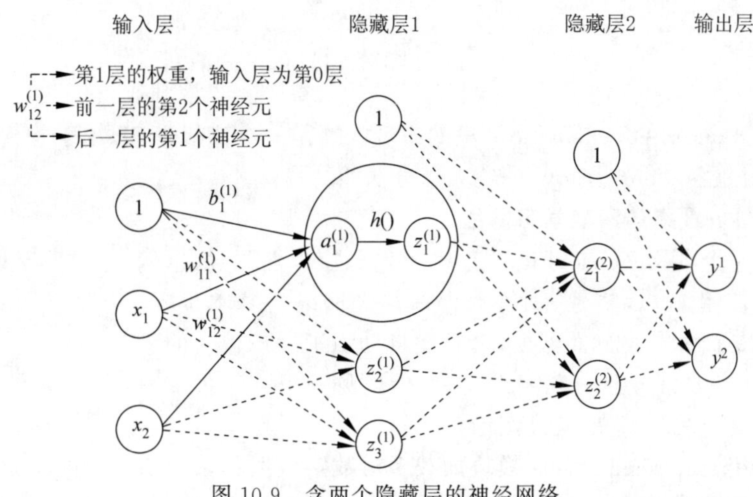

图 10.9　含两个隐藏层的神经网络

为深度神经网络。在图 10.9 中，每个隐藏层的神经元都与上一层的所有神经元相连(但同层之间的神经元互不相连)，称为全连接层。图 10.9 中，以实线方式示意了第一个隐藏层的第一个神经元的内部结构，以及它与其他神经元的连接；也解释了权重参数 $w_{12}^{(1)}$ 中各上下标的含义。除输入层外，对于网络中的每个神经元，其权重、偏置值都是模型在训练过程中需要学习的参数。图 10.9 所示的网络中共有 23 个参数。

10.2.2 第三方库 11：keras 的使用方法

1. Keras 和 TensorFlow 简介

Keras 是专为进行深度学习研究而设计的第三方库，可以轻松构建、训练、评估和执行各种神经网络。它还具有广泛的文档和开发指南，可从 https://keras.io/获得。

Keras 依赖计算后端，共有 3 个后端可供选择：TensorFlow、Cognitive(CNTK)和 Theano。其中 TensorFlow 是目前最受欢迎的后端，它的核心与 numpy 类似，但它支持 GPU。本案例选择 TensorFlow 作为 Keras 的后端，常采用如下方式导入。

```
import tensorflow as tf
```

导入后，就可以使用 TensorFlow 库中各种各样的计算 API，其中核心 API 如图 10.10 所示。详细的 API 介绍可以从 https://tensorflow.google.cn/api_docs/python/tf/获得。

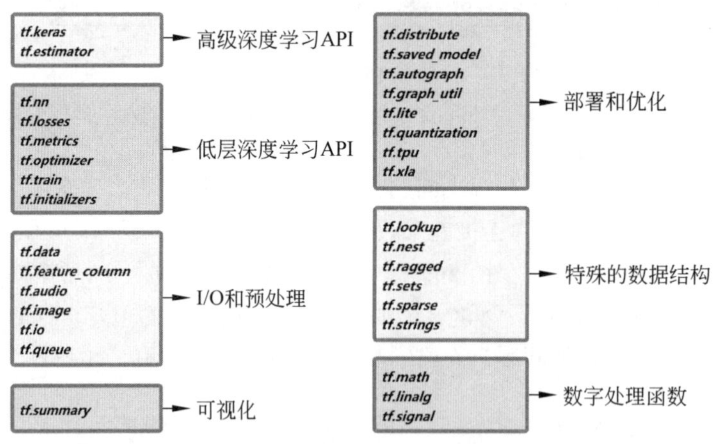

图 10.10 TensorFlow 核心的 Python API

tf.keras 是 keras 在 TensorFlow 里的实现。这是一个高级 API，用于构建和训练神经网络模型，同时兼容 TensorFlow 的绝大部分功能。

2. 使用 tf.keras 搭建深度学习网络

首先通过一个利用 TensorFlow 实现“手写数字识别”的简单例子让读者了解使用 keras 搭建、训练与评估神经网络的基本步骤。该例子的目标是训练一个分类器模型，它能自动识别用户输入的手写数字图片(见图 10.11)上的数字为 0～9 中的哪一个。每张手写数字图片都是 28×28 像素的灰度图像。

图 10.11 手写数字识别示例图片

本案例使用 tf.keras.datasets 模块加载手写数字数据集来训练和评估模型。该数据集由 60000 个训练样本和 10000 个测试样本组成，每个样本都是一张 28×28 像素的灰度（取值 0～255）手写数字图片，标签为 0～9。新建一个 Python 文件，名为 quickstart.py，在其中写入下面的代码。

```
import os
#屏蔽不必要 TensorFlow 的警告和提示，放在导入 TensorFlow 的操作前面
os.environ["TF_CPP_MIN_LOG_LEVEL"] = '2'
#导入 TensorFlow 并起别名为 tf
import tensorflow as tf
#加载 TensorFlow 自带的手写数字数据集，将数据像素值转换到 0~1
(xTrain, yTrain), (xTest, yTest) = tf.keras.datasets.mnist.load_data()
xTrain, xTest = xTrain / 255.0, xTest / 255.0
#用顺序 API 构建模型
model = tf.keras.models.Sequential([
    tf.keras.layers.Flatten(input_shape=(28, 28)),
    tf.keras.layers.Dense(128, activation='relu'),
    tf.keras.layers.Dense(10, activation='softmax')])
#使用交叉熵函数作为损失函数，adam 作为优化器，准确率作为指标编译模型
model.compile(loss=tf.keras.losses.SparseCategoricalCrossentropy(),
        optimizer='adam',
        metrics=['accuracy'])
#利用训练集训练模型 5 个轮次
model.fit(xTrain, yTrain, batch_size=32, epochs=5, verbose=0)
#评估测试集
model.evaluate(xTest, yTest)
#使用模型预测测试集前 5 张图像的标签
print("predict:", tf.argmax(model(xTest[:5]), axis=1).numpy())
print("label:", yTest[:5])
```

上面的代码构建了一个两层全连接层的神经网络用于识别手写数字，总共分六部分：加载数据集并预处理数据；构建神经网络；编译模型；训练模型；评估模型；使用模型。具体解释如下。

第一部分，使用 tf.keras.datasets 模块加载手写数字数据集并自动划分训练集和测试集。由于深度学习一般需要将输入数据缩放到 0～1 范围，这样更有利于模型的训练，因此需要将灰度数据除以 255。

第二部分，使用 tf.keras.models.Sequential 搭建神经网络 model。Sequential()函数返回一个神经网络，其第一个参数以列表形式描述了该网络从输入层到输出层的结构。tf.keras.layers.Flatten 定义了网络的输入层，负责把二维的图像数据转化成一维数据，其参数 input_shape 就是输入数据的形状尺寸。这里，每一张手写数字图像的尺寸都是 28×28 像素，因此将 input_shape 设置为(28,28)。全连接层是神经网络中最常规的层，这里通过 tf.keras.layers.Dense 定义了两个全连接层。第一个全连接层有 128 个神经元，激活函数为 ReLU。第二个全连接层也是本网络的输出层。由于手写数字集共有 10 个类，分别为 0～9，因此该层具有 10 个神经元，并且均采用 softmax 激活函数，其输出 z 是对应神经元的 $\exp(a)$ 值（以自然常数 e 为底的指数函数的值）与输出层所有神经元的 $\exp(a)$ 值之和的比值（此处

z 与 a 的含义如图 10.7 所示)。因此,各神经元的最终输出值是该灰度图像预测为对应类的概率。神经网络会把输出层中最大的概率值对应的类作为预测值。

第三部分,使用 compile 函数编译模型。编译模型是为下一部分的训练模型做准备,需要为模型的训练设置合适的损失函数、优化器和性能评价指标。神经网络的特征之一,就是从数据样本中学习。也就是说,可以由训练数据自动确定网络中权值参数的值。该如何自动确定呢?其抓手就是损失函数。损失函数是算法内部"指导"自身训练过程的评价标准,这里使用交叉熵函数作为损失函数,模型学习效果越好,该损失函数的值越小。如果某些网络参数使得损失函数达到最小值,那么它们就是要找的参数。在训练过程初始化时,网络中的参数会被初始化(一般是随机初始化),这时损失函数的值往往并不是最小值,模型训练时的目标便是尽快让损失函数达到最小值点。在深度神经网络中,损失函数往往非常复杂,不易获得极值点。计算机擅长的是,凭借其强大的计算能力,海量尝试,一步一步地把函数的极值点"试"出来。而优化器则是在这个海量尝试的过程中快速找到可能解的算法,这里使用的是 adam 优化器。性能评价指标用于人类了解模型的学习效果,这里使用准确率作为性能评价指标,表征被正确预测的样本的百分比。

第四部分,使用 fit()函数训练模型。TensorFlow 是基于线性代数实现的,对矩阵操作进行了优化,一次适当地输入多个数据会提升神经网络的学习效果。因此,在训练时,常一次输入多个数据。在本例中,通过设置 fit()函数的 batch_size 参数为 32(这也是该参数的默认值),表示一次输入 32 张图片。在深度学习中,当全部训练数据按照 batch_size 指定的值分批次地被输入模型训练一遍,称为模型训练 1 轮次,即 1 epoch。但往往训练一个轮次之后,模型的性能并不理想,可能需要重复上述过程:将所有的训练数据,按 batch_size 指定的值分批次投入模型中,完成又一个轮次的训练。那么,到底重复训练多少个轮次(epoch)呢?这一点并没有定论,需要根据不同的数据和任务决定 epoch 的大小。实践中可以采用提前结束(early stopping)策略确定最适宜的训练轮次。有兴趣的读者可以自行研究,此处不再赘述。本例通过设置 fit()函数的参数 epoch=5,直接设定训练 5 个轮次。因为深度神经网络的训练往往耗时较长,程序会默认输出训练进度条,以供用户了解训练进程。若不想被打扰,也可以通过设置 fit()函数的参数 verbose=0 关闭进度条输出。

第五部分,用 evaluate()函数评估模型的效果,需传入测试集数据。函数会输出评估结果。

第六部分,使用模型预测测试集前 5 张图像的标签。tf.argmax 函数会输出每个图像属于各类(数字 0～9)概率中最大值的索引号值(取值范围为 0～9),并以此作为预测的标签。

下面的进度条显示了 quickstart.py 的运行结果。

```
313/313 [==============================] - 0s 663us/step - loss: 0.0738 -
accuracy: 0.9782
predict: [7 2 1 0 4]
label: [7 2 1 0 4]
```

因为本例中的测试集是 10000 个测试样本,batch_size 设为 32,所以在每一个轮次中,模型总共会运行 313(10000/32=312.5)个批次(步),不足 1 步的向上取整为 1 步。上述进度条中的 313/313 中的第一个 313 在模型运行过程中是变化的,显示了当前模型运行了几步,第二个 313 代表步数的总数。663us/step 表示模型每步花费 663μs。loss 后的值为模型在测试集上损失的流式平均值,而 accuracy 则对应了准确率的流式平均值。流式的意思是

keras 每步都会计算该损失或指标值，并跟踪自轮次开始以来的平均值。因此，进度条上的损失值和准确率在模型这一轮次的运行过程中是变化的。

从这个例子中可以看到，模型在测试集上评估的结果，准确率为 97.82%。准确率这么高的主要原因是手写数字数据集过于简单。后输出的两行是模型预测测试集前 5 张图片的结果和标签，可以看到，全部预测正确。

10.2.3　卷积神经网络简介

卷积神经网络是受视觉皮层结构的研究成果启发而设计的专门处理图像的神经网络。卷积神经网络共有两种特殊的层：卷积层和池化层。

卷积层是基于卷积运算而设计的层。卷积运算就是用一个矩形窗口从左到右、从上到下扫过整个图像，移动一次就计算窗口的各个参数和窗口内对应图像的元素的乘积和，这个乘积和就是结果矩阵的一个元素。窗口每次移动的距离称为步长，包括水平和垂直两个方向的步长。这个矩形窗口称为卷积核。一个卷积层一般具有 n 个($n \geqslant 1$)卷积核，卷积层的输出便是 n 幅图像，这些图像称为特征图。图 10.12 展示了一幅 4×4 像素的灰度图像的卷积过程，这里只有一个卷积核，其大小为 3×3，水平和垂直方向上的移动步长均为 1(这也是 TensorFlow 的默认值)，因此得到一个 2×2 的特征图。图 10.13 展示了一幅 4×4 像素的彩色图像的卷积过程。该图像具有 R、G、B 3 个颜色通道，因此，每个卷积核也应具有 3 个通道。卷积的过程便是按照通道方向，将图像和相应卷积核进行卷积操作得到 3 个临时特征图，然后将临时特征图上对应位置的结果相加，得到最终输出的特征图。

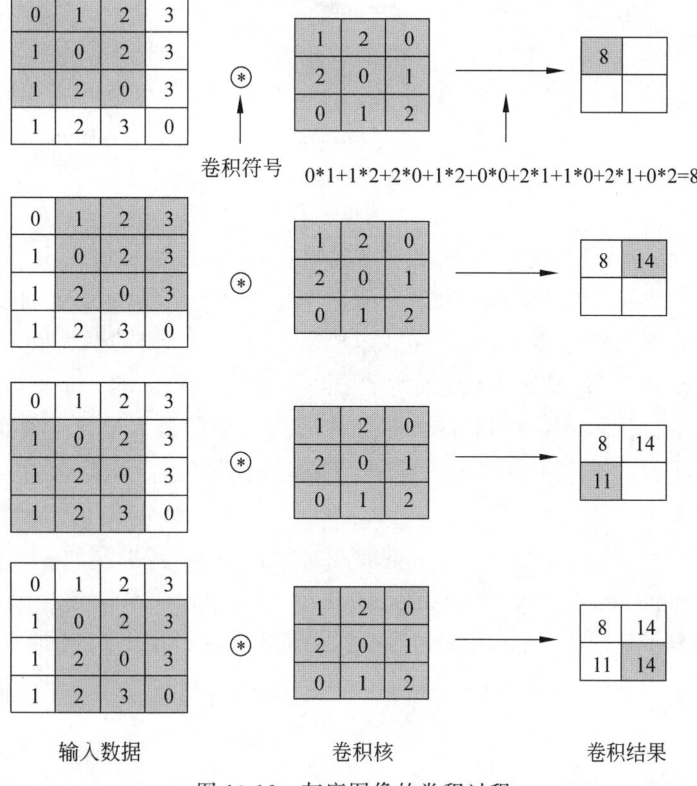

图 10.12　灰度图像的卷积过程

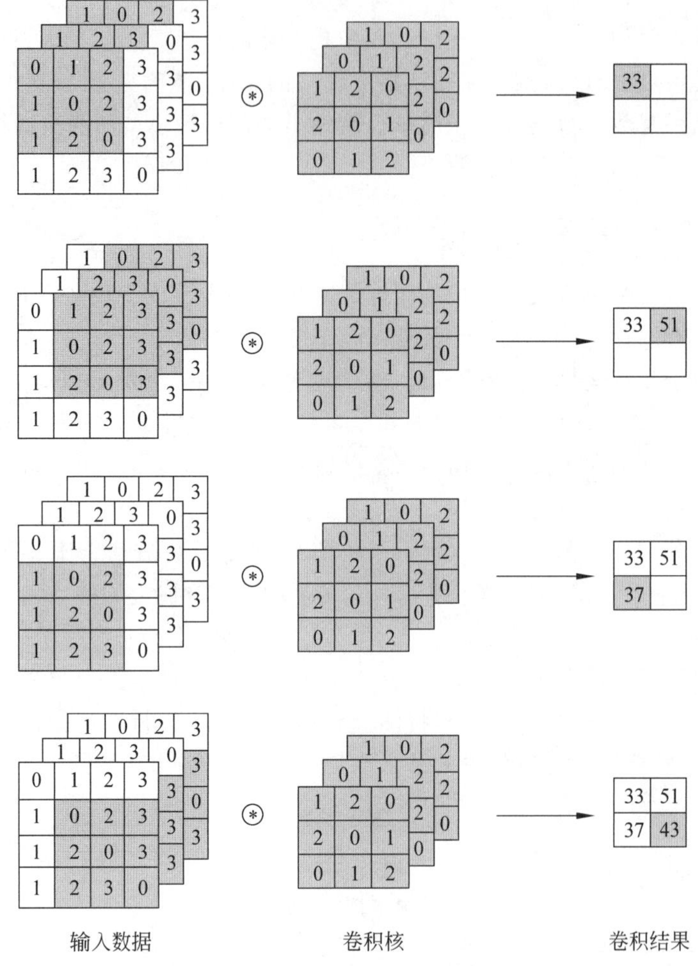

图 10.13　彩色图像的卷积过程

如图 10.14 所示，池化层也像卷积层一样具有矩形窗口，不过池化层不执行卷积运算，而执行其他的非线性运算，常见的有取最大值操作与取平均值操作，分别被称为最大池化层和均值池化层。在最大池化层中，它会计算矩形窗口内图像元素的最大值，这个最大值是窗口在这个位置时输出的值，最终会成为像特征图一样的结果矩阵的一个元素，但是池化层不改变数据的通道数。因此，图 10.14 右半部分 3 通道图像的最大池化运算的结果依旧是 3 通道。在 TensorFlow 中，池化层在水平和垂直方向上的移动步长默认为池化窗口的宽度和高度。

通过下面的代码，可以构建一个常规的卷积神经网络。与“手写数字识别程序”中顺序 API 的使用方法不同，这里介绍另一种形式的顺序 API 构建法来搭建神经网络，需要使用 Sequential 类的 add( )方法，将从第一个隐藏层开始至输出层的所有神经元层依次添进网络。

```
import tensorflow as tf
model = tf.keras.models.Sequential()
```

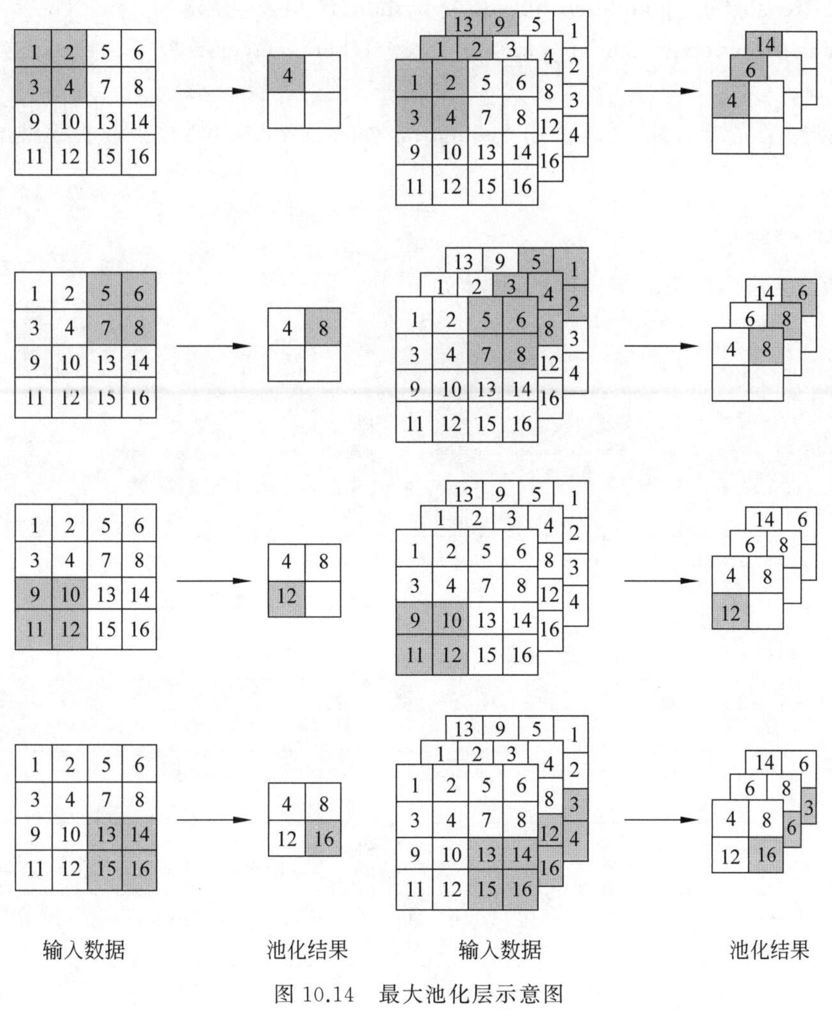

图 10.14　最大池化层示意图

```
model.add(tf.keras.layers.Conv2D(32, (3, 3), activation='relu', input_shape=
(32, 32, 3)))
model.add(tf.keras.layers.MaxPooling2D((2, 2)))
model.add(tf.keras.layers.Conv2D(64, (3, 3), activation='relu'))
model.add(tf.keras.layers.MaxPooling2D((2, 2)))
model.add(tf.keras.layers.Conv2D(64, (3, 3), activation='relu'))
model.add(tf.keras.layers.Flatten())
model.add(tf.keras.layers.Dense(64, activation='relu'))
model.add(tf.keras.layers.Dense(10))
```

在这段代码中，第 3 行的 tf.keras.layers.Conv2D()是构建卷积层的方法，其参数值依次表示：该卷积层有 32 个卷积核、卷积核的形状为 3×3、该层的激活函数为 relu，以及该层输入数据的形状为 32×32×3 的数据(高、宽都为 32 的彩色图像)。第 4 行代码中的 tf.keras.layers.MaxPooling2D()是构建最大池化层的方法，其参数(2,2)表示池化窗口的高、宽均为 2。卷积层和池化层的构建方法中还有其他默认参数，有兴趣的读者可以查看官方文档(卷积层,https://tensorflow.google.cn/api_docs/python/tf/keras/layers/Conv2D,最大池化层,https://tensorflow.google.cn/api_docs/python/tf/keras/layers/MaxPool2D),这里不进一步介绍。

在模型定义完毕之后,可以使用 Sequential 类的 summary()方法查看模型的结构,代码如下。

```
model.summary()
```

运行后,会输出模型的结构信息,具体如下。

```
Model: "sequential"
_________________________________________________________________
Layer (type)                 Output Shape              Param #
=================================================================
conv2d (Conv2D)              (None, 30, 30, 32)        896
_________________________________________________________________
max_pooling2d (MaxPooling2D) (None, 15, 15, 32)        0
_________________________________________________________________
conv2d_1 (Conv2D)            (None, 13, 13, 64)        18496
_________________________________________________________________
max_pooling2d_1 (MaxPooling2 (None, 6, 6, 64)          0
_________________________________________________________________
conv2d_2 (Conv2D)            (None, 4, 4, 64)          36928
_________________________________________________________________
flatten (Flatten)            (None, 1024)              0
_________________________________________________________________
dense (Dense)                (None, 64)                65600
_________________________________________________________________
dense_1 (Dense)              (None, 10)                650
=================================================================
Total params: 122,570
Trainable params: 122,570
Non-trainable params: 0
_________________________________________________________________
```

从上面的结果可以发现,该网络有 8 层,分别为第一卷积层、第一最大池化层、第二卷积层、第二最大池化层、第三卷积层、平铺层、第一全连接层和第二全连接层。第一卷积层输出的数据形状为(None,30,30,32),其中 None 是批数量(batch_size),因为批数量是通过 fit()函数传入的,因此这里显示为 None;(30,30,32)表示有 32 幅高、宽分别为 30、30 的特征图,请根据图 10.13 仔细思考为什么是这个结果。第一最大池化层的输出形状为(None,15,15,32),请根据图 10.14 分析原因。以此类推,也不难理解其余卷积层和池化层的输出。注意,由于池化层的窗口在移动时对于输入特征图底部的一些行和右侧的一些列,有可能不能匹配完整的池化层窗口,这种情况下,这些行或列将被忽略。因此,第二池化层输出为(None,6,6,64)。第一平铺层将上一层输出的三维数据(None, 4, 4, 64)平铺为(None, 1024),因为 4×4×64=1024。第一全连接层的神经元个数为 64,因此该层的输出形状为(None,64);

第二全连接层也就是输出层，也设置了 10 个神经元，其输出形状即(None,10)。

模型的 summary()方法的输出结果最右列是各个层的参数个数。可以发现，最大池化层和平铺层都没有参数。先看第一卷积层，每个卷积核的尺寸为 3×3，且通道数也是 3(因为输入数据的通道数为 3)，因此，参数个数为(3×3×3+1)×32＝896，式中括号内的 1 是偏置参数，每个卷积核对应一个偏置，对于图 10.13 来说，最终特征图的各个元素的偏置是相同的(一个数字)，32 是该层的卷积核的数量。以此类推，可知第二卷积层的参数个数为(3×3×32+1)×64＝18 496，第三卷积层的参数个数为(3×3×64+1)×64＝36 928。第一全连接层的参数为(1024+1)×64＝65 600，1024 是上一层神经元的数量，64 是该层神经元的数量，1 是该层某个神经元的偏置，全连接层的每个神经元都与上一层每个神经元相连，并且每个神经元都有一个独立的偏置。类似地，最后一个连接层的参数数量为(64+1)×10＝650。结果最后一部分是参数的总数(896＋18496＋36928＋65600＋650＝122570)，它们都是可训练参数。keras 中有些特殊的层，它们具有不可训练的参数，这些参数的值在训练过程中不能被误差反向传播算法更新。

为了更好地进入下一部分的学习，还需要另外介绍 3 种层：Dropout 层、BatchNormalization 层和全局平均池化层。

Dropout 层是一种在模型学习的过程中随机删除神经元的层，使用 Dropout 层能有效避免过拟合。过拟合是指模型缺乏泛化能力，模型可能对训练集数据表现优良，但对未见过的测试数据却表现糟糕。对于 Dropout 层，在训练时，会随机“丢弃”一定比例的神经元，对这些神经元不再进行信号的传递；测试时，虽然会传递所有神经元上的信号，但是对于各个神经元的输出，要乘上(1－训练时的丢弃率)后输出。从上面的描述可以发现，Dropout 层在学习过程中随机丢弃神经元，实质上是训练了多个子网络，最后在测试的过程中再将这些子网络组合起来，类似使用一种投票的机制做预测。这和前面所学的随机森林算法一样，也是一种集成学习的策略。

批量归一化技术是指在模型中的每个隐藏层的激活函数之前或者之后添加一个归一化操作，旨在利用小批量上的均值和标准差，不断调整神经网络的中间输出，从而使整个神经网络在各层的中间输出的数值更稳定，提升训练效果。在 keras 中可以通过添加 BatchNormalization 层实现该技术。该技术在卷积神经网络中获得了巨大的成功，因此基本上所有的大型卷积神经网络结构都应用了 BatchNormalization 层。与 Dropout 层类似，该层在训练和测试阶段具有不同的结构。训练阶段可以对每批数据计算均值和标准差，但是测试阶段可能由于数据过少(如只预测一个实例)或数据不满足独立和相同分布的要求，找不到合适的均值和标准差。通常采用的策略是用指数移动平均的方法记录训练期间的均值和标准差，然后测试阶段就直接使用该均值和标准差。在 BatchNormalization 层中利用指数移动平均的方法得到的均值和标准差是不可训练的参数。

全局平均池化层，它会输出一个向量，该向量中元素的个数是上一层特征图的数量，向量的每一个元素值是上一层中单个特征图中所有元素的平均值。它能够大幅降低数据的维度，因此在现代卷积神经网络结构中用于替代 Flatten 层从而达到数据从(None，高，宽，通道)形式转化到(None，通道)形式的目的，进而用全连接层输出类别。

下面的代码是上面 3 种层的使用方法。

```
import tensorflow as tf
```

```
#Dropout 层的使用方法,参数 0.2 表示丢弃率为 20%
tf.keras.layers.Dropout(0.2)
'''
批量归一化技术的使用方法,此处用在激活函数之后.
当激活函数使用 ReLU 或它的变体时,参数初始化方法使用 He 初始化会取得更好的训练效果,He 初始化设置方法为 kernel_initializer="he_normal".
'''
tf.keras.layers.Dense(256,activation="relu",kernel_initializer="he_normal")
tf.keras.layers.BatchNormalization()
#全局平均池化层的使用方法
tf.keras.layers.GlobalAveragePooling2D()
```

10.2.4 黑色素瘤图像识别算法

一般地,当可用于训练模型的样本数据较少,却需要完成诸如医学图像识别这样的复杂任务时,重用预训练层或者说使用迁移学习技术完成模型的训练是一个不错的选择,因为复杂的任务往往需要复杂和较深的模型,当训练数据较少时容易出现过拟合现象。在使用迁移学习技术时,一般需要选择一个与当前任务相似且已经训练好的模型(预训练层),然后将该模型的输出层去掉,再加上新的适合当前任务的输出层,将预训练好的各层设置成不可训练的状态,然后使用当前任务的数据进行训练。等到损失值稳定后,再尝试逆向将预训练层中靠近输出层的一些层设置为可训练的状态,接着进行训练。重复上面的策略,直到取得较好的学习效果。本案例选择 TensorFlow 自带的、已经训练好的大型网络作为预训练模型。

首先,对数据进行一些预处理。对本案例中所使用的数据说明,详见 10.2.5 节。

使用 tf.keras.preprocessing.image_dataset_from_directory 函数自动构建数据标签和读取数据,因此需要先将图像数据按标签分到不同的子文件中,即名为 benign 和 malignant 的两个子文件夹。此外,为了加快模型的训练速度,本案例将利用 tf.data 的本地缓存机制,因此需要先创建缓存文件存放的目录。新建 auxiliary.py 文件,并写入下面的代码。

```
#导入需要的库,其中 shutil 库用于文件相关的操作
import os
import shutil
import numpy as np
import pandas as pd
#创建目录
def makeDir(path):
    if not os.path.exists(path):
        os.mkdir(path)
#按字典 imageLabel 中存储的图片的标签,将路径 path 下的图片复制到不同的文件目录
def moveFile(path, imageLabel):
    imageList = os.listdir(path)
    dataDir = './Data'
    makeDir(dataDir)
    for image in imageList:
```

```
        imageName = os.path.splitext(image)[0]
        outDir = os.path.join(dataDir, imageLabel[imageName])
        makeDir(outDir)
        outPath = os.path.join(outDir, image)
        fullPath = os.path.join(path, image)
        shutil.copyfile(fullPath, outPath)
#读取数据文件和标签文件,执行分类操作,并创建数据缓存文件目录
if __name__ == '__main__':
    imageLabel = pd.read_csv(
        "./ISBI2016_ISIC_Part3_Training_GroundTruth.csv",
        names=["image", "label"])
    imageLabel = dict(np.array(imageLabel))
    path = './ISBI2016_ISIC_Part3_Training_Data'
    moveFile(path, imageLabel)
    cacheDir = './Cache'
    makeDir(cacheDir)
    print("预处理完成.")
```

运行上述代码后,该项目中会出现两个新的文件目录,分别为 Cache 和 Data,其中 Cache 是一个空的文件夹,Data 里面包含 benign 和 malignant 两个子文件,分别存放良性和恶性黑色素瘤的图片。然后新建 main.py 文件,并写入下面的代码。

```
#导入 TensorFlow 和其他库
import pathlib
import os
os.environ["TF_CPP_MIN_LOG_LEVEL"] = '2'
import tensorflow as tf
if __name__ == '__main__':
    #数据目录,图像大小
    dataDir = pathlib.Path('./Data')
    imageSize = (224, 224)

    #根据可用的 CPU 数量,进行动态设置并行调用 CPU 的数量
    autoTune = tf.data.AUTOTUNE

    trainDs = tf.keras.preprocessing.image_dataset_from_directory(dataDir,\
        validation_split=0.3, subset="training", image_size=imageSize, seed=123)
    valDs = tf.keras.preprocessing.image_dataset_from_directory(dataDir, \
        validation_split=0.3, subset="validation", image_size=imageSize, seed=123)

    #将验证集的一部分划分成测试集,cardinality()函数返回数据集的基数
    valBatches = tf.data.experimental.cardinality(valDs)
    testDs = valDs.take(valBatches // 5)
    valDs = valDs.skip(valBatches // 5)

    #进行数据集的缓存和预取,这些操作可以提高数据流水线的性能
```

```
    trainDs =\
    trainDs.cache(filename='./Cache/trainCache.tf-data').prefetch(buffer_size
=autoTune)
    valDs = \
    valDs.cache(filename='./Cache/valCache.tf-data').prefetch(buffer_size=
autoTune)
    testDs =\
    testDs.cache(filename='./Cache/testCache.tf-data').prefetch(buffer_size=
autoTune)
```

在程序中,首先设置数据目录,输入模型的图像的大小和CPU的运行数量;然后调用 tf.keras.preprocessing.image_dataset_from_directory()函数自动地随机打乱数据并划分训练集、验证集。若需创建训练集,则调用该函数时需指定 subset 参数值为"training";若需创建"验证集",则 subset 参数值为"validation"。两次函数调用的 seed 参数须一致,表示使用相同的随机数种子进行拆分。该函数根据二级目录 dataDir 创建数据集,而且会根据 dataDir 中的子目录自动为图像数据生成标签,生成标签时会根据子文件夹名的字母顺序依次生成 0,1,2 等,因此 benign 图像被标记成 0,malignant 图像被标记成 1。如果设置了参数 image_size,该函数会将图像调整成 image_size 参数指定的大小。该函数也会自动将数据集转化为批处理的数据,默认 batch_size=32。

接下来,将验证集的一部分划分成测试集。在本案例中,630 张图片被划分到训练集,验证集和测试集总共 270 张图片。由于 tf.keras.preprocessing.image_dataset_from_directory()函数默认 batch_size=32,因此其实 270 张图片是 9 个批次,按代码划分验证集和测试集的方法,只有第 1 批数据被划分到测试集。因此,最终测试集有 1 批数据(32 张图片),验证集是剩下的 8 批数据。

最后,将训练集、验证集和测试集的数据缓存到本地(cache()函数)并且适当地将数据集的一部分预取到内存(prefetch()函数),这样可以加快模型的训练速度,防止数据在总线中的传输成为训练模型快慢的瓶颈。这是由于目前的计算机的 CPU 是多核的,甚至有的计算机还有 GPU,因此可以轻松实现多线程并行化。GPU 或者部分 CPU 正在训练模型时,prefetch()函数会自动根据空闲 CPU 的数量从外存中读取并预处理(后面代码中会涉及数据预处理操作)一部分数据,这样能够使 GPU 的利用率达到 100%(如果没有 GPU,也会显著提升性能)。缓存操作可以将数据集缓存在内存或本地存储。本案例中选择的是缓存在本地(当 cache()函数中没有传入 filename 参数时,就会将数据集缓存在内存中)。

接着继续写入如下代码。

```
baseModel = tf.keras.applications.MobileNetV3Small(\
    input_shape=imageSize + (3,), include_top=False, weights='imagenet')
#将预训练基础模型设置成不可训练并创建 model
baseModel.trainable = False
dataAugmentation = tf.keras.models.Sequential([\
    tf.keras.layers.experimental.preprocessing.RandomFlip('horizontal_and_
vertical'), \
    tf.keras.layers.experimental.preprocessing.RandomRotation(0.2),])
```

```
inputs = tf.keras.Input(shape=imageSize + (3,))
x = dataAugmentation(inputs)
x = tf.keras.applications.mobilenet_v3.preprocess_input(x)
x = baseModel(x, training=False)
x = tf.keras.layers.GlobalAveragePooling2D()(x)
x = tf.keras.layers.Dropout(0.2)(x)
outputs = tf.keras.layers.Dense(1)(x)
model = tf.keras.Model(inputs, outputs)
#编译模型
baseLearningRate = 0.0001
model.compile(loss=tf.keras.losses.BinaryCrossentropy(from_logits=True),
optimizer=\
    tf.keras.optimizers.Nadam(learning_rate=baseLearningRate), metrics=['
accuracy'])
```

以上代码首先使用 tf.keras.applications.MobileNetV3Small()函数创建一个预训练基础模型,设置该函数的 include_top 参数为 False 会排除网络的顶部,即全局平均池化层和全连接输出层。该模型是使用 ImageNet 数据集训练的模型。ImageNet 图像数据库在推进计算机视觉和深度学习研究方面发挥了重要作用,可供研究人员免费用于非商业用途,其中使用率最高的子集是 ImageNet 大规模视觉识别挑战（ILSVRC）2012—2017 图像分类和定位数据集。该数据集跨越 1000 个对象类别,包含 1 281 167 幅训练图像、50000 幅验证图像和 100000 幅测试图像(https://image-net.org/)。

在将基础模型的所有层都设置成不可训练的状态后,使用 tf.keras.models.Sequential()构建数据增强层。数据增强是指通过应用随机(但真实的)变换(例如图像旋转)增加训练集多样性的技术。该技术首先由 2012 年 ILSVRC 挑战赛的冠军网络 AlexNet 应用于卷积神经网络中,成功地减少了过拟合现象的发生。在本案例中,使用 RandomFlip 和 RandomRotation 实现将图像翻转和旋转,进而达到数据增强的效果。

搭建最终的模型时使用函数式 API 构建法,它可以像调用函数一样构建神经网络。比起上文介绍的顺序堆叠式构建法,函数式 API 能够搭建更复杂的神经网路,如具有多个输入和多个输出的网络结构。在这里,网络的第一层是 Input 层,它就是单纯地按照给定的形状接收数据。在本案例中,该层的输入数据形状为 224×224 的 3 通道彩色图像。第二层是之前创建的数据增强层。第三层是按照基础模型输入的要求进行预处理数据的层。由于早期神经网络架构内不具备预处理数据的层,导致有的神经网络需要 224×224 像素的图像;有的需要 299×299 像素的图像;有的需要灰度值范围为 0～1;有的需要灰度值范围为－1～1。如果需要使用这样的预训练模型,就需要将数据进行转换,以符合模型的输入要求。因此,TensorFlow 就为用户准备了 preprocess_input()方法。对于每种架构的网络,只在基础模型前调用该模型的 preprocess_input()方法就可以不用考虑数据的预处理工作了。第四层是预训练的基础模型层。第五层是一个全局平均池化层。第六层是一个 Dropout 层。最后是一个全连接层,由于这里是二分类任务,所以最后一个全连接层只需一个神经元,最终预测时,以 0.5 为界,大于或等于 0.5 的输出 1,小于 0.5 的输出 0。

由于该基础模型中具有 BatchNormalization 层,该层有通过指数移动平均方法学习到的均值参数和标准差参数，如果在迁移学习的过程中改变了这些参数，会对BatchNormalization 层的前面、后面层的参数产生巨大影响，因此需要将其 training 参数设置为 False，这样在训练过程中就不会更新 BatchNormalization 层的均值和标准差参数。在编译模型时，损失函数设定为二分类的交叉熵函数，性能指标是准确率，使用 Nadam 优化器。该优化器是 Adam 的改良版，能够更好地训练模型，并将该优化器的 learning_rate 参数设置为 0.0001。该参数表示学习率，它是监督学习以及深度学习中重要的超参数，决定损失函数能否收敛到局部最小值以及何时收敛到最小值。合适的学习率能够使损失函数在合适的时间内收敛到局部最小值。

模型编译好之后，就可以着手训练模型了。注意本案例的数据集中有 727 张图片是良性的黑色素瘤，173 张图片是恶性的黑色素瘤，两类样本的数量很不平衡，若常规进行训练，模型易偏向良性黑色瘤的识别。因此，为了更好地训练模型，需要对不平衡的数据进行平衡处理。模型的 fit()方法有一个 class_weight 参数，可以传递给它一个字典，字典中以键值对的形式规定每类样本的权重，这样，模型在训练时会将这个权重应用到最后的损失函数计算的损失值上，这样不同类的样本对模型的学习影响程度不同，进而达到平衡数据的目的。本案例计算 class_weight 的公式源于 sklearn 库计算类权重方法(https://scikit-learn.org/stable/modules/generated/sklearn.utils.class_weight.compute_class_weight)，计算公式为 num_total / (num_class×num_each)，num_total 为数据的总数，num_class 为类别的种类数，num_each 为每种类别数据的个数。因此，可以继续写入下面的代码。

```
#创建类权重,避免不平衡数据对模型训练产生不良影响
benignCount = len(os.listdir('./Data/benign'))
malignantCount = len(os.listdir('./Data/malignant'))
benignWeight = (benignCount + malignantCount) / (benignCount * 2)
malignantWeight = (benignCount + malignantCount) / (malignantCount * 2)
classWeight = {0: benignWeight, 1: malignantWeight}
#训练的第一阶段,基础模型没有被训练
initialEpochs = 30
historyInitial = model.fit(
    trainDs, epochs = initialEpochs, validation_data = valDs, class_weight =
classWeight)
```

本案例使用模型的 fit()方法训练了 30 轮次，会返回一个名为 historyInitial 的 History 对象。该对象中包含了训练参数字典(historyInitial.params)、轮次列表(historyInitial.epoch)，以及每个 epoch 的损失值和指标值的字典(historyInitial.history)等。第 30 轮训练结束后输出的结果为

```
Epoch 30/30
20/20 [==============================] - 9s 433ms/step - loss: 0.5648 -
accuracy: 0.7825 - val_loss: 0.5462 - val_accuracy: 0.8067
```

可以发现，模型在验证集上已经有了 80.67%的准确率。不过，依然可以依据迁移学习的原理，通过微调的方式进一步提高模型的性能。将基础模型靠后的 20%的层设置成可训练，并且将学习率调小，防止基础模型良好的权重被破坏。然后调用 historyInitial 的轮次列

表使得模型从第 31 轮开始训练。

```
#将基础模型的 80%层以后的层设置成可训练的状态
baseModel.trainable = False
fineTuneAt = int(0.8 * len(baseModel.layers))
for layer in baseModel.layers[fineTuneAt:]:
    layer.trainable = True
#编译模型,调节学习率和训练数据集循环次数
tuneEpochs = 50
totalEpochs = initialEpochs + tuneEpochs
model.compile(loss = tf.keras.losses.BinaryCrossentropy(from_logits=True), \
    optimizer = tf.keras.optimizers.Nadam(learning_rate = baseLearningRate / 100),\
    metrics = ['accuracy'])
historyTune = model.fit(trainDs, epochs = totalEpochs,\
    initial_epoch = historyInitial.epoch[-1] + 1,\
    validation_data = valDs, class_weight = classWeight)
```

微调 50 epoch,并且将学习率变为原来的百分之一。下面是模型第 80 轮时的训练结果。

```
Epoch 80/80
20/20 [==============================] - 8s 425ms/step - loss: 0.5496 -
accuracy: 0.8000 - val_loss: 0.5463 - val_accuracy: 0.8067
```

上面就是黑色素瘤图像识别的所有程序算法。由于本案例只固定了数据集的随机数种子,而模型靠近输出的几层参数会随机初始权重,因此读者模型训练的结果可能和上面的结果有些差异。

若完全理解了上述程序及其运行结果,读者还可以从如下几个方面尝试进一步提高分类效果。

- 使用更好的 class_weight 的算法改进数据的不平衡问题;
- 改用其他的预训练模型;
- 使用其他的优化器和学习率;
- 设计新型的模型更好地拟合这个数据集。

10.2.5　黑色素瘤图像识别程序

1. 程序说明

- 数据说明

本程序包含一个“数据”文件夹,其下含有一个压缩文件 ISBI2016_ISIC_Part3_Training_Data.zip 和一个数据文件 ISBI2016_ISIC_Part3_Training_GroundTruth.csv。ISBI2016_ISIC_Part3_Training_Data.zip 文件包含 900 幅疾病图像,其中的数据来源于 International Skin Imaging Collaboration (ISIC)挑战赛,该挑战赛的目标是改善黑色素瘤的诊断,自 2016 年起每年都会举办,本案例仅使用 2016 年挑战赛的第三个任务“病变分类”。ISBI2016_ISIC_Part3_Training_GroundTruth.csv 是图像对应的标签数据,该文件共有两列,第一列字符串表示一个图像的文件名,第二列字符串表示该图像对应的黑色素瘤是

benign(良性的)还是 malignant(恶性的)。

- 建立新环境,安装第三方库

运行本程序需要安装的第三方库主要有 numpy、pandas 和 tensorflow,相关操作步骤如下。

第一步:创建新环境 myTensorFlow

在“开始”菜单选择 Anaconda prompt(Anaconda)单击,打开窗口;然后输入命令行:

```
conda create -n myTensorflow python=3.8
```

第二步:激活环境,输入命令行:

```
conda activate myTensorflow
```

第三步:安装第三方库,输入命令行:

```
pip install numpy
pip install pandas
pip install tensorflow==2.6.0
```

第四步:打开 anaconda,进入新建环境,并安装 Spyder。

- 关于注释代码

程序共有 auxiliary.py 和 main.py 两个源文件。auxiliary.py 主要用于数据预处理,运行后会出现两个新的文件目录,分别为 Cache 和 Data,其中 Cache 是一个空的文件夹,Data 里面包含 benign 和 malignant 两个子文件;main.py 则用于建立分类模型。

2. 源程序

- 数据预处理(auxiliary.py)

```
#导入需要的库,其中 shutil 库用于文件相关的操作
import os
import shutil
import numpy as np
import pandas as pd

#创建目录
def makeDir(path):
    if not os.path.exists(path):
        os.mkdir(path)
#按字典 imageLabel 中存储的图片的标签,将路径 path 下的图片复制到不同文件目录
def moveFile(path, imageLabel):
    imageList = os.listdir(path)
    dataDir = './Data'
    makeDir(dataDir)
    for image in imageList:
        imageName = os.path.splitext(image)[0]
        outDir = os.path.join(dataDir, imageLabel[imageName])
        makeDir(outDir)
```

```
        outPath = os.path.join(outDir, image)
        fullPath = os.path.join(path, image)
        shutil.copyfile(fullPath, outPath)
#读取数据文件和标签文件,执行分类操作,并创建数据缓存文件目录
if __name__ == '__main__':
    imageLabel = pd.read_csv(
        "./数据/ISBI2016_ISIC_Part3_Training_GroundTruth.csv",
        names=["image", "label"])
    imageLabel = dict(np.array(imageLabel))
    path = './数据/ISBI2016_ISIC_Part3_Training_Data'
    moveFile(path, imageLabel)
    cacheDir = './Cache'
    makeDir(cacheDir)
    print("预处理完成.")
```

- 分类模型(main.py)

```
#导入 TensorFlow 和其他库
import tensorflow as tf
import pathlib
import os
os.environ["TF_CPP_MIN_LOG_LEVEL"] = '2'
if __name__ == '__main__':
    #数据目录,图像大小
    dataDir = pathlib.Path('./Data')
    imageSize = (224, 224)
    #根据可用的 CPU 数量进行动态设置,并行调用 CPU 的数量
    autoTune = tf.data.AUTOTUNE
    trainDs = tf.keras.preprocessing.image_dataset_from_directory(\
        dataDir, validation_split=0.3, subset="training",\
        image_size=imageSize, seed=123)
    valDs = tf.keras.preprocessing.image_dataset_from_directory(\
        dataDir, validation_split=0.3, subset="validation",\
        image_size=imageSize, seed=123)
    #将验证集的一部分划分成测试集,cardinality()函数返回数据集的基数
    valBatches = tf.data.experimental.cardinality(valDs)
    testDs = valDs.take(valBatches // 5)
    valDs = valDs.skip(valBatches // 5)
    #进行数据集的缓存和预取,这些操作可以提高数据流水线的性能
    trainDs = trainDs.cache(
        filename='./Cache/trainCache.tf-data').prefetch(buffer_size=autoTune)
    valDs = valDs.cache(
        filename='./Cache/valCache.tf-data').prefetch(buffer_size=autoTune)
    testDs = testDs.cache(
        filename='./Cache/testCache.tf-data').prefetch(buffer_size=autoTune)
    baseModel = tf.keras.applications.MobileNetV3Small(\
```

```
    input_shape=imageSize + (3,), include_top=False,weights='imagenet')
#将预训练基础模型设置成不可训练,并创建 model
baseModel.trainable = False
dataAugmentation = tf.keras.models.Sequential([
    tf.keras.layers.experimental.preprocessing.RandomFlip('horizontal_and_
vertical'),\
        tf.keras.layers.experimental.preprocessing.RandomRotation(0.2),])
inputs = tf.keras.Input(shape=imageSize + (3,))
x = dataAugmentation(inputs)
x = tf.keras.applications.mobilenet_v3.preprocess_input(x)
x = baseModel(x, training=False)
x = tf.keras.layers.GlobalAveragePooling2D()(x)
x = tf.keras.layers.Dropout(0.2)(x)
outputs = tf.keras.layers.Dense(1)(x)
model = tf.keras.Model(inputs, outputs)
#编译模型
baseLearningRate = 0.0001
model.compile(loss=tf.keras.losses.BinaryCrossentropy(from_logits=True),\
            optimizer=tf.keras.optimizers.Nadam(\
            learning_rate=baseLearningRate), metrics=['accuracy'])
#创建类权重,避免不平衡数据对模型训练产生不良影响
benignCount = len(os.listdir('./Data/benign'))
malignantCount = len(os.listdir('./Data/malignant'))
benignWeight = (benignCount + malignantCount) / (benignCount * 2)
malignantWeight = (benignCount + malignantCount) / (malignantCount * 2)
classWeight = {0: benignWeight, 1: malignantWeight}
#训练的第一阶段,基础模型没有被训练
initialEpochs = 30
historyInitial = model.fit(trainDs, epochs=initialEpochs,\
    validation_data=valDs, class_weight=classWeight)
#将基础模型的 80%层以后的层设置成可训练的状态
baseModel.trainable = False
fineTuneAt = int(0.8 * len(baseModel.layers))
for layer in baseModel.layers[fineTuneAt:]:
    layer.trainable = True
#编译模型,调节学习率和训练数据集循环次数
tuneEpochs = 50
totalEpochs = initialEpochs + tuneEpochs
model.compile(loss=tf.keras.losses.BinaryCrossentropy(from_logits=True),\
    optimizer=tf.keras.optimizers.Nadam(
    learning_rate=baseLearningRate / 100), metrics=['accuracy'])
historyTune = model.fit(trainDs, epochs=totalEpochs,
    initial_epoch=historyInitial.epoch[-1] + 1,\
    validation_data=valDs, class_weight=classWeight)
model.evaluate(trainDs)
```

```
model.evaluate(valDs)
model.evaluate(testDs)
imageBatch, labelBatch = testDs.as_numpy_iterator().next()
predictions = model.predict_on_batch(imageBatch).flatten()
predictions = tf.nn.sigmoid(predictions)
predictions = tf.where(predictions < 0.5, 0, 1)
print('Predictions:\n', predictions.numpy())
print('Labels:\n', labelBatch)
```

3. 运行示例

用模型分别评估训练集、验证集和测试集，最终结果分别为 0.7968、0.8067、0.8750，由于测试集数据较少，因此准确率与训练集和验证集有较大的出入。运行程序后，结果如下。

```
20/20 [==============================] - 5s 247ms/step - loss: 0.5155 -
accuracy: 0.7968
8/8 [==============================] - 2s 234ms/step - loss: 0.5463 -
accuracy: 0.8067
1/1 [==============================] - 0s 289ms/step - loss: 0.5196 -
accuracy: 0.8750
```

使用二分类模型的输出预测类别的方法（大于或等于 0.5，输出 1；小于 0.5，输出 0）预测全部测试集的标签，并与真正的标签比较，结果如下。

```
Predictions:
 [0 1 0 0 0 0 1 0 0 1 0 0 0 0 0 0 0 1 0 0 0 1 0 0 1 0 1 0 0 0 0 1]
Labels:
 [0 1 0 0 1 0 1 0 0 0 0 0 0 0 0 0 0 1 0 0 0 0 0 0 0 0 0 0 1 0 1 0 0]
```

10.3 案例 24：基于自然语言处理技术的电子病历实体识别

本节包括以下几方面内容。

① 自然语言处理技术简介；

② 使用自然语言处理技术进行文本分类简单示例；

③ 中文电子病历命名实体识别算法；

④ 中文电子病历命名实体识别程序。

10.3.1 自然语言处理技术简介

通常，自然语言指的是人类进行交流所使用的语言，如汉语、英语等。与之相对的是“机器语言”。机器语言是指人类按照一定的规律，将一系列二进制数字编制成对机器有意义的指令的集合，这是机器才能理解的一门语言。机器语言是一种“硬语言”，而自然语言是“软语言”。这里的“软”是指意思和形式会灵活变化，如含义相同的话，可以有不同的表述方式，或者一句话可以理解成不同的含义。因此，让“头脑僵硬”的计算机理解自然语言，使用常规方法是无法办到的。

自然语言处理(Natural Language Processing,NLP),便是致力于研究如何使计算机理解自然语言的一项技术,其主要研究如何构建表示语言能力和语言应用的模型,并使用计算框架实现这样的语言模型。自然语言处理主要包括两个方向:自然语言理解和自然语言生成。自然语言理解研究如何使计算机理解自然语言文本的含义;自然语言生成是指如何让计算机的输出表现为自然语言。目前,自然语言处理已涉及多个子领域,如文本分类、信息抽取、文本翻译等,但是它们的根本任务都是让计算机理解人类语言。

在自然语言处理的对象中,文本是最常见的数据。使用计算机处理文本时,需要将它分解为单词,或是由单词组成的句子。在文本中,被划分的每个单词称为标记,而文本划分为标记的这一过程称为分词。然后,需要将每个标记表示为数值的形式,通常用一个一维向量表示,所以这个过程也被称为文本向量化。图 10.15 展示了一个文本向量化的过程。

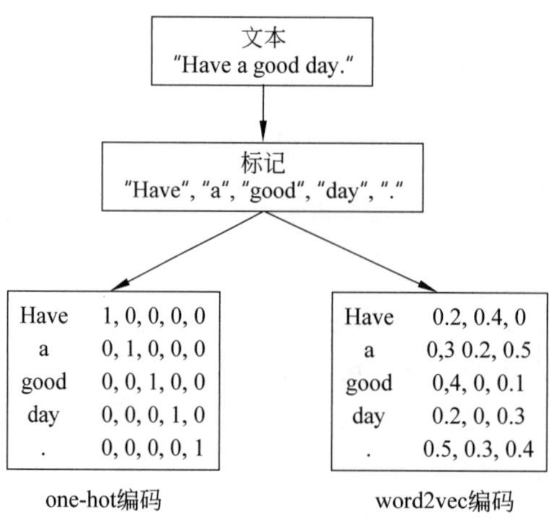

图 10.15 一个文本向量化的过程

文本向量化的方法有很多,最直接的方法是 one-hot 编码。该方法将每个单词转换为一个很长的向量,向量的维度是词表的大小。从第一个词开始,分别将当前词对应的维度值设为 1,其余维度值设为 0。如图 10.15 所示,词表中一共有 5 个单词,因此,每个单词的 one-hot 编码都是 1×5 的向量,每个向量仅在一个维度上取值为 1。这是一种非常简洁的表示方法,但是它也存在两个明显的缺点:一是向量维度的大小取决于词表中单词的多少,现实中的文本往往包含成千上万个句子,如果将每个词对应的向量合为一个矩阵,会形成一个非常庞大的稀疏矩阵;二是任意两个词之间都是孤立的,无法表示出在语义层面上词与词之间的相关信息。

那么,有没有一种方法可以对 one-hot 编码进行降维,同时还可以将词与词之间的关系写入编码呢? word2vec 编码实现了这一思想。word2vec 是指将文本中的词语(word)转换成向量(vector),这是一种密集的词向量表示方法。该方法将单词的表示从稀疏、高维的空间嵌入密集、低维的空间,所以这种方法也被称为词嵌入。word2vec 编码是基于神经网络实现的,根据实际的 NLP 的任务,在模型的架构中加入词嵌入层,通过对模型的学习与训练完成词向量的合理表示。训练开始前,嵌入层会随机生成一组权重信息,在训练过程中,通过不断学习文本中词与词之间的语义关系,这些权重会不断调整。在训练结束后,这些权重就形成了适用于当前任务的 word2vec 编码。显然,能用于学习的语料库越充分,越有可能构建出完成预测任务的 word2vec 编码。需要注意的是，即便是使用同一语料库进行学习，当预测任务不同时，构建出的 word2vec 编码也可能很不相同。

图 10.16 是一个二维空间中的词嵌入示例。在这个空间里，每个单词用一个坐标表示。对于最初的嵌入空间，各单词在空间中的分布是随机的，如图 10.16(a)所示。通过不断学习文本中词与词之间的语义关系，各单词在空间中的分布逐渐呈现出一定的特征，这些特征可以反映出语料库中词与词之间的关系。图 10.16(b)是一个训练好的词嵌入空间。在这个空间中，从 cat 到 tiger 的向量与从 dog 到 wolf 的向量距离相等，这个距离可以被解释为“从宠物到野生动物”之间的关系。同样，从 dog 到 cat 的距离与从 wolf 到 tiger 的距离也相等，这可以被解释为“从犬科到猫科”之间的关系。

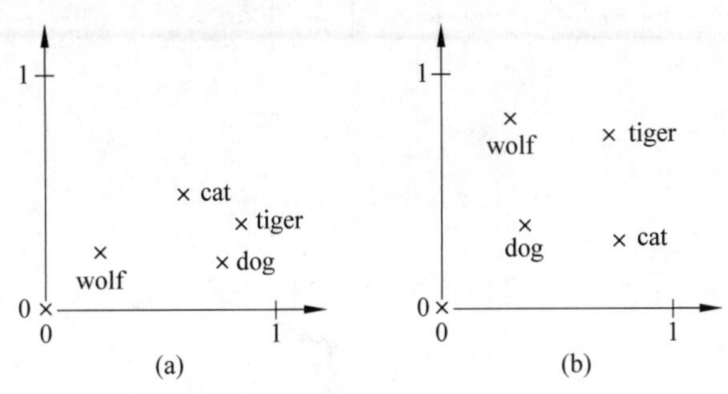

图 10.16　词嵌入空间的简单示例

是否存在一个理想的词嵌入空间，能够很好地映射自然语言，同时适用于各种自然语言处理的场景？可能存在，但目前尚未发现。在现实场景中，语言作为特定环境和文化下的一种表达，有不同的种类和结构。因此，更实际的情况是，词嵌入空间取决于特定的文本任务。所以，合理的做法是对每个新任务都学习一个新的嵌入空间。不过，如果可用于学习的语料库不充分，也可以使用预训练好的词嵌入层，这就如同在“黑色素瘤识别”案例中使用预训练网络一样。

tf.keras 提供了 Embedding 类实现词嵌入，可以通过实例化一个 Embedding 类构建一个词嵌入层，代码如下。

```
from tensorflow.keras.layers import Embedding
embedding = Embedding(input_dim=len(corpus), output_dim=3)
```

需要指定两个参数的值：一个是输入维度的大小 input_dim，这对应语料库 corpus 中单词的个数，此处省略了语料库的构建步骤；另一个是 output_dim，表示词向量的维度，要求其值小于 input_dim，这样才能起到将高维、稀疏的 one-hot 矩阵嵌入一个低维、密集空间的作用。这里的 output_dim 参数设置为 3。

对于自然语言处理任务(比如文本分类)来说，加入 Embedding 层仅实现了将文本进行分词，并把每个词转换成适合神经网络处理的向量，而且初始时这些词向量是完全随机的，无法表示文本语义。因此，还需要在词嵌入层后面添加能抽取文本语义特征的网络。之前学过的全连接网络和卷积神经网络有一个共同的特点，就是这两个网络都没有“记忆”。它们每次单独处理输入，不同的输入之间没有关联。这对文本数据来说并不是一个理想的情况。这就好比阅读一篇文章时，如果随机地一个单词一个单词，或是一个字一个字地看，是很难看懂这篇文章的意思的。通常，读者需要按照顺序，逐字逐句地阅读，并记住已经看过的内容。循环神经网络(Recurrent Neural Network,RNN)的设计便是基于这种思想。“循环”表示反复并持续。从某个地点出发，经过一定时间又回到这个地点，然后重复进行，相当于一个“环路”，这就是“循环”一词的含义。RNN 的特征就在于拥有这样一个环路，这个环路可以使数据不断循环。通过循环，RNN 一边记住过去的数据，一边更新新来的数据。RNN 层循环地展开如图 10.17 所示。

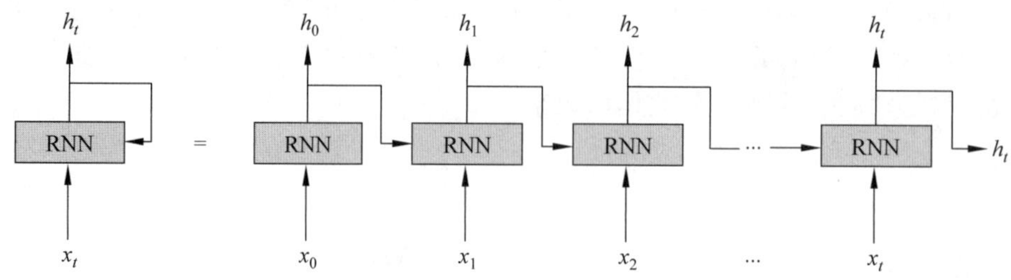

图 10.17 RNN 层循环地展开

图 10.17 右侧是展开的 RNN 层的循环，这里将其转化成了从左向右延伸的长神经网络。需要注意的是，这里多个 RNN 层都是“同一个层”。若想深入了解 RNN 的原理，请阅读参考文献。

在 tf.keras 中可以通过实例化 tf.keras.layers.simpleRNN 类构建 RNN 层。不过，在实际中，目前已经很少用到 simpleRNN，因为它的结构较为简单。在许多情况下，简单的 RNN 都无法很好地学习到时序数据的长期依赖关系。为解决这个问题，人们提出了诸多带有“门”结构的 RNN，其中具有代表性的有 LSTM 和 GRU。LSTM 是 Long Short-Term Memory(长短期记忆)的缩写，意思是可以长时间维持短期记忆。LSTM 增加了一种携带信息跨越多个时间步的方法，从而可以保存信息以便后面使用，防止靠前的信号在处理过程中逐渐消失。相比于普通 RNN，LSTM 在长序列中往往有更好的表现。在 tf.keras 中可以通过实例化 tf.keras.layers.LSTM 类构建 LSTM 层。

10.3.2 使用自然语言处理技术进行文本分类简单示例

下面通过一个简单示例讲解如何利用 tf.keras 中的 Embedding 层和 LSTM 层完成 NLP 任务。该示例使用了 tf.keras 的内置数据集 imdb。该数据集包含来自互联网电影数据库的 50 000 条严重两极分化的评论，其中 25 000 条评论用于训练，25 000 条评论用于测试。训练集和测试集都包含 50%的正面评论和 50%的负面评论，正面评论的标签为 1，负面评论的标签为 0。该数据集已经过如下的预处理：原始的评论(即英文单词序列)已被转换成整数序列，其中每个整数代表该数据集语料库中的某个单词。

新建 Python 源文件 quickstart.py，在其中写入如下代码，可以读取并观察数据集：

```
from tensorflow.keras.datasets import imdb
(trainData, trainLabels), (testData, testLabels) = imdb.load_data(num-Words=10000)
print(trainData[0], trainLabels[0])                #观察第一个训练样本的数据和标签
for i in range(20):                                #观察前 20 个训练样本的数据长度
    print(len(trainData[i]))
```

执行上述代码,可以看到,第一个训练样本的数据是一个整数序列,其标签为 1;前 20 个训练样本的数据长度并不相同。继续写入如下代码,可以把第一个训练样本的数据转换为单词序列(即解码为原始的评论)。

```
wordIndex = imdb.get_word_index()                    #从数据库中导入词表字典
indexWord = dict((value, key) for key, value in wordIndex.items())
review = ' '.join(indexWord.get(i-3, '? ') for i in trainData[0])
print(review)
```

上面的代码中,wordIndex 是一个将单词映射为整数索引号的字典,是该数据集的语料库-词表;而 indexWord 则是将整数索引号反过来映射成单词的字典。因为 imdb 数据集中,单词的索引号是从 3 开始的,整数索引号 0,1,2 另有特殊含义,因此,在将整数序列解码成单词序列的时候,其索引号值应减去 3。对于不在词表的未知词,用'? '表示。

由于每条评论的长短不同,因此,在将表示评论的整数序列数据输入模型时,还需要将这些序列的长度统一。tf.keras 提供了一种处理方法,用 0 填充较短的序列,截断较长的序列,从而达到一致的要求。具体代码如下。

```
from tensorflow.keras.preprocessing.sequence import pad_sequences
trainData = pad_sequences(trainData, maxlen=50)
testData = pad_sequences(testData, maxlen=50)
```

方法 pad_sequences()的参数 maxlen 就指定了结果序列的长度。当序列长度不足 maxlen 时,默认在序列前端补 0;当序列长度超过 maxlen 时,默认截掉序列前端的多余内容。

接下来就可以搭建、训练、测试网络模型了。继续写入如下代码。

```
from tensorflow.keras.models import Sequential
from tensorflow.keras.layers import Embedding, LSTM, Dropout, Dense
#搭建模型
model = Sequential()
model.add(Embedding(10000, 8))
model.add(LSTM(16))
model.add(Dropout(0.5))
model.add(Dense(1))
#编译模型
model.compile(optimizer='rmsprop', loss='binary_crossentropy', \
metrics='accuracy')
#训练模型
history = model.fit(trainData, trainLabels, \
    validation_split=0.2, batch_size=128, epochs=20)
#测试模型
model.evaluate(testData, testLabels)      #此处采取 batch_size 的默认值 32
```

该网络共有 4 层: 1 个 Embedding 层作为输入层,用于对单词进行编码嵌入;一个 LSTM 层用于提取文本向量的特征;一个 Dropout 层用于提升模型的泛化能力;对于二分类问题,最后使用只含一个神经元的全连接层得到分类结果。感兴趣的读者可以用 summary()

方法查看模型的结构及参数数量。

接下来，使用 compile()函数编译模型。对于二分类问题，使用 binary_crossentropy 作为损失函数，使用 rmsprop 优化器，用准确率作为性能评价指标。之后使用 fit()函数训练模型，用 evaluate()函数评估模型的效果，结果如下。

```
Epoch 20/20
157/157 [==============================] - 3s 20ms/step - loss: 0.4126 -
accuracy: 0.8856 - val_loss: 0.6480 - val_accuracy: 0.7990
782/782 [==============================] - 2s 2ms/step - loss: 0.6287 -
accuracy: 0.8076
```

可以看到，模型在测试集上的分类准确率为 80.76%。利用 tf.keras，仅通过短短几行代码，就取得了较好的文本分类效果。在这个例子中，数据集中的数据已经提前预处理好了。但是，在实际应用中，可能需要花费大量的精力在数据的预处理上，将数据准备成可以直接输入模型的格式。此外，对于更加困难的自然语言处理问题，特别是问答和机器翻译，还需要尝试不同的超参数，使得 LSTM 能发挥出其最大的优势。

10.3.3 中文电子病历命名实体识别算法

医院中的电子病历主要用来记录患者过往病史、所患疾病及症状表现、体征检查数据、诊疗意见及治疗效果等一系列与患者健康状况相关的重要信息。基于电子病历的文本信息抽取，能充分挖掘患者诊疗数据中的隐含特征和病症关联关系。

高效准确的命名实体识别，是电子病历文本信息抽取的关键。命名实体识别属于序列标注问题，也是信息抽取中的一项基本任务。命名实体识别的过程，便是根据输入的句子预测其标注序列的过程。它根据预定义的实体类别，将文本中的实体抽取出来，并且判断其在上下文中的类型。命名实体识别常使用 BIO 标注模式。在 BIO 模式中，B 代表命名实体的开始(Begin)；I 代表在命名实体之中(Inside)；O 表示该词是命名实体之外(Outside)的词，即该词不属于预定义的任何实体类别。

图 10.18 是使用 BIO 模式对某份电子病历中的部分内容进行标注的示例。对句子“右手外伤后疼痛伴头晕 1 天于 2016-09-04 收入院”识别并标注其中的 5 种实体类别：身体部位(BODY)、症状和体征(SIGNS)、疾病实体(DISEASE)、医学检查(CHECK)、治疗方式(TREATMENT)。如图 10.18 所示，可以得到其标注序列为[BODY-B，BODY-I，O，O，O，SIGNS-B，SIGNS-I，O，SIGNS-B，SIGNS-I，O，O，O，O，O，O，O，O，O，O，O，O，O，O，O，O，O，O，O]。

案例	标注结果
右手外伤后疼痛伴头晕1天于2016-09-04收入院	右 (BODY-B) 手 (BODY-I) 外 (O) 伤 (O) 后 (O) 疼 (SIGNS-B) 痛 (SIGNS-I) 伴 (O) 头 (SIGNS-B) 晕 (SIGNS-I) 1 (O) 天 (O) 于 (O) 2 (O) 0 (O) 1 (O) 6 (O) - (O) - (O) 0 (O) 9 (O) - (O) - (O) 0 (O) 4 (O) (O) 收 (O) 入 (O) 院 (O)

图 10.18 BIO 模式命名实体标注

从这个例子中可以看到，对中文文本进行命名实体识别，本质上是一个对文本中的汉字进行分类的问题。对于本例,采用 BIO 标注,实际上需要将文本中的字符分成{ BODY-B, BODY-I, SIGNS-B, SIGNS-I, DISEASE-B, DISEASE-I, CHECK-B, CHECK-I, TREATMENT-B, TREATMENT-I, O}共 11 类。因此,对中文电子病历进行命名实体识别,首先要明确命名的实体种类以及标注模式,然后对文本进行预处理,使其以合适的格式输进深度学习算法模型,模型通过对训练文本的学习,习得命名实体的抽取规则,从而实现对未知的测试文本的标注。

本案例使用的数据来源于 CCKS2018(全国知识图谱与语义计算大会)中文电子病历比赛中提供的部分电子病历数据。该电子病历数据被组织成 4 个文件夹:一般项目、病史特征、诊疗过程、出院情况。每个目录下有原始文本数据文件(*.txtoriginal.txt)及其对应的标注结果文件(*.txt)。两者通过文件名一一对应。

本案例期望训练并建立一个深度学习模型,该模型能对任何一个输入的中文序列,得到其对应的 BIO 命名实体标注序列。为了简单起见,仅考虑如下 5 种实体类型:身体部位、症状和体征、疾病实体、医学检查、治疗方式。要想达到这个目标,需要完成如下 4 项工作。

① 训练集和测试集样本划分与准备:复制原始数据集中每个目录下的前 200 份样本作为训练集,后 100 份样本作为测试集。

② 知识库的建立:根据训练集中原始的病历文本数据和其对应的命名实体标注信息文件,构建"字符—标注"知识语料库。

③ 输入机器学习模型的数据及标签的准备:以句子为单位,将文本及其对应的标注序列转换成能被机器识别的数字序列,并且统一长度,转换为适合深度学习模型的输入数据及标签。

④ 搭建、训练与测试深度学习模型。

下面按照这 4 部分介绍本案例的实现算法。

1. 训练集和测试集样本划分与准备

将数据目录中的前 200 份样本作为训练集构建预测模型,后 100 份样本作为测试集评估模型性能。因此,分别建立 trainData 和 testData 文件夹,在这两个文件夹下依次建立一般项目、病史特征、诊疗过程、出院情况 4 个子文件夹。然后把数据文件夹中的每个 *.txt 以及其对应的 *.txtoriginal.txt 文件复制至 trainData 或 testData 相应的子文件夹中。由于个别目录下文件数目不完整,因此可以使用 try/except 处理可能出现的异常情况。实现这部分功能的代码如下。

```
import os
import shutil
os.environ['TF_CPP_MIN_LOG_LEVEL']='2'

originData, trainData, testData = '数据', 'trainData', 'testData'
dirs = os.listdir(originData)
for fold in dirs:
    srcDir = os.path.join(originData, fold)
    trainDir = os.path.join(trainData, fold)
    testDir = os.path.join(testData, fold)
    for num in range(1, 301):
```

```
        destDir = trainDir if num <= 200 else testDir
        if not os.path.exists(destDir):
            os.makedirs(destDir)
        srcTxt = os.path.join(srcDir, '{}-{}.txt'.format(fold, num))
        srcTxtOriginal = os.path.join(srcDir,'{}-{}.txtoriginal.txt'.format
(fold,num))
        destTxt = os.path.join(destDir, '{}-{}.txt'.format(fold, num))
        destTxtOriginal = os.path.join(destDir,'{}-{}.txtoriginal.txt'.format
(fold,num))
        try:
            shutil.copyfile(srcTxt, destTxt)
            shutil.copyfile(srcTxtOriginal, destTxtOriginal)
        except FileNotFoundError:
            pass
```

2. 知识库的建立

根据原始的病历文本和其对应的命名实体标注信息文件，将病历文本中的字符一一进行 BIO 标记，打上类别标签。本案例对训练集和测试集中的原始病历文本文件依次进行处理，并将标记的结果分别存放在 train.txt 和 test.txt 文件中。在这两个文件中，每一行记录一个字符及其对应的标记（用制表符隔开），其实现代码如下。

```
def transferData(dataDir, textDir):
    labelDict = {
        '检查和检验': 'CHECK',
        '症状和体征': 'SIGNS',
        '疾病和诊断': 'DISEASE',
        '治疗': 'TREATMENT',
        '身体部位': 'BODY'}
    with open(textDir, 'w+', encoding='utf-8') as fo:
        for root, dirs, files in os.walk(dataDir):
            for file in files:
                dataPath = os.path.join(root, file)
                if 'original' not in dataPath:
                    continue
                labelPath = dataPath.replace('.txtoriginal', '')
                with open(dataPath, encoding='utf-8') as f:
                    content = f.read().strip()
                resDict = {}
                with open(labelPath, encoding='utf-8') as f:
                    for line in f:
                        res = line.strip().split('\t')
                        start, end, label = int(res[1]), int(res[2]), res[3]
                        label = labelDict.get(label)
                        for i in range(start, end + 1):
                            resDict[i] = label + ('-B' if i == start else '-I')
```

```
                for idx, char in enumerate(content):
                    charLabel = resDict.get(idx, 'O')
                    fo.write(char + '\t' + charLabel + '\n')

trainTxt, testTxt = 'train.txt', 'test.txt'
transferData(trainData, trainTxt)
transferData(testData, testTxt)
```

在上述代码中,创建 labelDict 字典对实体类别进行中英文转换,因为在 CCKS2018 中文电子病历比赛中使用的是英文标注的评判结果,在这里保留这一过程。使用 os.walk 方法自顶向下遍历指定文件夹下的所有目录。root、dirs、files 分别指当前遍历所在的文件夹路径、该文件夹下所有的子文件夹、该文件夹下所有的文件。接着,打开并读取每个病历文件(*.txtoriginal.txt 文件)的内容 content,对其中的所有字符进行标注。具体方法是,创建 resDict 字典,并打开病历文件对应的实体信息文件,将标注为实体的汉字、实体出现的位置,以及实体对应的类别添加到字典中。随后打开对应的病历文件,依次将病历文件中的汉字按照字典对应的实体类别写入结果文件,若汉字不在字典中,则标记为"O"。

3. 输入深度学习模型的数据及标签的准备

此时,已经完成训练集和测试集的构建。到目前为止,前期准备工作已经基本完成。不过,将数据放入模型之前,需要将文本及其对应的标注序列转换成能被机器识别的符号(如数字)序列。此外,每次输入深入学习模型的序列,还应该具有相同的长度。因此,这里以句子为单位,将文本及其对应的标注序列转换成能被机器识别的数字序列,并且统一长度。这就需要构建词表,实现字符到数字的映射,同时需要定义类别字典,实现类别名称到数字标签的映射。

首先,写入如下代码,利用训练知识库文件 train.txt,构建训练用词表 wordDict,实现字符到数字的映射。

```
vocabs = {'UNK'}
with open('train.txt', 'rt', encoding='utf-8') as f:
    for line in f:
        line = line.strip().split('\t')
        if line:
            char = line[0]
            vocabs.add(char)
wordDict = {wd: idx for idx, wd in enumerate(list(vocabs))}
```

在上述代码中,定义集合类型的对象 vocabs 来存放知识库中的所有字符,利用集合的自动去重功能,可以避免字符重复出现,并以元素'UNK'表示未在字符表中的字符,这是因为词表 wordDict 只是基于训练集构建的,可能会有汉字仅出现在测试集中。在后面的标注过程中,这样的汉字将统一用'UNK'表示。

然后,定义类别字典,实现类别名称到数字标签的映射。

```
classDict = {
        'O': 0,
        'TREATMENT-I': 1,
```

```
        'TREATMENT-B': 2,
        'BODY-B': 3,
        'BODY-I': 4,
        'SIGNS-I': 5,
        'SIGNS-B': 6,
        'CHECK-B': 7,
        'CHECK-I': 8,
        'DISEASE-I': 9,
        'DISEASE-B': 10
        }
```

接下来，定义并调用 buildSamples()函数，分别以句子为单位，将文本序列及其标注序列转换成整数序列，统一长度，生成训练样本和测试样本。

```
from tensorflow.keras.preprocessing.sequence import pad_sequences
from tensorflow.keras import utils
import numpy as np

def buildSamples(dataTxt, wordDict, maxlen):
    xTotal, yTotal = [], []
    x, y = [], []
    with open(dataTxt, 'rt', encoding='utf-8') as f:
        for line in f:
            line = line.rstrip().split('\t')
            if not line:
                continue
            char = line[0]
            label = line[1]
            if not char:
                continue
            x.append(wordDict[char] if char in wordDict else 0)
            y.append(classDict[label])
            if char in '。?!?!':                    #当遇到句子结束符时
                xTotal.append(x)
                yTotal.append(y)
                x, y = [], []
    xTotal = pad_sequences(xTotal, maxlen)
    yTotal = pad_sequences(yTotal, maxlen)
    yTotal = np.expand_dims(yTotal, 2)
    yTotal = utils.to_categorical(yTotal)
    return xTotal, yTotal
maxlen = 150
xTrain, yTrain = buildSamples(trainTxt, wordDict, maxlen)
xTest, yTest = buildSamples(testTxt, wordDict, maxlen)
```

在 buildSamples()函数中，根据知识库 dataTxt、词表 wordDict 和类别字典 classDict，

逐行读取字符及其对应的标注，将文本对应的整数序列存储在列表 x 中，将其对应的数字标签序列存储在列表 y 中。当读完一个句子时，将列表 x 和 y 分别添进列表 xTotal 和 yTotal 中，随后清空 x 和 y，重新逐项读取下一个句子中的汉字。读取结束后，使用 pad_sequences 方法统一各个句子长度。最后，用 np.expand_dims() 方法扩充标签的维度，这里，可以将该方法理解成由行向量到列向量的转置。这也是模型所接受的形式。调用 buildSamples() 函数，并分别以 train.txt 或 test.txt 文件作为知识库，可以得到适合深度学习模型的数据及标签。

4. 模型搭建、训练与测试

到这里，已经完成数据的准备过程。下面使用 tf.keras 中的类构建神经网络。如图 10.19 所示，本案例设计的网络模型结构为：一层 Embedding 层，两层 LSTM 层，最后是输出类别的全连接层。在每个 LSTM 层中，加入 Dropout 层会降低过拟合的影响。

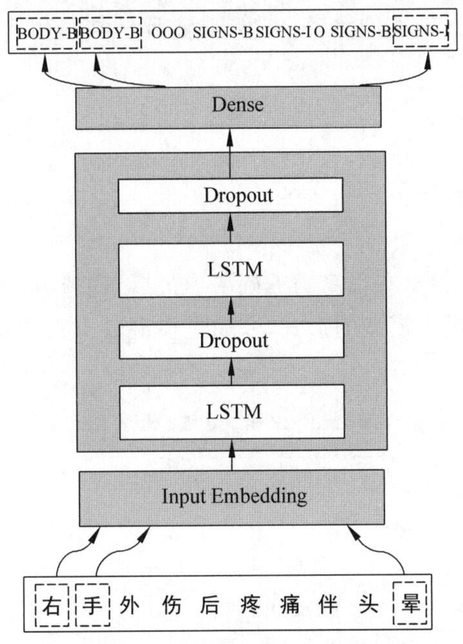

图 10.19　神经网络结构示意图

```
from tensorflow.keras.models import Sequential
from tensorflow.keras.layers import Embedding, LSTM, Dense, Dropout

numClasses = len(classDict)
vocabSize =len(wordDict)
#搭建模型
model = Sequential()
model.add(Embedding(vocabSize, 256))
model.add(LSTM(64, return_sequences=True))
model.add(Dropout(0.5))
model.add(LSTM(64, return_sequences=True))
model.add(Dropout(0.5))
```

```
model.add(Dense(numClasses, activation='softmax'))
model.compile('adam', loss='categorical_crossentropy', metrics='accuracy')
#训练模型
modelHistory = model.fit(np.array(xTrain), np.array(yTrain),
                         validation_split=0.3, batch_size=64, epochs=20)
#评估模型
result = model.evaluate(xTest, yTest)
```

在 tf.keras 中，LSTM 层的构造函数中有一个参数 return_sequences，当其值设为 False 时，LSTM 层仅返回最后一层最后一个步长的隐藏层输出（以图 10.17 为例，仅返回 h_t）；当其值设为 True 时，则返回最后一层的所有隐藏层输出（以图 10.17 为例，返回序列 $h_0 \sim h_t$）。在本例中，每个 LSTM 层的输入都是一个句子序列，输出则是句子对应的数字标注序列。所以，此处需要将 return_sequences 设为 True。

运行如上代码，经过 20 轮次训练后，模型训练、评估结果如下。

```
Epoch 20/20
66/66 [==============================] - 9s 130ms/step - loss: 0.0327 -
accuracy: 0.9915 - val_loss: 0.1589 - val_accuracy: 0.9665
58/58 [==============================] - 2s 28ms/step - loss: 0.1613 -
accuracy: 0.9668
```

可以看到，模型在测试集上有很高的准确率。最后，构造 testModel()函数，该函数将输入的任意文本转换成可以输入模型的形式，并通过模型输出其自动标注的结果。

```
def testModel(model, text, wordDict):
    x = [wordDict[c] if c in wordDict else 0 for c in text]
    x = pad_sequences(np.array([x]), maxlen)
    y = model.predict(x)[0][-len(text):]
    y2 = np.argmax(y, 1)
    labelDict = dict([val, key] for key, val in classDict.items())
    tags = [labelDict[i] for i in y2]
    chars = [c for c in text]
    res = list(zip(chars, tags))
    print(res)
```

testModel()函数有 3 个参数，分别是训练后的模型 model、预测内容 text，以及语料库 wordDict。在 testModel()函数中，先将预测内容中的字符串根据语料库 wordDict 转换成对应的整数序列。用 pad_sequences()函数统一长度后，输入模型进行预测。由于 pad_sequences 默认在文本前进行填充，所以只需要预测结果的后 len(text)个标注。因为模型最后的输出是 softmax 计算得到各类别的概率值，所以用 np.argmax()方法，取概率值最大的一类作为预测结果。最后，将各文字与预测类别放在一起输出。本案例提供了一个外部病历的部分内容，以及一个简单的句子作为测试，代码如下。

```
txt1 = '患者精神状况好,无发热,诉右髋部疼痛,饮食差,二便正常。右髋部压痛,右足背动脉搏动好,足趾感觉运动正常。'
testModel(model, txt1, wordDict)
```

```
txt2 = '他最近头痛,流鼻涕,估计是发烧了。'
testModel(model, txt2, wordDict)
```

读者也可以仿照上面的代码,提供一些文本输入到模型中,查看模型输出的结果。

10.3.4 中文电子病历命名实体识别程序

1. 程序说明

顺利运行本程序需要熟悉数据集,安装第三方库,还需要了解注释代码的用途。

- 数据说明

本程序包含一个"数据"文件夹,其中有 4 个文件:病史特点、出院情况、一般项目和诊疗经过。每个目录下存储,原始文本数据(*.txtoriginal.txt)及其对应的标注结果数据(*.txt),通过文件名一一对应。

- 建立新环境,安装第三方库

运行本程序需要安装的第三方库主要有 numpy 和 tensorflow,相关操作步骤如下。

第一步:创建新环境 myTensorflow

在"开始"菜单选择 Anaconda prompt(Anaconda)单击,打开窗口;然后输入命令行:

```
conda create -n myTensorflow python=3.8
```

第二步:激活环境,输入命令行:

```
conda activate myTensorflow
```

第三步:安装第三方库,输入命令行:

```
pip install numpy
pip install tensorflow==2.4.1
```

第四步:打开 anaconda,进入新建环境,并安装 Spyder。

- 关于注释代码

程序中包含一个 main.py 源文件。该文件主要用于数据的预处理,BIO 标注,以及模型的构建、训练和评估。

2. 源程序

```
#第一部分:划分训练集和测试集
from tensorflow.keras.layers import Embedding, LSTM, Dense, Dropout
from tensorflow.keras.models import Sequential
import numpy as np
from tensorflow.keras import utils
from tensorflow.keras.preprocessing.sequence import pad_sequences
import os
import shutil
os.environ['TF_CPP_MIN_LOG_LEVEL'] = '2'

originData, trainData, testData = '数据', 'trainData', 'testData'
dirs = os.listdir(originData)
```

```
for fold in dirs:
    srcDir = os.path.join(originData, fold)
    trainDir = os.path.join(trainData, fold)
    testDir = os.path.join(testData, fold)
    for num in range(1, 301):
        destDir = trainDir if num <= 200 else testDir
        if not os.path.exists(destDir):
            os.makedirs(destDir)
        srcTxt = os.path.join(srcDir, '{}-{}.txt'.format(fold, num))
        srcTxtOriginal = os.path.join(srcDir,'{}-{}.txtoriginal.txt'.format
(fold, num))
        destTxt = os.path.join(destDir, '{}-{}.txt'.format(fold, num))
        destTxtOriginal = os.path.join(destDir,'{}-{}.txtoriginal.txt'.format
(fold, num))
        try:
            shutil.copyfile(srcTxt, destTxt)
            shutil.copyfile(srcTxtOriginal, destTxtOriginal)
        except FileNotFoundError:
            pass

#第二部分:数据转换,BIO 标注
def transferData(dataDir, textDir):
    labelDict = {
        '检查和检验': 'CHECK',
        '症状和体征': 'SIGNS',
        '疾病和诊断': 'DISEASE',
        '治疗': 'TREATMENT',
        '身体部位': 'BODY'}
    with open(textDir, 'w+', encoding='utf-8') as fo:
        for root, dirs, files in os.walk(dataDir):
            for file in files:
                dataPath = os.path.join(root, file)
                if 'original' not in dataPath:
                    continue
                labelPath = dataPath.replace('.txtoriginal', '')
                with open(dataPath, encoding='utf-8') as f:
                    content = f.read().strip()
                resDict = {}
                with open(labelPath, encoding='utf-8') as f:
                    for line in f:
                        res = line.strip().split('\t')
                        start, end, label = int(res[1]), int(res[2]), res[3]
                        label = labelDict.get(label)
                        for i in range(start, end + 1):
                            resDict[i] = label + ('-B' if i == start else '-I')
```

```
            for idx, char in enumerate(content):
                charLabel = resDict.get(idx, 'O')
                fo.write(char + '\t' + charLabel + '\n')


trainTxt, testTxt = 'train.txt', 'test.txt'
transferData(trainData, trainTxt)
transferData(testData, testTxt)

#第三部分:输入机器学习模型的数据及标签的准备
#以句子为单位,将文本及其对应的标注序列转换成能被机器识别的数字序列,并且统一长度
#构建训练用词表 wordDict,实现字符到数字的映射
vocabs = {'UNK'}                    #利用集合的去重功能,生成训练集中所有词的集合 vocabs
with open('train.txt', 'rt', encoding='utf-8') as f:
    for line in f:
        line = line.strip().split('\t')
        if line:
            char = line[0]
            vocabs.add(char)
wordDict = {wd: idx for idx, wd in enumerate(list(vocabs))}
#定义类别字典,实现类别名称到数字标签的映射
classDict = {
    'O': 0,
    'TREATMENT-I': 1,
    'TREATMENT-B': 2,
    'BODY-B': 3,
    'BODY-I': 4,
    'SIGNS-I': 5,
    'SIGNS-B': 6,
    'CHECK-B': 7,
    'CHECK-I': 8,
    'DISEASE-I': 9,
    'DISEASE-B': 10
}
#将汉字及标注序列转换成整数序列,并以句子为单位,统一长度,作为样本返回
def buildSamples(dataTxt, wordDict, maxlen):
    xTotal, yTotal = [], []
    x, y = [], []
    with open(dataTxt, 'rt', encoding='utf-8') as f:
        for line in f:
            line = line.rstrip().split('\t')
            if not line:
                continue
            char = line[0]
            label = line[1]
            if not char:
```

```
                continue
            x.append(wordDict[char] if char in wordDict else 0)
            y.append(classDict[label])
            if char in '。?!?!':                        #当遇到句子结束符时
                xTotal.append(x)
                yTotal.append(y)
                x, y = [], []
    xTotal = pad_sequences(xTotal, maxlen)
    yTotal = pad_sequences(yTotal, maxlen)
    yTotal = np.expand_dims(yTotal, 2)
    yTotal = utils.to_categorical(yTotal)
    return xTotal, yTotal
maxlen = 150
xTrain, yTrain = buildSamples(trainTxt, wordDict, maxlen)
xTest, yTest = buildSamples(testTxt, wordDict, maxlen)

#第四部分:神经网络模型的构建、训练与评估
numClasses = len(classDict)
vocabSize = len(wordDict)
#搭建模型
model = Sequential()
model.add(Embedding(vocabSize, 256))
model.add(LSTM(64, return_sequences=True))
model.add(Dropout(0.5))
model.add(LSTM(64, return_sequences=True))
model.add(Dropout(0.5))
model.add(Dense(numClasses, activation='softmax'))
model.compile('adam', loss='categorical_crossentropy', metrics='accuracy')
#训练模型
modelHistory = model.fit(np.array(xTrain), np.array(yTrain),
                         validation_split=0.3, batch_size=64, epochs=20)
#评估模型
result = model.evaluate(xTest, yTest)
#将输入的任意文本转换成可以输入模型的形式,并通过模型输出预测结果
def testModel(model, text, wordDict):
    x = [wordDict[c] if c in wordDict else 0 for c in text]
    x = pad_sequences(np.array([x]), maxlen)
    y = model.predict(x)[0][-len(text):]
    y2 = np.argmax(y, 1)
    labelDict = dict([val, key] for key, val in classDict.items())
    tags = [labelDict[i] for i in y2]
    chars = [c for c in text]
    res = list(zip(chars, tags))
    print(res)
```

```
txt1 = '患者精神状况好,无发热,诉右髋部疼痛,饮食差,二便正常。右髋部压痛,右足背动脉搏动
好,足趾感觉运动正常。'
testmodel(model, txt1, wordDict)
txt2 = '他最近头痛,流鼻涕,估计是发烧了。'
testmodel(model, txt2, wordDict)
```

3. 运行示例

运行程序后,结果如下。

```
[('患', 'O'), ('者', 'O'), ('精', 'O'), ('神', 'O'), ('状', 'O'), ('况', 'O'), ('好',
'O'), (',', 'O'), ('无', 'O'), ('发', 'SIGNS-B'), ('热', 'SIGNS-I'), (',', 'O'),
('诉', 'O'), ('右', 'BODY-B'), ('髋', 'BODY-I'), ('部', 'BODY-I'), ('疼', 'SIGNS-B'),
('痛', 'SIGNS-I'), (',', 'O'), ('饮', 'O'), ('食', 'O'), ('差', 'O'), (',', 'O'),
('二', 'BODY-B'), ('便', 'BODY-I'), ('正', 'O'), ('常', 'O'), ('。', 'O'), ('右',
'BODY-B'), ('髋', 'BODY-I'), ('部', 'BODY-I'), ('压', 'CHECK-B'), ('痛', 'CHECK-I'),
(',', 'O'), ('右', 'BODY-B'), ('足', 'BODY-I'), ('背', 'BODY-I'), ('动', 'BODY-I'),
('脉', 'BODY-I'), ('搏', 'O'), ('动', 'O'), ('好', 'O'), (',', 'O'), ('足', 'BODY-B'),
('趾', 'BODY-I'), ('感', 'O'), ('觉', 'O'), ('运', 'O'), ('动', 'O'), ('正', 'O'),
('常', 'O'), ('。', 'O')]
[('他', 'O'), ('最', 'O'), ('近', 'O'), ('头', 'CHECK-B'), ('痛', 'CHECK-I'), (',',
'O'), ('流', 'SIGNS-B'), ('鼻', 'BODY-I'), ('涕', 'SIGNS-I'), (',', 'O'), ('估',
'O'), ('计', 'O'), ('是', 'O'), ('发', 'SIGNS-B'), ('烧', 'SIGNS-I'), ('了', 'O'),
('。', 'O')]
```

10.4 本章小结

本章依托三大案例：基于心率变异信号处理与随机森林识别潜在心脏病患者、基于卷积神经网络的黑色素瘤良恶性判定、基于自然语言处理技术的中文电子病历实体识别,简要介绍了机器学习(尤其是深度学习)领域中的基本概念和基本原理,展示了人工智能技术在医学信号、图像、文本数据处理上的应用,为基于人工智能的医药大数据处理奠定了基础。

参考文献

[1] 嵩天，礼欣，黄天羽. Python 语言程序设计基础[M]. 2 版. 北京：高等教育出版社，2014.

[2] 赵璐，孙冰，蔡源，等. Python 语言程序设计教程[M]. 上海：上海交通大学出版社，2019.

[3] 董付国. Python 程序设计基础[M]. 2 版. 北京：清华大学出版社，2018.

[4] MATTHES E. Python Crash Course 2nd edition a hands-on, Project-Based introduction to Programming, no starch press San Francisco, 2019.

[5] Matplotlib 简介. https://www.matplotlib.org.cn/intro/.

[6] 梁礼，邓成龙，张艳敏，等. 人工智能在药物发现中的应用与挑战[J]. 药学进展，2020，44(01)：18-27.

[7] CHAN HCS, SHAN H, et al. Advancing Drug Discovery via Artificial Intelligence[J]. Trends in Pharmacological Sciences, 2019, 40(10): 592-604.

[8] 刘伊迪，杨骐，李遥，等. 机器学习在有机化学中的应用[J]. 有机化学，2020，40(11)：3812-3827.

[9] PUTIN E, ASADULAEV A, VANHAELEN Q, et al. Adversarial Threshold Neural Computer for Molecular de Novo Design[J]. Molecular Pharmaceutics, 2018, 15(10): 4386-4397.

[10] ApacheCN. seaborn 0.9 中文文档. https://seaborn.apachecn.org/#/.

[11] ApacheCN. scikit-learn (sklearn) 官方文档中文版. https://sklearn.apachecn.org/.

[12] RASMUSSEN C E, WILLIAMS C K I. Gaussian Processes for Machine Learning[M]. Cambridge: MIT Press, 2006.

[13] CAMM A J, MALIK M, BIGGER J T, et al. Heart Rate Variability-standards of Measurement, Physiological Interpretation, Clinical Use[J]. Circulation, 1996,93(5): 1043-1065.

[14] COSTA M, GOLDBERGER A L, PENG C K. Multiscale Entropy Analysis of Complex Physiologic Time Series[J]. Physical Review Letters, 2002,89(6): 4.

[15] BANDT C, POMPE B. Permutation Entropy: A natural Complexity Measure for Time Series[J]. Physical Review Letters, 2002,88(17): 4.

[16] LEVIN E. A Recurrent Neural Network: Limitations and Training[J]. Neural Networks, 1990, 3(6): 641-650.

[17] HOCHREITER S, SCHMIDHUBER J. Long Short-Term Memory[J]. Neural Computation, 1997, 9(8): 1735-1780.